獣医繁殖学マニュアル
第3版

獣医繁殖学教育協議会　編

文永堂出版

本書のスキャニング，デジタル化等の無断複製は著作権法上で例外を除き禁じられています．本書を代行業者等の第三者に依頼してスキャニングやデジタル化することは，たとえ個人や家庭内での利用であっても著作権法上認められていません．

　著作権法第35条（学校その他の教育機関における複製等）における条文では，教育利用において「必要と認められる限度において公表された著作物を複製，もしくは公衆送信」を行うことが認められております．しかしながら，授業目的公衆送信補償金制度における補償金を支払っていたとしても「著作権者の利益を不当に害することとなる場合」は例外としています．

　教科書の全ページまたは大部分をスキャンする等，それらが掲載されている教科書，専門資料の購入等の代替となる様態で複製や公衆送信（ネットワーク上へのアップロードを含む）を行う行為は，著作権者の利益を不当に害する利用として，著作権法違反になる可能性が高くなります．

　「著作権者の利益を不当に害することとなる」かどうかわからない場合，または学校内外から指摘を受けた場合には，発行元の出版者もしくは権利者にご確認下さい．

表紙作品：ID:362117726 − vitstudio/Shutterstock.com

序 文

　本書は初版が 2002 年に，第 2 版が 2007 年に刊行された．以来，全国の獣医系大学の臨床繁殖学実習におけるテキストとして，そして現場の獣医師の技術書としてその役割を果たしてきた．とはいえ，各種動物の繁殖管理や生殖工学の技術革新のスピードは早い．この間，未成熟卵子の培養技術が進展したこともあり，体外受精由来の受精卵移植による牛の受胎率が向上すると共に経腟採卵（OPU）が生産現場で普及した．また，排卵同期化・定時授精プログラムの改良やゲノミック評価の導入により人工授精による妊娠率も向上の兆しがある．さらに，国内では和牛を中心として家畜人工授精用精液・受精卵の付加価値の高まりを背景に，不適正な流通を防止するために令和 2 年（2020 年）には家畜改良増殖法の一部が改正された．馬の繁殖でも胚移植や体外受精は海外では普及しており，国内でも導入が進みつつある．豚においても発情同期化・排卵同期化処置が開発，人工授精の普及も一層進んでいる．伴侶動物の繁殖管理や生殖器疾患の診療も格段に進歩してきた．これらの発展や社会情勢の変化に対応するため，2021 年に第 3 版の企画が立案され，この度，ようやく第 3 版の刊行に至った．

　『獣医繁殖学マニュアル第 3 版』は一昨年に刊行された教科書『獣医繁殖学第 5 版』の姉妹書であり，同書を用いて学んだ知識を実習の場では本書を利用することで効率的に学修できるように配慮されている．構成は前版に続き動物種別となっているが第 3 版の特長として，全体の編集担当とは別に動物毎の担当者を決めて原稿チェックに関わってもらったことがあげられる．これは『獣医繁殖学第 5 版』とも通じる方針である．執筆は獣医繁殖学教育協議会のメンバーで分担している．これも初版からの変わらぬ方針である．一方，前版までの体裁が A4 判の白黒印刷だったのに対して第 3 版では B5 判の 2 色印刷と，より使いやすくなっている．それを反映させるように，本書の英名を Practical Manual of THERIOGENOLOGY とした．さらに『獣医繁殖学第 5 版』に準じて牛の乳房炎の項目を削除した一方で，他の動物種では項目を増やしている．本書が学生の実習書としてのみならず，各分野の一線で業務に関わる獣医師の卒後教育テキストとしても広く活用されることを願っている．

　前版から第 3 版の刊行までに多くの大学で教員の新旧交代があったが，先達からの弛まぬ研究成果と，そこから得られた知識と技術の蓄積の上に本書が成り立っていることは言うまでもない．前版の図表や写真を転用している項目も少なくない．先達の関係教員のこれまでのご尽力に対して心より敬意を表する．

　なお，本書の初版と第 2 版の編集に深く関わり，獣医繁殖学教育協議会を長年に亘り牽引された浜名克己先生（鹿児島大学名誉教授）と加茂前秀夫先生（東京農工大学名誉教授）が 2023 年 3 月および 2024 年 1 月に相次いで逝去された．両先生の永年にわたる獣医繁殖学の発展へのご貢献とご功績に心より感謝の意を表するとともに謹んで哀悼の意を表する．

　最後に，今回の改版に際して，執筆の労をいとわずにご協力いただいた教員各位に感謝するとともに，多大なご理解とご尽力をいただいた文永堂出版株式会社代表取締役の福　毅氏，編集企画部の松本　晶氏はじめスタッフの皆様に厚く御礼を申し上げる．

2025 年 3 月　　　　　　　　　　　　　　　　獣医繁殖学教育協議会　大 澤 健 司

片 桐 成 二

田 中 知 己

獣医繁殖学教育協議会教員名簿（敬称略）

北海道大学	片桐成二，栁川洋二郎
帯広畜産大学	松井基純，南保泰雄，羽田真悟，真方文絵
岩手大学	髙橋　透，金澤朋美
東京大学	松田二子
東京農工大学	田中知己，遠藤なつ美
岐阜大学	村瀬哲磨，坂口謙一郎
鳥取大学	菱沼　貢，西村　亮
山口大学	髙木光博，角川博哉，谷口雅康，小野哲嗣
宮崎大学	大澤健司，北原　豪
鹿児島大学	安藤貴朗
大阪公立大学	川手憲俊，古山敬祐
酪農学園大学	中田　健，杉浦智親
北里大学	坂口　実，永野昌志，三浦　弘，日下裕美
日本獣医生命科学大学	堀　達也，小林正典，三浦亮太朗，小林正人
日本大学	大滝忠利，住吉俊亮
麻布大学	吉岡耕治，野口倫子
岡山理科大学	久枝啓一，後藤　聡，山本直樹

第 1 版，第 2 版の編集委員 （五十音順，敬称略，故人を含む）

居在家義昭，稲葉俊夫，大浪洋二，音井威重，上村俊一，加茂前秀夫，河上栄一，川上靜夫，小島敏之，佐々木伸雄，佐藤邦忠，澤田　勉，澤向　豊，鈴木達行，髙橋芳幸，武石昌敬，玉田尋通，筒井敏彦，津曲茂久，中尾敏彦，浜名克己，菱沼　貢，三宅陽一，宮澤清志

編集委員 （五十音順，敬称略，＊編集委員代表）

全体担当：大澤健司＊（宮崎大学），片桐成二（北海道大学），田中知己（東京農工大学）

牛担当：遠藤なつ美（東京農工大学）

北原　豪（宮崎大学）

栁川洋二郎（北海道大学）

馬担当：南保泰雄（帯広畜産大学）

豚担当：野口倫子（麻布大学）

犬・猫担当：堀　達也（日本獣医生命科学大学）

執筆者 （五十音順，敬称略）

安藤貴朗（鹿児島大学）

遠藤なつ美（東京農工大学）

大澤健司（宮崎大学）

大滝忠利（日本大学）

小野哲嗣（山口大学）

片桐成二（北海道大学）

金澤朋美（岩手大学）

川手憲俊（大阪公立大学）

北原　豪（宮崎大学）

小林正人（日本獣医生命科学大学）

小林正典（日本獣医生命科学大学）

古山敬祐（大阪公立大学）

坂口　実（北里大学）

芝野健一（前 岡山理科大学）

杉浦智親（酪農学園大学）

住吉俊亮（日本大学）

髙木光博（山口大学）

髙須正規（岐阜大学）

髙橋　透（岩手大学）

田中知己（東京農工大学）

谷口雅康（山口大学）

中田　健（酪農学園大学）

永野昌志（北里大学）

南保泰雄（帯広畜産大学）

西村　亮（鳥取大学）

野口倫子（麻布大学）

羽田真悟（帯広畜産大学）

菱沼　貢（鳥取大学）

堀　達也（日本獣医生命科学大学）

真方文絵（帯広畜産大学）

松田二子（東京大学）

三浦　弘（北里大学）

村瀬哲磨（岐阜大学）

村瀬晴崇（日本中央競馬会）

栁川洋二郎（北海道大学）

吉岡耕治（麻布大学）

目　次

本書の利用と実習にあたって……………………………………………………………………… iv

第1章　牛………………………………………………………………………………………… 1

1．生殖器の構造…………………………………………………………………（松田二子）… 2
　1）生殖器の観察（雌）…………………………………………………………………………… 2
　2）生殖器の観察（雄）…………………………………………………………………………… 3

2．雌の発情周期における繁殖機能検査および発情同期化・排卵同期化……………………… 9
　1）発情行動および発情徴候の観察……………………………………………（坂口　実）… 9
　2）外陰部・腟検査………………………………………………………………（三浦　弘）… 11
　3）子宮頸管粘液検査…………………………………………………………（遠藤なつ美）… 15
　4）直腸検査……………………………………………………………………（田中知己）… 21
　5）超音波検査………………………………………………………（田中知己・遠藤なつ美）… 30
　6）ホルモン測定………………………………………………………………（中田　健）… 37
　7）発情発見補助法・補助器具………………………………………………（古山敬祐）… 43
　8）発情同期化法・排卵同期化法……………………………………………（川手憲俊）… 44

3．雄の繁殖機能検査……………………………………………………………………………… 48
　1）性行動の観察………………………………………………………………（高須正規）… 48
　2）臨床検査……………………………………………………………………（高須正規）… 49
　3）外部生殖器検査……………………………………………………………（高須正規）… 49
　4）内部生殖器検査……………………………………………………………（高須正規）… 53
　5）乗駕試験と精液採取………………………………………………………（村瀬哲磨）… 54
　6）精液検査……………………………………………………………………（村瀬哲磨）… 55

4．人工授精………………………………………………………………………………………… 59
　1）精液の希釈と保存…………………………………………………………（谷口雅康）… 59
　2）人工授精……………………………………………………………………（髙木光博）… 60

5．胚移植と体外授精……………………………………………………………………………… 65
　1）発情の同期化………………………………………………………………（栁川洋二郎）… 65
　2）過剰排卵処置………………………………………………………………（栁川洋二郎）… 65
　3）胚の回収と検査……………………………………………………………（真方文絵）… 66
　4）体外受精……………………………………………………………………（永野昌志）… 69
　5）胚の凍結保存………………………………………………………………（栁川洋二郎）… 72
　6）胚の移植……………………………………………………………………（栁川洋二郎）… 74

6．妊娠診断………………………………………………………………………………………… 77
　1）直腸検査……………………………………………………………………（髙橋　透）… 77
　2）腟検査………………………………………………………………………（金澤朋美）… 78
　3）頸管粘液検査………………………………………………………………（金澤朋美）… 79
　4）超音波検査…………………………………………………………………（金澤朋美）… 80

5）ホルモン測定……………………………………………………………………（髙橋　透）…81
　7．分娩の観察………………………………………………………………………（大滝忠利）…86
　8．妊娠の人為的コントロール……………………………………………………（住吉俊亮）…89
　9．雌の繁殖障害・生殖器疾患の診断と治療……………………………………………………91
　　1）診療簿（カルテ）の書き方………………………………………………（北原　豪）…91
　　2）診　断………………………………………………………………………（北原　豪）…95
　　3）卵管疎通検査………………………………………………………………（北原　豪）…95
　　4）子宮内膜細胞診……………………………………………………………（大澤健司）…100
　　5）子宮内への薬液投与，子宮洗浄…………………………………………（北原　豪）…103
　　6）ボディコンディションスコア（BCS）…………………………………（杉浦智親）…105
　　7）繁殖成績モニタリング，定期繁殖検診…………………………………（杉浦智親）…107
　　8）染色体検査…………………………………………………………………（羽田真悟）…109
　　9）遺伝子検査…………………………………………………………………（羽田真悟）…111
　　10）ホルモン測定による検査…………………………………………………（北原　豪）…112
　10．雄の繁殖障害の診断と治療……………………………………………………（川手憲俊）…114
　　1）カルテの書き方…………………………………………………………………………………114
　　2）精巣・精巣上体・精索の検査………………………………………………………………114
　　3）交尾障害の検査…………………………………………………………………………………116
　　4）副生殖腺の検査…………………………………………………………………………………116
　　5）治　療……………………………………………………………………………………………116
　11．妊娠期の異常………………………………………………………………………………………118
　　1）流　産………………………………………………………………………（菱沼　貢）…118
　　2）胎子の異常（胎子ミイラ変性）…………………………………………（菱沼　貢）…119
　　3）胎子の異常（胎子浸漬）…………………………………………………（菱沼　貢）…119
　　4）母体の異常…………………………………………………………………（西村　亮）…121
　12．周産期の異常………………………………………………………………………………………126
　　1）難産の診断と処置…………………………………………………………（小野哲嗣）…126
　　2）牽引摘出法…………………………………………………………………（芝野健一）…129
　　3）胎子の失位の整復…………………………………………………………（芝野健一）…135
　　4）帝王切開術…………………………………………………………………（安藤貴朗）…138
　　5）切胎術………………………………………………………………………（安藤貴朗）…140
　　6）新生子の処置………………………………………………………………（安藤貴朗）…141
　　7）胎盤停滞……………………………………………………………………（安藤貴朗）…143
　　8）子宮脱………………………………………………………………………（安藤貴朗）…144
　　9）分娩後の観察………………………………………………………………（安藤貴朗）…144

第2章　馬………………………………………………………………………………………………145
　1．生殖器の構造………………………………………………………………………（南保泰雄）…146
　　1）生殖器の観察（雄）……………………………………………………………………………146
　　2）生殖器の観察（雌）……………………………………………………………………………146

vii

2．雌の発情周期における繁殖機能検査および発情同期化・排卵同期化……………………148
　1）発情行動および発情徴候の観察……………………………………（村瀬晴崇）…148
　2）外陰部・腟検査……………………………………………………（村瀬晴崇）…149
　3）直腸検査……………………………………………………………（村瀬晴崇）…150
　4）超音波検査…………………………………………………………（村瀬晴崇）…152
　5）ホルモン測定………………………………………………………（村瀬晴崇）…153
　6）発情同期化法，排卵同期化法……………………………………（南保泰雄）…154
3．雄の繁殖機能検査…………………………………………………………（羽田真悟）…156
　1）性行動の観察………………………………………………………………………156
　2）一般臨床検査………………………………………………………………………156
　3）外部生殖器検査……………………………………………………………………156
　4）乗駕試験……………………………………………………………………………156
　5）精液採取……………………………………………………………………………157
　6）精液検査……………………………………………………………………………158
4．人工授精……………………………………………………………………（羽田真悟）…159
　1）精液の希釈と保存…………………………………………………………………159
　2）人工授精……………………………………………………………………………159
5．胚移植と体外受精…………………………………………………………（南保泰雄）…161
　1）体外受精……………………………………………………………………………161
6．妊娠診断……………………………………………………………………（村瀬晴崇）…162
　1）直腸検査……………………………………………………………………………162
　2）超音波検査…………………………………………………………………………163
　3）ホルモン測定………………………………………………………………………165
7．分娩の観察…………………………………………………………………（南保泰雄）…167
8．妊娠の人為的コントロール………………………………………………（南保泰雄）…169
9．雌の繁殖障害・生殖器疾患の診断と治療………………………………（村瀬晴崇）…170
　1）カルテの書き方……………………………………………………………………170
　2）診　断………………………………………………………………………………170
　3）子宮内膜細胞診，子宮内膜バイオプシー………………………………………172
　4）子宮内への薬液投与，子宮洗浄…………………………………………………174
　5）ボディコンディションスコア（BCS）…………………………………………175
　6）染色体検査・遺伝子検査…………………………………………………………176
　7）ホルモン測定による検査…………………………………………………………176
　8）卵巣腫瘍の摘出……………………………………………………………………177
10．雄の繁殖障害の診断と治療　……………………………………………（羽田真悟）…179
　1）診　断………………………………………………………………………………179
　2）包皮と陰茎と陰嚢の疾患…………………………………………………………179
　3）精巣の疾患…………………………………………………………………………179
11．妊娠期の異常　……………………………………………………………（村瀬晴崇）…180
　1）流　産………………………………………………………………………………180

viii

2）母体の異常··181

3）双胎，多胎への対応··182

12. 周産期の異常 ···（南保泰雄）···183

1）妊娠の診断と異常··183

2）胎子牽引摘出法···184

3）胎子失位の整復···185

4）新生子の蘇生···185

5）胎盤停滞···187

6）分娩後の異常···188

第3章　豚··189

1. 生殖器の構造···（野口倫子）···190

1）生殖器の観察（雌，雄）···190

2. 雌の発情周期における繁殖機能検査および発情同期化・排卵同期化·············（野口倫子）···191

1）発情行動および発情徴候の観察···191

2）直腸検査···192

3）超音波検査··193

4）発情同期化・排卵同期化法··194

3. 雄の繁殖機能検査···（吉岡耕治）···196

1）性行動の観察···196

2）精液採取···196

3）精液検査···197

4. 人工授精···（吉岡耕治）···199

1）精液の希釈と保存··199

2）人工授精···200

5. 妊娠診断···（野口倫子）···201

1）直腸検査···201

2）超音波検査··201

6. 分娩の観察··（野口倫子）···204

7. 妊娠の人為的コントロール···（野口倫子）···205

8. 雌の繁殖障害・生殖器疾患の診断と治療···（野口倫子）···206

1）診　　断···206

2）子宮内への薬液注入··206

3）ボディコンディションスコア（BCS）··207

4）繁殖成績モニタリング··210

9. 雄の繁殖障害の診断と治療···（吉岡耕治）···212

1）診　　断···212

2）包皮と陰茎の疾患··212

3）精巣の疾患··213

10. 妊娠期の異常 ···（野口倫子）···214

ix

1）流　産······214

2）胎子の異常······215

11．周産期の異常 ······（野口倫子）···216

1）難産の診断と処置······216

2）帝王切開術······217

3）新生子の処置······218

4）胎盤停滞······218

5）子宮脱······218

6）分娩後の観察······219

第4章　犬・猫······221

1．生殖器の構造······（小林正人）···222

1）生殖器の観察（雌犬）······222

2）生殖器の観察（雌猫）······223

3）生殖器の観察（雄犬）······224

4）生殖器の観察（雄猫）······225

2．雌の発情周期における繁殖機能検査······（小林正人）···227

1）発情行動および発情徴候の観察······227

2）腟スメア検査······227

3）超音波検査······229

4）ホルモン測定······230

3．雄の繁殖機能検査······（堀　達也）···231

1）性行動の観察······231

2）精液採取······233

3）精液検査······235

4．人工授精······（堀　達也）···238

1）精液の希釈と保存······238

2）人工授精······240

5．妊娠診断······（小林正典）···242

1）腹部触診法······242

2）超音波画像診断法······243

3）X線画像診断法······243

6．分娩の観察······（堀　達也）···245

7．妊娠の人為的コントロール······（小林正典）···247

1）去勢手術······247

2）不妊手術······247

8．雌の繁殖障害・生殖器疾患の診断と治療······（小林正典）···250

1）卵巣の疾患······250

2）子宮の疾患······254

3）腟の疾患······258

9．雄の繁殖障害・生殖器疾患の診断と治療‥‥‥‥‥‥‥‥‥‥‥（小林正典）‥261
　　1）潜在精巣‥‥‥‥‥‥‥‥‥‥‥‥‥‥‥‥‥‥‥‥‥‥‥‥‥‥‥‥‥‥‥261
　　2）精巣腫瘍‥‥‥‥‥‥‥‥‥‥‥‥‥‥‥‥‥‥‥‥‥‥‥‥‥‥‥‥‥‥‥262
　　3）前立腺疾患‥‥‥‥‥‥‥‥‥‥‥‥‥‥‥‥‥‥‥‥‥‥‥‥‥‥‥‥‥‥263
10．妊娠期の異常　‥‥‥‥‥‥‥‥‥‥‥‥‥‥‥‥‥‥‥‥‥‥‥（堀　達也）‥269
　　1）正常な妊娠の維持‥‥‥‥‥‥‥‥‥‥‥‥‥‥‥‥‥‥‥‥‥‥‥‥‥‥269
　　2）流　産‥‥‥‥‥‥‥‥‥‥‥‥‥‥‥‥‥‥‥‥‥‥‥‥‥‥‥‥‥‥‥‥270
　　3）胎子の異常‥‥‥‥‥‥‥‥‥‥‥‥‥‥‥‥‥‥‥‥‥‥‥‥‥‥‥‥‥‥272
11．周産期の異常　‥‥‥‥‥‥‥‥‥‥‥‥‥‥‥‥‥‥‥‥‥‥‥（堀　達也）‥274
　　1）難産の診断および処置‥‥‥‥‥‥‥‥‥‥‥‥‥‥‥‥‥‥‥‥‥‥‥‥274
　　2）帝王切開術‥‥‥‥‥‥‥‥‥‥‥‥‥‥‥‥‥‥‥‥‥‥‥‥‥‥‥‥‥‥276
　　3）新生子の処置‥‥‥‥‥‥‥‥‥‥‥‥‥‥‥‥‥‥‥‥‥‥‥‥‥‥‥‥‥277
　　4）分娩後の観察‥‥‥‥‥‥‥‥‥‥‥‥‥‥‥‥‥‥‥‥‥‥‥‥‥‥‥‥‥278

付録1　主な家畜の雌性生殖器の比較‥‥‥‥‥‥‥‥‥‥‥‥‥（松田二子）‥281
付録2　主な家畜の雄性生殖器の比較‥‥‥‥‥‥‥‥‥‥‥‥‥（松田二子）‥282
付録3　主な家畜の生殖周期の比較‥‥‥‥‥‥‥‥‥‥‥‥‥‥（片桐成二）‥283
付録4　哺乳類の生殖周期‥‥‥‥‥‥‥‥‥‥‥‥‥‥‥‥‥‥（栁川洋二郎）‥284
付録5　主な家畜の初期胚の発育‥‥‥‥‥‥‥‥‥‥‥‥‥‥‥（永野昌志）‥286
付録6　牛の胚移植と体外受精に用いる培地‥‥‥‥‥‥‥‥‥‥（永野昌志）‥287
付録7　代表的な動物の胎子の発育‥‥‥‥‥‥‥‥‥‥‥‥‥‥‥‥‥‥‥‥288
　　1）牛‥‥‥‥‥‥‥‥‥‥‥‥‥‥‥‥‥‥‥‥‥‥‥‥‥‥‥（髙橋　透）‥288
　　2）馬‥‥‥‥‥‥‥‥‥‥‥‥‥‥‥‥‥‥‥‥‥‥‥‥‥‥‥（南保泰雄）‥288
　　3）豚‥‥‥‥‥‥‥‥‥‥‥‥‥‥‥‥‥‥‥‥‥‥‥‥‥‥‥（野口倫子）‥288
　　4）犬・猫‥‥‥‥‥‥‥‥‥‥‥‥‥‥‥‥‥‥‥‥‥‥‥‥‥（堀　達也）‥289
付録8　代表的な動物の妊娠期間‥‥‥‥‥‥‥‥‥‥‥‥‥‥‥‥‥‥‥‥‥‥290
　　1）牛‥‥‥‥‥‥‥‥‥‥‥‥‥‥‥‥‥‥‥‥‥‥‥‥‥‥‥（髙橋　透）‥290
　　2）馬‥‥‥‥‥‥‥‥‥‥‥‥‥‥‥‥‥‥‥‥‥‥‥‥‥‥‥（南保泰雄）‥290
　　3）豚‥‥‥‥‥‥‥‥‥‥‥‥‥‥‥‥‥‥‥‥‥‥‥‥‥‥‥（野口倫子）‥290
　　4）犬・猫‥‥‥‥‥‥‥‥‥‥‥‥‥‥‥‥‥‥‥‥‥‥‥‥‥（堀　達也）‥291
付録9　代表的な動物の精子数‥‥‥‥‥‥‥‥‥‥‥‥‥‥‥‥‥（村瀬哲磨）‥292
付録10　臨床繁殖分野における薬剤投与指針　‥‥‥‥‥‥‥（大澤健司・北原　豪）‥293
付録11　家畜改良増殖法‥‥‥‥‥‥‥‥‥‥‥‥‥‥‥‥‥‥‥（田中知己）‥300
付録12　動物愛護管理法抜粋‥‥‥‥‥‥‥‥‥‥‥‥‥‥‥‥‥（田中知己）‥300
付録13　獣医畜産六法抜粋　‥‥‥‥‥‥‥‥‥‥‥‥‥‥‥‥‥（田中知己）‥301

索　引‥‥‥‥‥‥‥‥‥‥‥‥‥‥‥‥‥‥‥‥‥‥‥‥‥‥‥‥‥‥‥‥‥‥‥302

本書の参考図書は文永堂出版ホームページの『獣医繁殖学マニュアル第3版』の欄に掲載（pdf）されています．

実習科目 4-5　臨床繁殖学実習モデル・コア・カリキュラム

全体目標：基本的な診療手順及び手技を学んだ学生が繁殖分野において必要な診断技術を身につけるとともに、人工授精及び胚移植を含む繁殖補助技術と繁殖障害の治療及び予防にかかわる手技を修得する。

（1）雌の繁殖機能検査

一般目標：発情周期の時期及び生殖器の状態を診断する技能を修得する。

到達目標：

1）代表的な動物の外陰部及び腟検査を説明できる。

2）牛の正常な生殖器の構造を理解し、直腸検査を実施して、子宮及び卵巣所見から発情周期及び異常所見について説明できる。

3）代表的な動物において腟スメアが発情周期に伴って変化する所見を理解し、発情周期を判定できる。

4）代表的な動物において繁殖機能に関連する画像所見及び特殊検査について説明できる。

（2）発情診断及び発情の同期化

一般目標：動物の行動、外部徴候及び臨床検査所見から発情を診断する技能を修得する。また、牛において定時人工授精及び胚移植を実施するために必要な動物の発情・排卵時期の調節に関する基本的な技能を修得する。

到達目標：

1）代表的な動物において特徴的な発情行動を指摘できる。

2）代表的な動物において発情診断のための生殖器及び臨床検査を説明できる。

3）代表的な動物において発情診断に用いる補助器具の使用法を説明できる。

4）牛において定時人工授精に必要な発情及び排卵時期の人為的調節プログラムを策定できる。

（3）雄の繁殖機能検査及び繁殖障害

一般目標：精液検査を実施し、精液性状を評価する技能を修得する。また精液性状の他に、病歴、交配歴、臨床検査を総合して雄の繁殖障害の原因を診断できる技能を修得する。

到達目標：

1）代表的な動物において精液採取法及び精液検査法を説明できる。

2）代表的な動物において雄の繁殖障害及び生殖器疾患の診断及び治療法を説明できる。

（4）精液の保存及び人工授精技術

一般目標：精液の保存方法を理解し、精液を雌生殖器に注入する技能を修得する。

到達目標：

1）代表的な動物において液状精液と凍結精液の作製法を説明できる。

2）代表的な動物における人工授精技術を説明できる。

（5）胚回収及び胚移植

一般目標：牛において胚移植を実施するために必要な過剰排卵処置、胚の回収及び胚移植に関する基本

的な技能を修得する。

到達目標：

1）胚回収及び胚移植の実施に必要な発情及び排卵時期の人為的調節プログラムを策定できる。

2）過剰排卵処置プログラムを策定できる。

3）胚の回収方法及び凍結方法について説明できる。

4）新鮮胚及び凍結胚の移植方法を説明できる。

（6）妊娠診断

一般目標：動物及び妊娠の時期に応じた妊娠診断法を選択し、妊娠を診断する技能を修得する。

到達目標：

1）代表的な動物において妊娠の時期に応じた妊娠診断法を説明できる。

（7）雌の繁殖障害及び生殖器疾患

一般目標：病歴、繁殖歴、臨床検査及び繁殖検査の所見を総合して繁殖障害及び生殖器疾患の診断及び治療法の選択ができる技能を修得する。

到達目標：

1）代表的な動物において繁殖障害の診断に必要な病歴及び繁殖歴等の聴取項目について説明できる。

2）代表的な動物において繁殖障害につながる飼養管理に関わる問題点を指摘できる。

3）代表的な動物において主要な卵巣及び子宮疾患の診断に必要な検査を選択し、治療計画を立てられる。

（8）妊娠及び周産期の異常

一般目標：妊娠期及び周産期に起こる異常への対処法を修得する。

到達目標：

1）代表的な動物において流産の原因を明らかにするために必要な検査法を説明できる。

2）代表的な動物において分娩の異常（難産）を診断し、選択すべき適切な対処法を説明できる。

本書の利用と実習にあたって

1．実習を始めるに際しての注意

　獣医繁殖学実習は，動物の繁殖生理や獣医繁殖学の理解を助け，一般的な繁殖管理技術と，繁殖分野における基礎的診断，繁殖障害の病因，診断，治療，ならびに予防につながる手技を修得することを目的とする．したがって，実際に大動物や小動物を実習に用いることが多く，動物の取り扱いに不慣れな場合，不測の事故を招きかねない．このため常に注意力を持って実習に望み，実習の目的を達成することが必要である．

　実習の開始にあたって，まずその日の実習の意義と目的を十分理解し，決められた時間内でいかに効率よく実施するかを検討する．そして実習動物に対しては，それらの社会的位置づけと役割を十分に理解し，「動物使用数の削減（Reduction），動物実験以外の他手段への代替（Replacement），洗練された実験手技と苦痛の軽減（Refinement）」の 3R を常に念頭に置くべきである．

2．実験室内の実習

　①実験室内で実習するときは，その実習形態に応じて，白衣，白ズボン，手袋，帽子，マスク，上履き等を準備する．

　②実習に使用する検査器械や器具の正しい使用法を守り，慎重に扱い，破損しないよう注意する．

　③検査器械の調子が悪く，不具合がある場合，あるいは器具，器材等を破損した場合には，直ちに担当教員に届け出て，指示に従う．

　④実習終了後，使用した実習器材は適切に掃除，洗浄，注油を行い，数や付属品，その他不具合などを点検し，保管場所に収納する．異常のある場合，担当教員に状況を報告し，指示に従う．

3．動物を用いた実習

　①その実習動物の取り扱いに適した実習着を着用する．例えば，大中動物ではカバーオール（上着とズボンが一体となっている），または上下に分かれた診療衣などの動きやすい衣服を着用する．長靴，帽子，手袋等を準備する．

　②動物の取り扱いや保定を慎重に行うとともに，実習動物の 3R に配慮し，動物や実習者の安全に常に気を配る．

　③産科器具や，バイオプシーでは鋭利な器具を使う場合があり，その際，動物や自分自身を傷つけることのないよう，慎重にかつ適切に使用する．

4．学外実習

　①学外の実習にあっては，目的地までの途中の交通事故などを含む人身事故の発生について，特に注意が必要である．

　②大学以外の機関や，一般の農場，農家などの動物を扱う場合，特に慎重な取り扱いが必要で，それらの動物に危害を加えたり，農家の施設や器具の破損等がないよう，十分注意する．不注意で事故等が発生した場合，大学とそれらの機関，農家の信頼や協力関係を損なう恐れがあることを十分認識し，責任ある態度で臨む．

　③家畜衛生の観点では，農場内への関係者以外の立ち入りは原則的に制限されている．実習等で農場内に立ち入るときは，農林水産省により定められた飼養衛生管理基準を十分に理解し，遵守する．

　④生産者は家畜防疫に大変な力を注いでおり，服装や所持品について特別に指示される場合があるが（農場専用の作業着や長靴に履き替えるなど），一般的には前述の大中動物用の服装が望ましい．実習前に洗濯をした清潔な衣服と，よく洗浄し，消毒した白長靴の着用は当然である．

　⑤貴重な時間と労力を割いて実習に協力してくださる農家や関係機関に対し，常に感謝の気持ちで対応する．さらに，実習では単に受身の立場で実習に参加するのではなく，飼養管理の方法や畜舎，繁殖管理などについて積極的に質問し，実習する．

　⑥その他，担当教員や指導者のさまざまな指示に対して注意を払い，臨機応変に対応して，事故のないよう，充実した実習ができるよう努力する．

　実際の実習では，大学側の社会的，地域的要因，あるいは実習時間数によって必ずしも本書に記載した実習項目を実施できない場合がある．その場合でも，本書および姉妹書の教科書を自習することにより，おおむねその実習の意義や概要がつかめるよう配慮がなされている．

牛

第1章

牛

1. 生殖器の構造

1) 生殖器の観察（雌）

◆目　的

雌牛の生殖器（卵巣，卵管，子宮，子宮頸，腟，外部生殖器など）を解剖学的および臨床的に観察し，記録する（図 1-1-1, 1-1-2）．近年は超音波検査法による詳細な卵巣所見が明らかにされており，このため，卵巣についてはホルマリン固定し，その後薄切して組織切片を作製することにより，卵胞直径ごとの卵胞数や黄体を観察する．なお，これにより，直腸検査などの臨床検査のオリエンテーションを兼ねる．

◆材　料

食肉処理場から新鮮な雌牛の生殖器を入手し，すぐに余分な脂肪組織や間膜などは取り外して，冷蔵庫に保存する．新鮮なものが入手できない場合は凍結融解したものを用いるが，この場合，卵巣や子宮組織の弾力性が失われており，触診の感触は実際とは異なる．経産牛や未経産牛，繁殖障害牛などの生殖器材料があれば，対照としてなおよい．

◆器具・器材

直腸検査用手袋，バット，ハサミ，メス刃あるいは安全カミソリ，ピンセット，定規，紐（子宮角や卵管などの曲線を測る），秤（卵巣重量など），シャーレ，臓器解剖用のラテックス，ニトリルあるいは

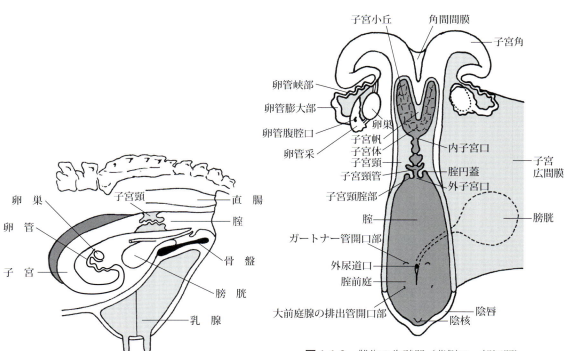

図 1-1-1　雌牛の生殖器（提供：菱沼　貢氏）．

図 1-1-2　雌牛の生殖器（背側の一部切開）
（提供：菱沼　貢氏）．

ポリエチレン手袋，不透明袋，筆記用具，スケッチ用具，グラフ用紙．

◆試薬・薬剤

卵巣薄切のための固定液．

◆方　法

①生殖器と膀胱以外の腹腔臓器，脂肪，間膜などを切除する．

②生殖器を背腹方向，腟外陰部を手前に置き，直視下で直腸検査の要領に従い各部分に指で触れる．卵巣や卵管，子宮の位置関係，卵巣の構造や黄体の突起，感触も確かめる．この際，直腸検査用手袋を着用し，不透明袋や箱の中に生殖器を入れて触診を行うと，直腸検査のシミュレーションとなる．

③生殖器全体をグラフ用紙にスケッチする．その際，腟前庭，腟，子宮頸管，子宮体，左側の子宮角を背側正中線で切開して内部を観察する．特に，尿道口，前庭腺，腟弁部，腟円蓋，頸管ひだをよく観察する．左右子宮角や子宮体にある子宮小丘についてその配列や数を数える．次に，図1-1-3に示した各部位の名称と長さや幅などの計測値を記入する．

④子宮角先端を含む卵管全体を間膜から切除し，直線的に伸ばし，スケッチして，各部の名称と長さ，幅を記録する．

⑤卵管が通じている様子を，子宮角端からカテーテルや注射筒により水を入れて確かめる．卵管采を確認するため，ピンセットを用い，カテーテルを卵管膨大部まで挿入する．

⑥左右卵巣および卵胞や黄体の触感を確かめたのち，図1-1-4を参考にして実物大でグラフ用紙にスケッチし，長径，短径，厚さ，重量を図1-1-3に記入する．

⑦図1-1-5を参考にして，卵巣の正中割面を想定し，実際の直腸検査時と同じ要領で模式図を作る．

⑧卵巣を固定後，厚さ2 mmで薄切し，卵巣図（ovarian map）を作成する．卵巣図で観察した直径ごとの卵胞数と黄体数を図1-1-6に記入する．ここでは生体での超音波検査法で得られる卵巣所見と同じ結果が得られる．

◆ポイント

①各部の名称と繁殖上の役割を正確に認識する．

②各部の触感や大きさ，位置関係を実感し，認識する．

③繁殖生理の仕組み，特にホルモン作用と標的臓器の形態や機能を理解する．

◆補　足

①腟鏡や子宮頸管鉗子を利用して，使用法，観察法の練習をしてもよい．

②子宮頸管拡張棒または子宮注入管などを用いて，直腸腟法による子宮内挿入の練習をするのもよい．

③ブラックボックスを用いた直腸検査の練習も有効である．

④水浸法による卵巣や子宮の超音波検査をすることで，卵胞，黄体，子宮などがどのような画像として見えるかを学ぶことができる．

⑤生体牛を使った直腸検査の練習には限界があること，また動物実験以外の他手技への代替（replacement）という観点から，生殖器を用いた解剖実習で十分に学習する．

⑥横に生殖器を置いて，それを触診あるいは観察しながら生体牛の直腸検査を行うと理解が進む．

2）生殖器の観察（雄）

◆目　的

雄牛の生殖器（陰嚢，精巣，精巣上体，精管，副生殖腺，陰茎など）も雌牛と同様に解剖学的および

牛

1 生殖器の構造

器官（標準値）	測定値
腟前庭　長さ（10 ～ 12 cm）	
腟　長さ（25 ～ 30 cm）	
子宮頸管　長さ（8 ～ 10 cm）	
子宮頸管　外径（3 ～ 4 cm）	
子宮頸管　ひだの数（2 ～ 5）	
子宮体　長さ（2 ～ 4 cm）	
子宮角：右　長さ（35 ～ 40 cm）	
子宮角：左　長さ（35 ～ 40 cm）	
卵管：右　長さ（20 ～ 25 cm）	
卵管：左　長さ（20 ～ 25 cm）	
卵巣：右　重さ（10 ～ 20 g）	
卵巣：左　重さ（10 ～ 20 g）	
卵巣形状：右　長×短×厚（3 ～ 5 cm）	
卵巣形状：左　長×短×厚（3 ～ 5 cm）	
子宮小丘：右　数（40 ～ 60）	
子宮小丘：左　数（40 ～ 60）	

図 1-1-3　牛の雌性生殖器の形状記入用シート．

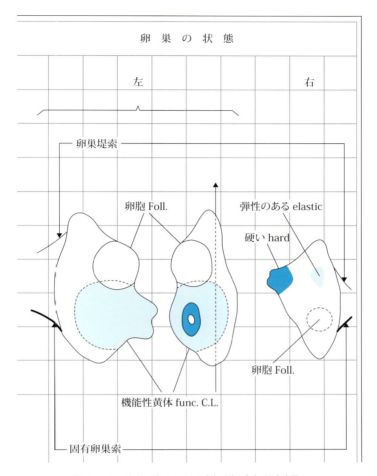

図 1-1-4 卵巣所見の記入例（岩手大学資料）.

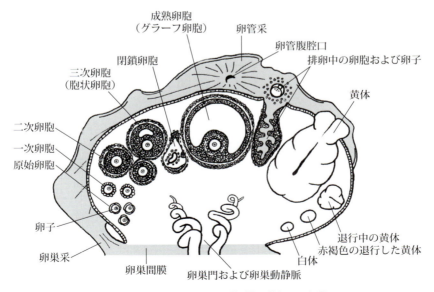

図 1-1-5 卵巣の模式図（提供：菱沼 貢氏）.

牛

直径（mm）	左卵巣		右卵巣	
	卵胞数	黄体数	卵胞数	黄体数
〜2				
〜4				
〜6				
〜8				
〜10				
〜12				
〜14				
〜16				
〜18				
〜20				
〜22				
〜24				
〜26				
〜28				
〜30				
30〜				
最大直径	mm	mm	mm	mm
合　計	個	個	個	個

図 1-1-6　Ovarian Map で観察した直径ごとの卵胞数と黄体数の記入用シート（宮崎大学）.

臨床的に観察する（図1-1-7, 1-1-8）.

◆材　料

　食肉処理場から新鮮な去勢牛の生殖器を入手し，すぐに余分な脂肪組織や間膜などは取り外して，冷蔵庫に保存する．種雄牛の解剖があれば，その生殖器を保存する．去勢時に摘出した精巣は保存し，生殖器の解剖実習に用いる．

◆器具・器材

　直腸検査用手袋，バット，ハサミ，メス刃あるいは安全カミソリ，ピンセット，定規，紐，秤（精巣重量など），シャーレ，臓器解剖用のラテックス，ニトリルあるいはポリエチレン手袋，不透明袋，筆記用具，スケッチ用具，グラフ用紙．

◆方　法

　①生殖器と膀胱以外の腹腔臓器，脂肪，間膜などを切除する．

　②生殖器を背腹方向，尿道を手前に置き，直視下で直腸検査の要領に従い各部分に指で触れる．この際，直腸検査用手袋を着用し，不透明袋や箱の中に生殖器を入れて触診を行うと，直腸検査のシミュレーションとなる．

　③生殖器全体をグラフ用紙にスケッチする．特に，陰茎S状曲，陰茎先端（図1-1-9）を観察する．

　④左右精巣や精巣上体の感触を確かめたのち，図1-1-10を参考にして精巣の正中割面をグラフ用紙にスケッチする．

◆ポイント

　①各部の名称と繁殖上の役割を正確に認識する．

　②各部の触感（生体とは異なるが）や大きさ，位置関係を実感し，認識する．

　③繁殖生理の仕組み，特にホルモン作用と標的臓器の形態や機能を理解する．

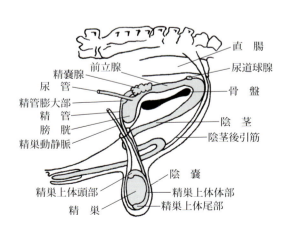

図1-1-7　雄牛の生殖器（提供：菱沼　貢氏）．

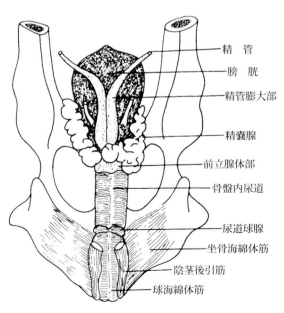

図1-1-8　雄牛の生殖器（背側から見た骨盤腔内）
（宮崎大学, 獣医繁殖学教育協議会）．

牛

1 生殖器の構造

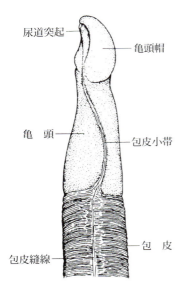

図 1-1-9 牛の陰茎先端（宮崎大学，加藤嘉太郎原図を改変，獣医繁殖学教育協議会）．

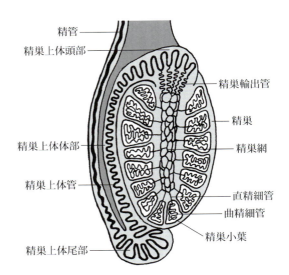

図 1-1-10 雄牛の精巣と精巣上体（提供：菱沼 貢氏）．

◆補 足

①精巣の触診と，水浸法による精巣の超音波検査の結果を比較することにより，精巣や精巣上体の理解が進む．

2．雌の発情周期における繁殖機能検査および発情同期化・排卵同期化

1）発情行動および発情徴候の観察

◆目　的

　人工授精および胚移植の実施適期を判断するためには，発情徴候を正確に観察することが必要である．ここでは，牛の発情時のスタンディング行動以外の発情徴候も含め，個体および牛群における発情行動の観察を実施し，その行動を記録し評価することにより発情発見の要領を習得する．

◆材　料

　性成熟後の非妊娠雌牛（経産牛と未経産牛のいずれも可）．

◆器具・器材

　記録用紙，筆記用具，カメラ，ビデオ．

◆方　法

　①自由に行動ができるように，パドックなどの広い空間に雌牛を放す．

　②各個体に対して，表1-2-1に示した発情行動の観察を実施する．観察は30分間実施し，観察終了後に個体別の総発情スコアを算出する．

　③30分当たりの総発情スコアが100点を超えた個体は発情と判定する．

◆各発情行動の定義と観察時の注意点

　①牛の行動の中でも生殖に関わる行動（発情行動）であるか否かを判断する．

　②発情期が近づくと，他の発情牛の外陰部を舐め，匂いを嗅いだり（図1-2-1），フレーメンをすることが増え（図1-2-2），顎を乗せたり（図1-2-3），他の発情牛に乗駕するマウンティング行動が増加する（図1-2-4，1-2-5）．また，他の発情牛がいない場合は，

表1-2-1　発情スコア表

行　動	スコア
スタンディング行動（図1-2-4）	100
頭へのマウンティング行動（図1-2-5）	45
マウンティング行動（図1-2-4）およびマウンティング未遂	35
顎乗せ（図1-2-3）	15
マウンティングからの逃避	10
匂い嗅ぎ（図1-2-1）	10
うろうろする，落ち着きがない	5
フレーメン（図1-2-2）	3

（Van Eerdenburg FJ et al. 1996をもとに作成）

図1-2-1　匂い嗅ぎ．

牛

2 雌の発情周期における繁殖機能検査および発情同期化・排卵同期化

図 1-2-2　フレーメン.

図 1-2-3　顎乗せ行動.

図 1-2-4　スタンディング行動とマウンティング行動.

図 1-2-5　頭へのマウンティング行動.

牛群から離れてうろうろし，落ち着きがなくなる．なかでも，発情期特有の行動は，雄牛や他の発情牛の乗駕を許容する姿勢，すなわちスタンディング行動である（図1-2-4）．

③スタンディング姿勢をとるか否かについては特に注意して観察を行い，逃げようとする場合はスタンディング行動にはカウントされない．

④行動観察により発情と判断された個体については，それに続いて外陰部検査・腟検査（☞ p.11），頸管粘液検査（☞ p.15）さらには直腸検査（☞ p.21）・超音波検査（☞ p.30）などによって，子宮収縮や頸管粘液漏出の有無やその性状の変化，卵巣内の卵胞発育の状況を確認する．

◆解　説

　発情牛は落ち着きがなく活動的である．表 1-2-1 に示した行動の増加の他，活動量の増加と休息時間の減少，さらに飼料採食量の減少，反芻時間の減少および泌乳量の減少などがみられる．発情行動の発現は，牛群内の発情頭数や個体の社会的順位などの影響を受け，発情牛が牛群内に複数いる場合は，発情牛同士がグループになって行動する時間が多くなる一方で，発情牛が他にいない場合は，牛群から離れてさまよい歩き，咆哮することが多い．

　発情の持続時間や強度は同一牛群内の個体間でも異なり，年齢，産次，牛群サイズ，管理方法，発情の定義の仕方によっても異なる．最初のスタンディング行動が観察されてから最後のスタンディング行

動までを発情持続時間とした場合，平均 11 時間前後であるが，個体差や品種差が大きくその範囲は 5 ～ 20 数時間に及ぶとされ，さらに一発情期中の平均乗駕回数についても個体差が大きい．乳牛においては，未経産牛は経産牛と比較して外部発情徴候は強く表れ，発情持続時間が長く，スタンディング行動の回数も多い．

◆補　足

①ビデオ映像による発情行動観察の練習を行ってもよい．

②腰部を圧迫することでスタンディング姿勢の有無を判定することも可能である．また，発情牛の尾を握ると比較的抵抗なく上に上がる（尾力の減退）．

③発情期にあることを確定した場合には適期を判断して人工授精に供し，その後に排卵確認を行うことが望ましい．

2）外陰部・腟検査

◆目　的

外陰部検査は，外陰部および腟前庭の粘膜を視診し，また腟検査は，腟鏡を用いて腟の状態を調べ，子宮および卵巣などの生殖器の検査所見などと総合して診断する．人工授精のための発情時期の診断や妊娠診断の他に，尿腟，腟炎や子宮内膜炎などの生殖器疾患，子宮捻転などの分娩時の異常，重複外子宮口などの先天異常の診断にも用いられる，多くの場面で有用な検査法である．

◆材　料

検査対象の雌牛．

◆器具・機材

保定用のロープ，微温湯と消毒液の入ったバケツ，牛用腟鏡，懐中電灯などの光源，ペーパータオル，その他．牛に合ったサイズの腟鏡を使用する（図 1-2-6）．

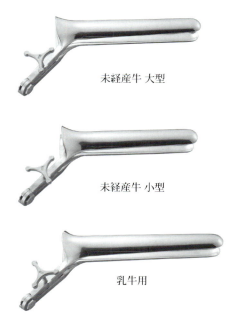
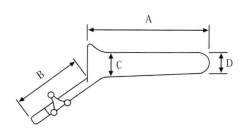

	サイズ（mm）			
	A	B	C	D
未経産牛 大型	280	115	45	37
未経産牛 小型	255	115	40	37
乳牛用	300	115	45	37

図 1-2-6　牛腟鏡（資料提供：富士平工業株式会社）．

牛

◆試薬・薬剤

消毒液は粘膜に対しても使用可能なもの（塩化ベンザルコニウムなど）を用い，粘膜刺激性の強いもの（アルコール系など）は避ける．

◆方　法

(1) 外陰部検査

①牛を枠場あるいはストールに保定し，さらに尾を保定する．

②外陰部の形状，充血，腫脹，湿潤，弛緩，緊縮（皺襞形成）の程度，外陰部から流出する分泌物（陰毛，尾や臀部への付着物も含む）の性状と量，病変の有無と状態などを注意深く視診する．膿性分泌物の漏出は子宮，子宮頸管，腟，さらには膀胱や尿道における化膿性疾患の存在を示唆している．

③左右の陰唇を指で開き，陰唇から腟前庭の粘膜の色調，充血の程度，乾湿，分泌物の性状と量などを注意深く視診する（図 1-2-7）．

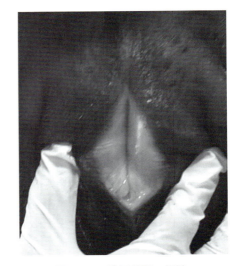

図 1-2-7　陰唇粘膜の視診．

(2) 腟検査

①バケツに消毒液を入れ，その中に閉じた腟鏡を浸漬して消毒する．

②微温湯で外陰部，肛門部，尾根部および外陰部の内側（腟前庭の入口）を清潔になるまで洗浄したのち，消毒液で洗浄消毒する．陰唇を指で左右に開き，陰門も十分に洗浄消毒する．腟前庭の汚染を腟深部に持ち込まないように十分消毒すること．イルリガートルなどを用いてもよい．

③手をよく消毒し，片手に腟鏡を持って消毒液をよく振り落とし，もう片方の手の親指と人差し指で外陰部を左右にできるだけ大きく開いたのち，腟鏡を垂直（縦）位置にして衛生的に挿入する（図 1-2-8）．

④腟鏡先端部 1/3 は斜め上方 30〜45°の角度で挿入し（図 1-2-9 左），残りの 2/3 の部分は水平あるいはやや下方に向け（図 1-2-9 中），基部まで十分奥深く挿入する（図 1-2-9 右）．

⑤右手で腟鏡の開閉ネジを右に回転させて腟鏡を十分開き，腟内部を診察する（図 1-2-10）．光量が不十分な場合は懐中電灯などで照らして行う．挿入後に腟鏡を 90°回転させて横位置にしてから開いて検査する方法もある．排せつされた糞便により腟鏡の内部が汚染するのを防止するうえで有効である．

⑥以下の項目について検査する．

外子宮口…形状，開口の程度，子宮頸管皺襞の反転露出の有無と状態および程度，病変の有無と程度，さらに流出粘液や腟内貯留物がみられる場合にはそ

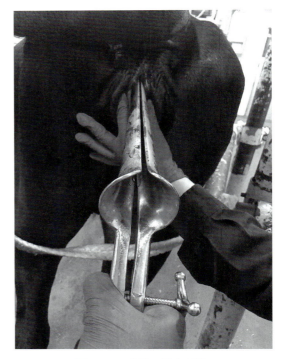

図 1-2-8　腟鏡の挿入開始．

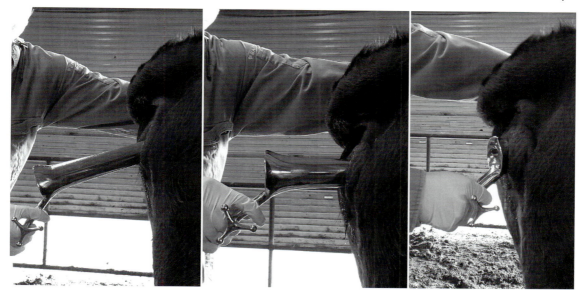

図 1-2-9　腟鏡挿入手順．

の性状および量などを調べる．
　子宮頸腟部…腫脹や弛緩あるいは緊縮の状態，充血およびうっ血の有無と程度，病変の有無と程度．
　腟および腟前庭の粘膜…充血，うっ血，出血，化膿，線維素付着，病変の有無など．
　⑦検査が終了したら開閉ネジを左に回転させて腟鏡を閉じる．開閉部（スリット）に腟壁を挟み込まないように少し開いた状態で静かに抜去する．

◆検査のポイント

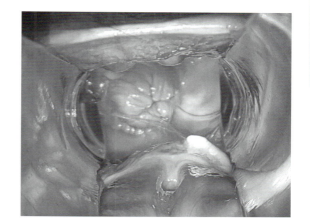

図 1-2-10　腟鏡による腟内部の様子．

　①動物は，術者のみならず動物にも危害が及ばないように適切に保定し，検査が意のままに十分行えるようにする．
　②検査は動物に苦痛を与えないように，穏和かつていねいに手際よく短時間に行う．長期間に及ぶと，動物は飽きて落ち着かなくなり，怒責を発し，続行が困難になる．
　③検査に用いる器具機材，術者の手指は十分消毒し，生殖器に感染を起こしたり，増悪させたりしないようにする．
　④外陰部の洗浄，消毒により充血や腫脹が消失あるいは増強されることがあるため，外陰部検査は腟検査の前に行う．
　⑤腟，子宮頸腟部，外子宮口の状態は外気の影響を受けるため，腟鏡を挿入したあとの視診は速やかに行う．
　⑥未経産牛などでは，初回腟検査時などに腟弁遺残部から出血をみることがあるが，特別な処置の必要はない．

牛

⑦腟の発育不良や狭窄の場合には，腟鏡挿入時に抵抗感が強い．

◆発情周期の判定

①発情周期に伴う外陰部および腟検査の主要所見を表1-2-2に示す．

②外陰部の充血，腫脹は発情前期，発情期にみられ，発情後期には外陰部の弛緩が残る．

③発情期には腟前庭の粘膜は充血，浸潤して（図1-2-11），子宮頸腟部は充血，腫脹し，外子宮口は開大する（図1-2-12）．また，大量の透明粘液が観察される（図1-2-13）．

④発情後2〜4日（排卵後1〜2日）には，未経産牛の大部分，経産牛の約半数において，子宮から子宮頸管および腟を介して血様粘液の排出（出血）がみられる（図1-2-14）．

⑤外陰部の充血，腫脹，弛緩は卵巣嚢腫（卵胞嚢腫および黄体嚢腫）の場合にもしばしばみられるこ

表1-2-2 牛の発情周期の各期における外陰部および腟の主要所見

発情周期		発情行動	外陰部	腟前庭・腟
発情前期（排卵前4〜3日の間）	卵胞期（排卵前4・3〜0日の間）	咆哮，乗駕	軽度な充血，少量の半透明粘液排出	粘膜：わずかに充血，湿潤 外子宮口：閉鎖〜わずかに開口
発情期（排卵前2〜1日の間）		乗駕許容（スタンディング発情），咆哮，乗駕	充血，腫脹，多量の透明粘液排出	粘膜：充血，腫脹，湿潤 外子宮口：開口，透明粘液流出（泡状の場合あり）
発情後期（排卵前1日〜排卵後2日の間）			充血および腫脹の消退，血様粘液の排出（未経産牛の大部分と経産牛の半数）	粘膜：充血および腫脹の消退 外子宮口：閉鎖開始，初めの頃は血様粘液流出
発情休止期（排卵後3〜16・17日の間）	黄体初期（排卵後0〜6・7日の間）		緊縮して充血および腫脹なし	粘膜：充血および湿潤なし 外子宮口：緊縮して閉鎖
	黄体開花期（排卵後7・8〜16・17日の間）			
	黄体退行期（排卵後16・17〜17・18日の間）			

斜線になるのは発情後期と黄体初期，発情休止期と黄体開花期／退行期の時期が重ならないところがあるため． （東京農工大学）

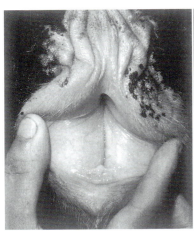

図1-2-11 発情期の牛の充血，湿潤した陰唇および腟前庭粘膜（加茂前秀夫氏，獣医繁殖学教育協議会）．

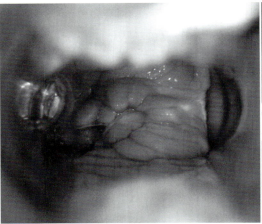

図1-2-12 発情期の牛の充血，腫大した子宮頸腟部と湿潤した外子宮口（写真提供：北原 豪氏）．

図1-2-13 発情粘液の流出．

 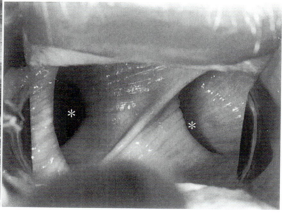

図1-2-14 発情後の出血（血様粘液の排出）（写真提供：田中知己氏）．

図1-2-15 重複外子宮口（＊）を示す腟検査所見（加茂前秀夫氏，獣医繁殖学教育協議会）．

とに留意する．

◆補　足

①腟鏡による視診により，子宮捻転の有無および捻転の方向を知ることができる．

②尿腟では，腟が下垂，沈下して尿が腟深部に逆流して貯留する．腟炎では，外陰部検査により膿様物が外陰部から漏出し，陰部，尾根部・臀部などに付着するのが観察され，また腟検査により，腟粘膜に充血，腫脹，膿様分泌物や線維素の付着がみられる．

③子宮内膜炎では，滲出性の場合は外子宮口粘膜の充血・うっ血，外子宮口からの硝子様あるいは膿様の滲出液を漏出するが，潜在性ではそれらの所見は認められず，腟検査では発見できない場合がある．しかし，発情期には子宮および子宮頸管の分泌亢進により発見しやすくなる．

④頸管粘液や外子宮口からの漏出液の細菌検査・ウイルス検査を行う場合には，正常な雌牛では腟深部からはほとんど細菌が検出されないが，腟前庭からは高率に分離されることが牛で示されていることを十分に認識したうえで，無菌的に材料を採取する必要がある．サンプル採取は，視診ののちに行う．

⑤まれに肉柱や重複外子宮口（図1-2-15）がみられる．

3）子宮頸管粘液検査

◆目　的

頸管粘液の性状を調べ，子宮・卵巣などの生殖器所見と総合して，発情周期の時期や妊娠の有無を判定する他，生殖器の異常を診断する．

（1）子宮頸管粘液の採取および性状検査

◆器具・器材

保定用ロープ，バケツ，イルリガートル，微温湯，消毒液（粘膜に対しても使用可能なもの），腟鏡（成牛用あるいは未経産牛用），腟鏡ライト（ペンライトあるいは懐中電灯），ペーパータオル，消毒用アルコール綿，採取用として滅菌スポイト（全長30cm程度）あるいは滅菌タンポン（綿球）と子宮頸管鉗子（図1-2-16）（直径3cmの綿球を30cmの棒に接着して作成してもよい：図1-2-17）．

◆方　法

①牛をロープで保定する．

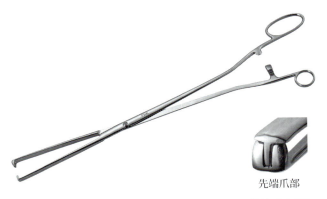

図 1-2-16　子宮頸管鉗子（写真提供：富士平工業株式会社）．

②外陰部から粘液が流出している場合は，粘液を手に取って手指で引き伸ばして粘稠性などを調べる．

③外陰部を洗浄，消毒したのち，腟鏡を挿入し，子宮腟部および外子宮口が十分観察できる程度まで腟鏡を開く．腟内に貯留した粘液の量や性状を観察する．

④粘液を採取する．

　a．スポイトを用いる場合

　腟鏡を十分開いた状態で左手に保持し，スポイトを腟壁に触れないように注意して腟深部に

図 1-2-17　綿球に採取した黄体期の雌牛の子宮頸管粘液．

挿入し，外子宮口部や腟底に貯留した粘液をスポイト内に吸引する．

　b．子宮頸管鉗子と滅菌タンポン（綿球）を用いる場合

　腟鏡を十分開いた状態で左手に保持し，子宮頸管鉗子に把持した滅菌タンポン（綿球）を右手に保持して腟壁に触れないように注意しながら腟深部へ挿入し，外子宮口に押し当てる．

　滅菌タンポン（綿球）を外子宮口に軽く押し当てた状態で右あるいは左方向に2，3回転させ，外子宮口部の子宮頸管粘液を巻き取る．

　滅菌タンポン（綿球）が腟壁に付かないように注意して腟外に引き出す．

⑤粘液採取後は，腟鏡を除去する．

⑥採取した粘液を直接あるいはスライドガラスなどに塗布して，肉眼的にその量や性状を調べる．

◆検査項目と判定基準

　①量：＋＋＋，＋＋，＋，±，－の5段階で評価する．

　②色調および透明度：無色，灰白色，白色，帯黄色，血様色，暗赤褐色および透明，半透明，不透明など．

　③粘稠度：水様，粘稠，糊状など．

　④混入物：絮状物，膿様物，血液～血塊など．

◆補　足

　発情期には透明で牽糸性の粘液が多量に分泌されるため，腟検査により腟深部に子宮頸管粘液が貯留しているのが観察される．外陰部より流出した粘液は，地面に届くまで切れない（図1-2-18）．尾や臀

部に付着した粘液や粘液の乾いた跡を見逃さずに確認する．
　子宮頸管粘液の流出は発情開始の約1日前から起こり，発情終了後も続くことがしばしばあるので注意が必要である．発情終了後は粘液の流出量は減少し，黄体期では透明度も減じるようになる．
　子宮頸管粘液を採取する器具として，メトリチェックを利用することもできる（図1-2-19）．外陰部を洗浄したのち，メトリチェックを腟内に挿入し，先端のゴムキャップの部分に粘液を採取する．

(2) 結晶形成（CDS）

　子宮頸管粘液の組成は，エストロジェンとプロジェステロンの濃度により変化する．エストロジェン濃度が高くプロジェステロン濃度が低い発情期には塩化ナトリウム（NaCl）の量が多くなり，子宮頸管粘液をスライドガラスに塗抹して乾燥させると結晶が析出して，羊歯状，樹枝状あるいは羽毛状などの模様ができる．この検査は，発情の補助診断法のみならず，卵巣機能異常に伴うエストロジェンとプロジェステロンの分泌異常の補助診断法としても有用である．

◆器具・器材

　スライドガラス，ドライヤーあるいは恒温乾燥器，顕微鏡あるいは実体顕微鏡または拡大鏡．

◆方　法

　①子宮頸管粘液をスライドガラスに厚めに塗抹する．塗抹する粘液量が少ないと結晶が析出しないことがある．
　②室温で風乾する．湿度が高い場合は結晶形成（cervical dry smear, CDS）が不良となるため，ドライヤーあるいは恒温乾燥器などで速やかに乾燥すると良好な結晶形成が得られる．
　③顕微鏡を用いて弱拡大（10～20倍）あるいは実体顕微鏡または拡大鏡で結晶形成の状態を検査する．

◆判　定

　結晶発現の度合いにより，次の4段階に判別する（図1-2-20）．

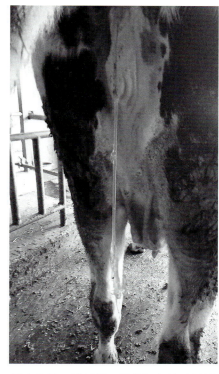

図1-2-18　発情期の雌牛における子宮頸管粘液の流出．

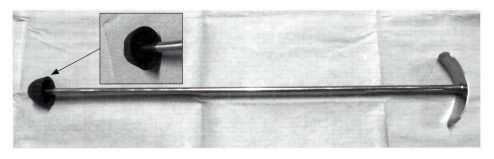

図1-2-19　メトリチェック．

牛

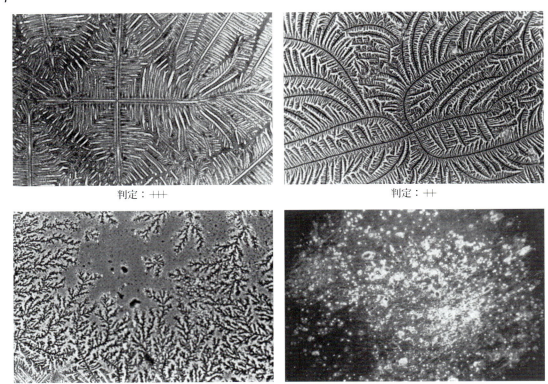

判定：+++　　　判定：++
判定：+　　　判定：−

図 1-2-20　牛の子宮頸管粘液結晶形成像（高嶺　浩 1961 を山内　亮が改変，獣医繁殖学教育協議会）．

+++：全面に樹枝状の定型結晶を認める．
++：定型結晶と非定型結晶が混在する．
+：定型結晶がみられず，非定型結晶が散在する．
−：定型結晶，非定型結晶ともにみられない．

◆補　足
　発情期に++を示すものが大部分であり，++以上のものに交配した場合の受胎成績は良好である．
　黄体期には−となる．
　黄体期に+以上を示す場合には，プロジェステロン不足およびエストロジェン過剰の状態が考えられる．

(3) 細胞検査
◆目　的
　頸管粘液中の細胞を調べ，子宮内膜炎や子宮頸管炎などの異常の有無の補助診断として活用する．
◆器具・器材
　スライドガラス，ギムザ染色あるいはディフ・クイック染色用具，濾紙，顕微鏡．
◆方　法
　①頸管粘液をスライドガラスに薄く塗抹したのち，速やかに風乾する．
　②メタノールで約2〜3分間固定する．
　③染色用に調整したギムザ染色液（蒸留水1 mL当たりギムザ原液0.5〜1滴混和）中に浸し，30

分間染色する．あるいは，ディフ・クイック染色液で数秒間染色する．
④流水（水道水）中で軽く水洗いする．
⑤濾紙で水分を吸い取って水切りを行い，乾燥する．
⑥顕微鏡で出現している細胞の種類と数などを検査する．

◆判　定

好中球やリンパ球などの炎症性細胞が集簇を形成して，あるいはび漫性に多数出現している場合には，子宮内膜や子宮頸管の炎症が疑われる．子宮内膜炎の有無については，最終的に診断的（試験的）子宮洗浄液の細胞検査および細菌培養あるいは子宮内膜細胞診を行う必要がある．

◆補　足

スライドガラスへの粘液の塗抹は薄くする．別のスライドガラスを重ねて挟み，すり合わせると薄く広がりやすい．

(4) 精子受容性（SR）試験

◆目　的

発情期にある牛の子宮頸管粘液の特性の1つとして，精子受容性（sperm receptivity, SR）を観察する．

◆材　料

発情期を含む発情周期中の各期における牛の子宮頸管粘液および融解した凍結精液ストロー．

◆器具・器材

ピンセット，鋏，スライドガラス，カバーガラス，ワセリン，精液ストローの押し棒，加温器，顕微鏡．

◆方　法

①ピンセットと鋏を用いて適量の子宮頸管粘液をスライドガラス上に置く．
②カバーガラスの四方の角にワセリンを塗布し，子宮頸管粘液の半分が覆われるようにカバーガラスを置く（図1-2-21）．
③スライドガラスを加温器で37～38℃に温める．
④カバーガラスの反対側から精液を流し込む．
⑤子宮頸管粘液と精液との境界線部分を顕微鏡の視野に入れ，粘液内への精子の侵入の程度を15分間顕微鏡で観察し，スケッチする．

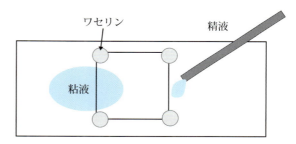

図1-2-21　牛の子宮頸管粘液の精子受容性試験検査における観察スライドの作り方．

◆判　定

精子の子宮頸管粘液への侵入程度と侵入した精子の活力により（＋～＋＋＋），侵入しなければ（－）と判定する（図1-2-22）．本試験の結果と結晶形成（CDS）との関係を表1-2-3に示す．

　＋＋＋：界面の一部あるいは全域から精子が活発に粘液内に深く侵入し，侵入精子の大多数が活発な前進運動を認める場合．
　＋＋：＋＋＋よりもやや劣る場合．
　＋：粘液中に侵入する精子が少なく，または侵入度が浅く，侵入精子の運動が微弱な場合．

◆解　説

子宮頸管粘液の精子受容性は，粘液の成分であるムコ多糖類中のシアル酸含量に関連があり，シアル酸濃度は発情期に最低となり，妊娠期に最高となることが示されている．また，頸管粘液のムチン分子

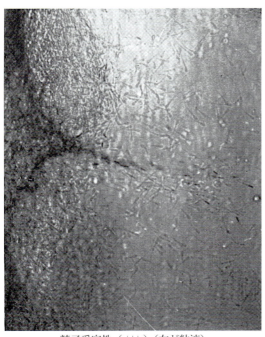
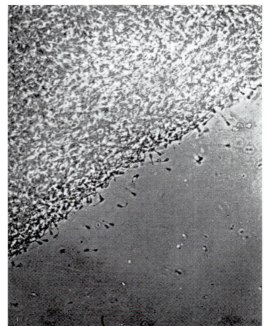

精子受容性（＋＋＋）（右が粘液）　　　　　精子受容性（＋）〜（－）（右下が粘液）

図 1-2-22　牛の子宮頸管粘液の精子受容性（高嶺　浩 1961，獣医繁殖学教育協議会）．

表 1-2-3　雌牛の交配時における精子受容性（SR）と結晶形成（CDS）発現状況と受胎率との関係

SR＼CDS	＋＋＋	＋＋	＋	－	平均受胎率（％）
＋＋＋	91.7	75.0	50.0	－	87.2
＋＋	68.2	75.0	25.0	－	65.1
＋	16.7	80.0	50.0	0	44.0
－	0	0	0	0	0
平均受胎率（％）	74.6	66.7	32.0	0	60.6

（高嶺　浩 1961）

の構造が発情周期に伴って変化し，黄体期には線維性のムチン分子が網状構造を作って精子の侵入を妨げるが，発情期には分子が集束してミセルを形成し，そのミセルが並行して配列するため分子間に隙間ができて精子が侵入しやすくなる（図 1-2-23）．

（5）子宮頸管粘液の pH および電気伝導度
◆目　的

子宮頸管粘液の pH および電気伝導度を測定することにより，発情期にある牛を発見する．

◆材　料

発情期を含む発情周期中各期における牛の子宮頸管粘液．

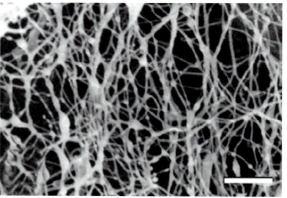

図 1-2-23　発情期における牛の頸管粘液の走査電子顕微鏡写真（スケール：5 μm）(Rutllant J et al. 2005)．

◆器具・器材

BTB試験紙またはpHメーター，電気伝導度測定器具．

◆方　法

①牛をロープで保定する．

②外陰部を洗浄・消毒したのち，腟鏡を挿入して開く．pHメーターおよび電気伝導度測定器具のセンサー部を直接外子宮口に当て，pHおよび電気伝導度を測定する．BTB試験紙を使用する場合も外子宮口に試験紙を押し付けて直接測定する．採取した子宮頸管粘液は，空気に触れるとpHや電気伝導度が変化するので好ましくない．

◆解　説

子宮頸管粘液のpHや電気伝導度は，牛の発情周期において周期的な変化がみられる．子宮頸管粘液のpHは行動上の発情徴候が現れる日の前日に下降し，さらに発情開始時に下降する．一方，電気伝導度は，発情期の前から上昇し始め，発情期に最高値を示す．子宮頸管粘液のpH，電気伝導度は，発情後2～3日以降に元の値に戻る．

4）直腸検査

◆目　的

直腸検査は直腸を介して触知可能な骨盤腔や腹腔内の諸臓器を手指により触診する検査法である．大型の家畜において適用される．臨床繁殖検査においては，子宮頸，子宮体・子宮角，卵管，卵巣の形態的変化を捉えることで，繁殖ステージに応じた内部生殖器の状態や生殖器疾患による異常を把握でき，繁殖機能診断の他，妊娠診断が可能である．直腸検査法は器具を要しない簡便な検査法であり，雌牛において最も重要な臨床繁殖検査法として，野外で広く活用されている（図1-2-24）．

◆材料，器具・機材

直腸検査衣，直腸検査用手袋，生殖器所見記録用紙，粘滑剤．

◆方　法

・実施前の準備

①爪を切り，やすりをかけておく．直腸を傷つけないために必須である．

②あらかじめ手指の長さや幅を計測しておく（図1-2-25）．触診した卵巣，子宮，卵管の構造物の大

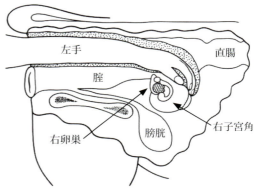

図1-2-24　直腸検査の方法（左）および模式図（右図は加茂前秀夫1995，獣医繁殖学教育協議会）．

牛

きさを概測するための目安として活用する．親指，人差し指，中指は特に構造物に触れる部位であり，それらの長さや幅を頭に入れて直腸検査に臨む．

③生殖器の構造の実習においてあらかじめ雌生殖器に触れておき，各部の触感の特徴を把握しておく．

・検査方法

①手袋を利き腕と反対側の腕に装着する．装着前に手指を水で濡らしてから手袋を装着すると指と手袋との密着性が向上し，触診の感度が上がる．利き手でない方の手で直腸検査を行うことで，触診をしながら利き手で所見を記録したり，器械を操作して子宮，卵巣処置を正確かつ円滑に行うことができる利点がある．

②手袋に粘滑剤を塗布し，5指を円錐状にして直腸内に挿入する．

③検査実施時に術者の肩の位置が肛門よりやや高くなるように，必要な場合は踏み台などを用いて，術者の位置を調整する．

④直腸内の宿糞を排除する．直腸検査では直腸を弛緩させることが必須である．検査では直腸内に空気が入り，直腸壁が緊張して硬く筒状になる場合がある．この状態では検査に適さない．この場合は，宿糞を排除する際に，図1-2-26の方法や軽く直腸粘膜を刺激して直腸の蠕動を促し，直腸を十分に弛緩させる．

⑤手を仙骨に沿って徐々に進め，まず，子宮頸を確認する．その後，子宮体，子宮角および卵巣の順序で触診する．卵管は必要に応じて触診する．

⑥生殖器を把持および触診する場合は必ず指球で行い，直腸壁を続けないよう注意する．

⑦触診中に怒責が生じた場合は過度に逆らうことなく生殖器を把持する手を放し，怒責が止むのを待ち，検査を再開する．蠕動や怒責に逆らった過度で強引な手指の前進は，直腸壁に裂傷を起こし，重度の場合は直腸穿孔を起こす場合がある．

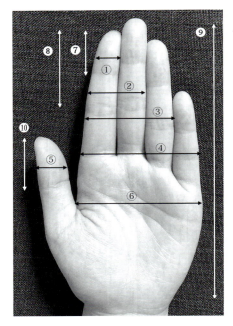

図 1-2-25　手指の各部位の長さ．

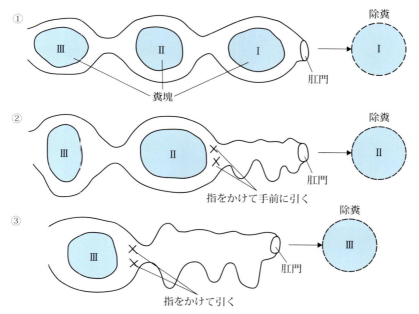

図 1-2-26　直腸を弛緩させる方法（家畜共済における臨床病理検査要領の図を参考に作成）．

（1）各部の触診上のポイント

牛の直腸検査における触診法を図 1-2-27 に示した．

a．子宮頸

　手首が肛門を通過して肘が肛門に近づく辺りの位置に子宮頸は存在する．手首が肛門を通過したら，掌で下方（腹側）を軽く圧迫しながら触診し，子宮頸を探す．子宮頸は骨盤腔の正中部を縦に走行する硬い弾力のある構造物（長さ 70 〜 100 mm，幅 20 〜 40 mm）として触れる．

　子宮頸は生殖器触診の基点となる．そのため，直腸検査のトレーニングの始まりにおいて，子宮頸の触感をまずは習得することが大切である．子宮頸を容易に確認できるようになった後にアドバンストとして，図 1-2-28 のように子宮頸を持ち上げるように把持する練習をするとよい．直腸検査だけでなく，子宮頸内部の把握，人工授精や子宮処置を習得するうえで基本となる手技となる．

b．子宮体・子宮角

　子宮頸を確認後，それに沿って頭側方向にさらに手を進めると縦に走行する溝状の陥凹（子宮帆）が触知される（図 1-2-28，1-2-29）．牛の子宮体は短く（20 〜 30 mm），子宮頸の特徴である硬い触感がなくなる箇所からこの陥凹が始まるまでの部位にある．陥凹の始まる部位において，子宮角の内腔はすでに左右に分かれている．

　陥凹部に中指を添え，手指を進めると両子宮角が分岐する部位に到達し，角間間膜に到達する（図 1-2-29）．この部位で子宮角は左右に分岐し，この辺りから子宮は，子宮角先端に向かって円〜螺旋状に回転しながら下方（腹側）へ走行する．子宮角分岐部を過ぎた辺りから一側ずつ子宮角を指の腹で軽く圧して触感を調べ，さらに掌に包み込むように親指，人差し指および中指の指の腹で軽くもみほぐすように子宮角先端に向かって触診する．妊娠の可能性がある場合には，子宮角の検査は慎重に行い，強く圧迫するなどの行為は，胚死滅や胎子死を招く危険性があるため，厳に慎む．

　子宮角を容易に確認できるようになったあとにアドバンストとして，図 1-2-30 のように子宮を骨盤

牛

2 雌の発情周期における繁殖機能検査および発情同期化・排卵同期化

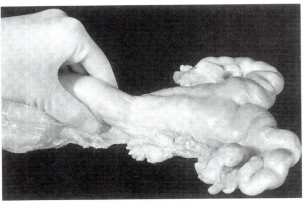
A. 頸管の触診

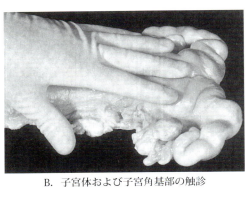
B. 子宮体および子宮角基部の触診

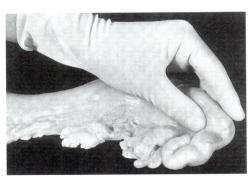
C. 右子宮角の触診

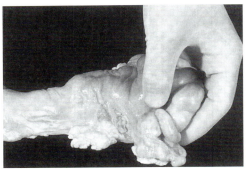
D. 右子宮角先端部の触診

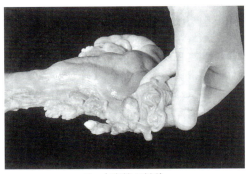
E. 右卵管の触診

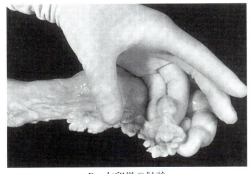
F. 右卵巣の触診

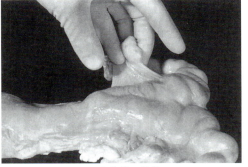
G. 左卵巣の触診

図 1-2-27 牛の直腸検査法（金田義宏氏・加茂前秀夫氏，獣医繁殖学教育協議会）．

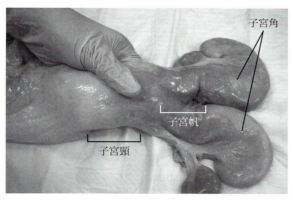

図 1-2-28　子宮頸の把持．親指を除く4指を子宮頸の腹側に添え子宮頸を持ち上げるように把持する．

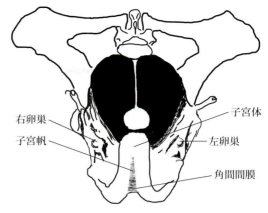

図 1-2-29　骨盤腔・腹腔内の生殖器．

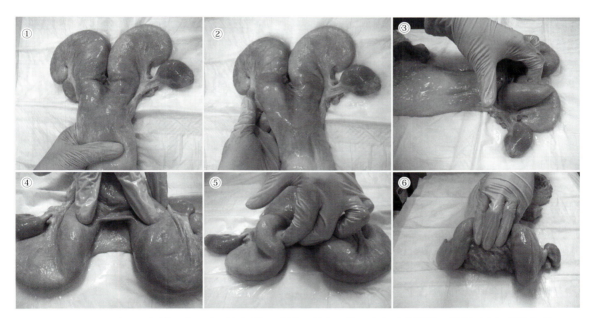

図 1-2-30　子宮の反転法．①子宮頸を把持し手前に引く，②子宮と子宮間膜の外側下方に挿入し手前に引き寄せる，③腹側の角間間膜に下方に指を入れる，④指は必ず腹側角間間膜の下方にかけること．脆弱な背側角間間膜にかけてはならない．⑤，⑥骨盤腔側に引き上げると子宮が反転する．

腔に引き上げて検査する方法を練習するとよい．子宮角分岐部から子宮角先端，さらに卵管の触診が容易となり，超音波検査においても有効な手技となる．

c．卵　管
　子宮角先端をたどり，さらに手を進めると卵管間膜に支持された迂曲して走行する卵管が触知される．卵管の触診は，卵管間膜の下に人差し指，中指，薬指を添え，親指で卵管を上から抑えて掴むようにし，移動させながら行う．卵管の触診は熟練を要する．

d．卵　巣
　子宮角が下方に円弧を描いて走行している最前縁部から手を子宮間膜に沿って右（あるいは左）側に頭側から手前側に向かって手指を移動させ卵巣を探る．卵巣は紡錘形〜球形の充実感のある構造物（長

牛

径25～50 mm）として触知される．前述した子宮頸および子宮角を手前に引き寄せる処置は卵巣の探索を容易にする．

　卵巣を把持する際は，すくいとるように卵巣を手に乗せ，卵巣の周囲に存在する卵管間膜を巻き込まないようにする．固有卵巣索あるいは卵巣堤索を含む卵巣間膜を薬指と小指の間に挟み込むようにして卵巣を掌中に保定し，卵巣の触診は，人差し指，親指，中指の指頭の腹で行う（図 1-2-31）．卵巣の触診は指頭の腹の感覚によるので，余分な力を加えることなく，注意深く行う．粗暴な触診や強度な加圧は卵巣に損傷を与えるため，厳に慎む．固有卵巣索は卵巣堤索に比べて太く，弾力のある索状物である．

（2）検査項目

a．子宮頸

　太さ，長さ，走行の異常，腫脹，硬結や疼痛の有無などを調べる．

b．子宮体・子宮角

　①子宮の下垂の状態，子宮角の左右対称性，太さ，長さを調べる．子宮の太さは角間間膜（子宮角分岐部）より前方（頭側）部分の辺りで計測する．あらかじめ計測した手指の長さあるいは指幅を指標とした概測値を記録する．

　②子宮の収縮：角間間膜（子宮角分岐部）の辺りに手指を当てた状態でしばらく収縮性を観察して判定する．収縮が最も強い状態と最も弱い状態の範囲で示すとわかりやすい．収縮の程度は次の5段階に判別する．

　　＋＋＋：連続的に強度に収縮し，丸くソーセージ様に感じられる．

　　＋＋：強度に収縮するが持続的でなく，ちくわ様あるいはソーセージ様に感じられる．

　　＋：収縮して緊張感があり，子宮の輪郭が明瞭に触知される．

　　±：わずかに収縮し，柔軟であるが軽度の緊張感あり．手指の刺激により，軽度の収縮が起こるが，すぐに弛緩する．

　　－：収縮はなく，緊張感を欠き，手指の刺激にも反応せず，子宮の輪郭不明瞭

　子宮収縮は発情周期のステージによって変化し，＋＋＋～＋＋は卵胞期，＋～±は黄体期，－は卵巣あ

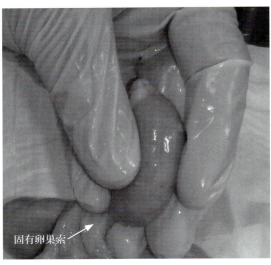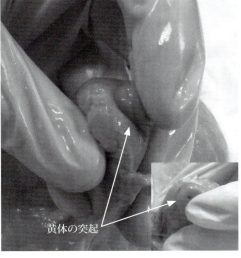

固有卵巣索　　　　　　　　　　　　　黄体の突起

図 1-2-31　卵巣の触診．左図：卵巣間膜を薬指と小指の間に挟み，指の中に卵巣を置く（図 1-2-27）．固有卵巣索の位置を確認し，親指，人差し指，中指で触診する．右図：黄体は突起を確認する．

るいは子宮に異常があるものに観察される.
　③子宮壁の厚さ（肥厚〜菲薄），弾力，子宮の粗造感や脆弱性，疼痛の有無を調べる.
　④子宮腔内の貯留物や貯留液の有無（内部波動感）を調べる.
c．卵　管
　硬結，腫大（貯留物の有無），癒着，卵管間膜嚢胞の有無などを調べる.
d．卵　巣
　①卵巣の大きさ，形状，硬さ，弾力，癒着，腫瘤の有無などを調べる.
　②卵胞，黄体あるいは囊腫様構造物の個数，大きさ，形状を調べ，卵巣内での存在位置も含めて記録する．卵巣の記録要領を図 1-2-32 に示した.
　③黄体開花期の黄体は通常長径 20 mm 以上の充実した構造物となり，卵巣表面から突出する．黄体は卵巣内部に深く存在しているので，触診で突出した部分も含めて触診する．黄体の多くは排卵部から黄体組織が隆起してできる突起（冠）を持ち，その形状はさまざまである．突起が不明瞭な場合もある．黄体は退行に伴って小さくなり，硬さを増す.
　卵胞は直径がおおよそ 6 mm 程度になると中に内容液（卵胞液）を有する波動感のある構造物として触知できる．また，排卵前には直径が 12〜24 mm に発育し，卵巣表面から隆起する．卵胞は，通常，発育途上にあるものは硬くて張り（内圧感）があり，排卵間近や閉鎖過程にあるものは張りがなく柔らかい触感（波動感）を示す．排卵直後の排卵部は凹みとして触知され，1〜2 日のうちに出血体となり糊様の触感となる.
　④卵巣の触診が容易にでき卵巣の構造物（卵胞や黄体）を認識できるようになったあとにアドバンス

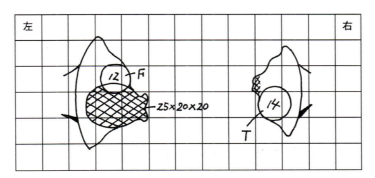

記録用語例
【触知部位を示す用語】
　F：人差し指（index finger）で触知される側面に存在
　T：親指（thumb）で触知される側面に存在
　M：中指（middle finger）で触知される側面に存在
【卵胞（Folli）の状態を示す用語】
　dev Folli：発育卵胞
　mature Folli：成熟卵胞
　atre Folli：閉鎖卵胞
　OV：排卵
　FC：卵胞囊腫（LC：黄体囊腫）

【黄体（CL）の状態を示す用語】
　dev CL：発育黄体
　func CL：開花期黄体
　deg CL：退行黄体
　preg CL：妊娠黄体
　CCL：囊腫様黄体
【構造物の触感を示す用語】
　el.：弾力のある，張りのある
　hard：硬い
　soft：やわらかい
　flat：平べったい
　starchy：糊様の

図 1-2-32　卵巣記録要領の一例．固有卵巣索が一定の位置になるよう記録する．図では下方に太く記載されている．卵胞は白抜きに黄体は斜線で示す．卵胞内の数字は直径（mm）を示す．黄体の数字は，高さ×幅×厚さ（長径×短径×厚さ mm）を示す．1 マス＝ 10 mm.

牛

表 1-2-4 牛の発情周期の各期における外陰部および直腸検査の主要所見

発情周期		外陰部	直腸検査	
			子 宮	卵 巣
発情前期（排卵前4～3日の間）	卵胞期（排卵前4・3～0日の間）	軽度な充血，少量の半透明粘液排出	収縮あり（増加）	黄体：退行が進行し，硬く，15～18 mmと小さい 卵胞：12～15 mmの張りのある発育中の卵胞あり
発情期（排卵前2～1日の間）		充血，腫脹，多量の透明粘液排出	腫大（浮腫）し，収縮著明（後期には収縮が少なく弛緩が目立つようになる）	黄体：退行して12～15 mmの大きさで硬い 卵胞：排卵前には直径が12～24 mmに発育し，排卵前12～6時間になると軟化
発情後期（排卵前1日～排卵後2日の間）	黄体初期（排卵後0～6・7日の間）	充血および腫脹の消退，血様粘液の排出（未経産牛の大部分と経産牛の約半数）	収縮は血様粘液排出時にきわめて強度となった後減弱，腫大は排卵後2～3日持続	卵胞：発情開始後30時間で排卵．排卵部位は12時間前後は陥凹（排卵陥凹） 黄体：排卵後4日には15 mm以上に発育，前周期の黄体は6 mm前後に退行
発情休止期（排卵後3～16・17日の間）	黄体開花期（排卵後7・8～16・17日の間）	緊縮して充血および腫脹なし	軽度な収縮あり，柔軟でやや弾力感を示す	黄体：排卵後8日前後に発育を完了して長径20 mm以上となる 卵胞：第1卵胞波の主席卵胞は排卵後発育して8日前後に最大となり直径14～16 mmに達する
	黄体退行期（排卵後16・17～17・18日の間）			

斜線になるのは発情後期と黄体初期，発情休止期と黄体開花期／退行期の時期が重ならないところがあるため． （東京農工大学）

トとして，発情周期において黄体期では2～3日ごとに，卵胞期では毎日，卵巣を含めた生殖器の検査を行うとよい．超音波画像検査も交えて，触診したどの位置の卵胞（あるいは黄体）がどのように描出されているのか，卵巣の立体構造と超音波画像を合わせて評価する練習を行うことは，発情周期の把握や適期授精を精度よく行うための技術の向上につながる．

（3）検査所見の判定

　①発情周期に伴う外陰部および直腸検査による内部生殖器の主要な変化を表1-2-4に，卵巣所見例を図1-2-33に示した．

　②子宮の収縮，子宮角の太さ，子宮壁の弾力や厚さ，および卵巣の黄体や卵胞は，発情周期の時期に応じてわずかにあるいは劇的に変化するので，それらの生理的な変化を十分に理解したうえで，発情周期のステージや生殖器疾患の診断を行う必要がある．

　③発情周期のステージや繁殖障害の診断を1回の検査で行うことは困難な場合が多く，通常は，複数回の検査を行い卵巣および子宮の状態の経日的変化を調べて診断することになる．そのために，検査所見を正確に記録しておくことが重要である．すなわち，病歴，問診，視診，直腸検査所見，治療処置および経過を個別に記録（カルテに記載）しておくことは，正確な診断，今後における治療方針の決定，効果的な治療の実施，治療効果の判定，予後判定，およびそれらに関する成績の取りまとめを行うためにきわめて重要である．

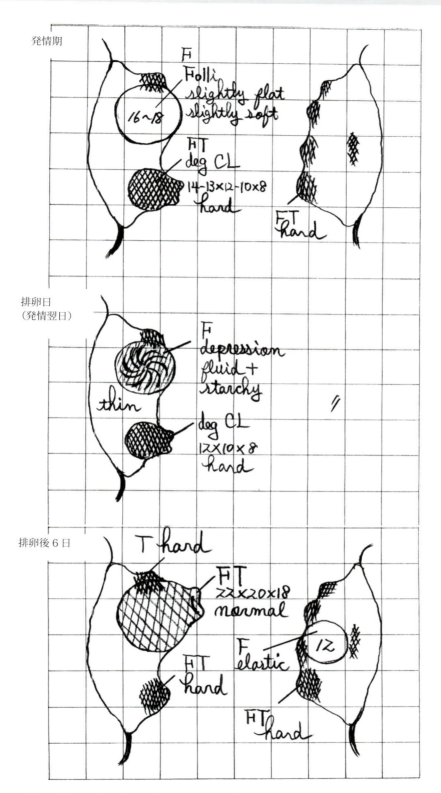

図 1-2-33　発情周期における牛の卵巣所見記録例（金田義宏氏・加茂前秀夫氏 原図）．FT：人差し指と親指の両方で同時に触知される部位に存在，slightly：わずかに，depression：凹み，fluid：液性物，thin：薄い．これら以外の用語は図 1-2-32 の記録用語例を参照のこと．

5）超音波検査

◆目　的

超音波検査は，生殖器の画像化による視覚診断のため獣医臨床繁殖領域において頻繁に実施される．本検査は，牛を含む多くの家畜で妊娠診断，胚や胎子の生死判定のほか，卵巣および子宮疾患の診察時に実施され，診断精度の向上に欠かせないものとなっている．また，牛では，体外受精胚生産のための生体内卵子吸引（ovum pick-up，OPU）にも活用される．超音波画像診断装置の機能性は日々進歩しており，バッテリーを搭載した軽量小型化，機器の高性能化や撮影画像の共有化による利便性の向上により，本検査は一般的な臨床繁殖検査として産業動物臨床現場に広く普及している．

◆材料，器具・機材

超音波画像診断装置（図1-2-34，図1-2-35），経直腸（経腟）用プローブ（図1-2-34，図1-2-35），直腸検査衣，直腸検査用手袋，粘滑剤．

◆方　法

牛の繁殖検査では，リニア・I型プローブ（経直腸用）あるいはマイクロコンベックス型プローブ（経腟用）を装着した超音波画像診断装置が使用される．超音波検査は，牛舎内に充電式ポータブル型超音波装置を持ち込み，経直腸による画像診断が一般的である．リニア型プローブは浅部（近距離部）の有効視野が広く，深部までの画質の均一性が高いことが特徴であり，生殖器を操作してプローブとの距離を調整できる牛の生殖器検査に適している．

図1-2-34　動物用小型ポータブル超音波画像診断装置（経直腸用，左）と画像を描写するワイヤレスゴーグル（右）の一例．

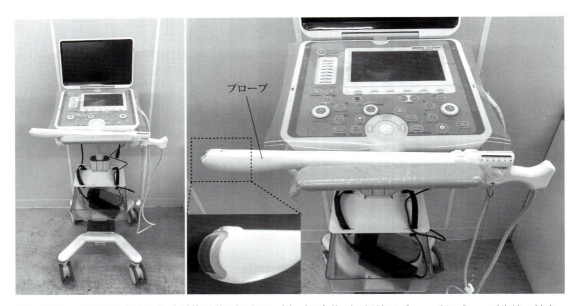

図1-2-35　動物用超音波画像診断装置(経腟用)の一例．左：全体，右：経腟用プローブとプローブ先端の拡大．

Brightness mode（Bモード）による画像の描出が主であるが，カラードプラ法を用いて，卵巣，子宮，受胎産物における血流の状態を評価する場合もある．検査を実施する前に，あらかじめ超音波画像診断装置の条件設定を行い，必要に応じて検査中に設定を変更することも考慮しておく（表1-2-5）．

(1) 経直腸による超音波検査

①外陰部検査および腟検査と同様に牛を保定する．

②必要に応じて術者の肩の位置が動物の肛門よりやや高くなるように踏み台などを用いて術者の高さを調節する．

③宿糞を十分取り除き，直腸検査の要領で直腸壁を弛緩させ，プローブが直腸壁を介して生殖器に密着できる状態にする．

④手指に粘滑剤を塗布してプローブを掌中で保持し，プローブの超音波発射面を掌側と反対側に向け手腕を直腸内に挿入する（図1-2-36）．

⑤プローブを保持した手の指先で生殖器の位置を確認し，プローブを子宮頸，子宮体，子宮角，卵管，卵巣の位置に移動させ，それぞれをスキャンする．子宮については，子宮体および子宮角基部から先端

表1-2-5　超音波画像診断装置の主な設定項目

設定項目	設定目的
周波数	高周波になるほど画像が鮮明となるが，超音波の到達深度が浅くなる．7.5 MHzの超音波が鮮明な画像を描出しうる到達深度はおよそ4〜8 cmであり，超音波発射面から対象となる構造物が近距離にある場合に適している．5 MHzおよび3.5 MHzのそれはそれぞれおよそ7〜14 cmおよび13〜25 cmの距離にある対象物の検査に適する．
ゲイン	反射してくる反射波の増幅レベルの設定．ゲインを上げれば明るい（白い）画像が得られる．過度に高いあるいは低いゲインの設定は，ノイズの出現や画像評価に適したコントラストが得られず，情報の欠落した画像となる．
フォーカス	プローブから発射された超音波の広がりの影響を防ぎ良好な画像を描出することを目的に，超音波発射面からの対象物の距離に応じて，目標部位に発信された超音波を収束させるために設定する．
深　度	超音波発射面からの対象物の距離（深度）に応じて行う設定．深部を深く設定すると相対的に対象物の画像は小さくなり，細部における画像評価が困難となる．

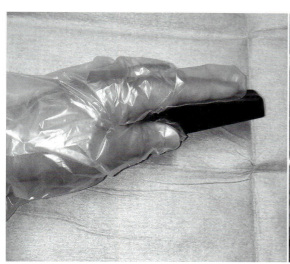 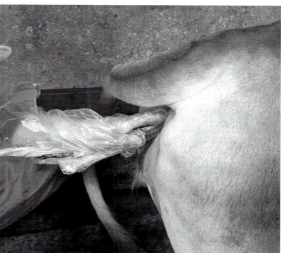

図1-2-36　プローブの把持と直腸への挿入．左：超音波発射面を外側に向け，プローブを掌中に把持する．右：プローブを掌中に入れ，指を円錐状にして直腸内に挿入する．

牛

2 雌の発情周期における繁殖機能検査および発情同期化・排卵同期化

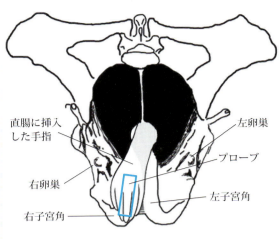

図 1-2-37 経直腸による超音波検査．直腸内に挿入したプローブを移動させ，生殖器を検査する．右図の青線は掌内のプローブを指す．

部にかけてプローブを移動させ，子宮全体をスキャンする（図 1-2-37）．

⑥静止画あるいは動画を，必要に応じて記録する．画像をリアルタイムに記録する機種では，その場で数秒前の動画を見返す機能（シネループ機能）を活用する．

⑦検査終了後，プローブを掌中に包み込んだ状態で手腕とともに直腸から抜去する．

⑧複数の牛を一度に検査する場合は，防疫対策として 1 頭に 1 枚の直腸検査用手袋と 1 枚のプローブカバーを用いて検査する．経直腸検査用プローブが糞便に汚染された場合は検査後に洗浄し，消毒後に次の牛に使用する．

(2) 経腟による超音波検査（OPU 実施時）

①牛を枠場に保定し，必要に応じて鎮静処置を行う．

②腟検査の要領で外陰部を清拭し，尾椎硬膜外麻酔を施す．

③粘滑剤を塗布したプローブを陰門から腟内に挿入した後，プローブを把持した手と反対側の手腕を直腸内に挿入する．

④直腸を介して卵巣を把持し，子宮頸背側腟壁側に誘導する．

⑤プローブ先端の超音波発射面を腟壁を介して卵巣に密着させ，卵巣の状態を観察する（図 1-2-

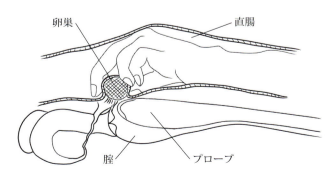

図 1-2-38 経腟による超音波検査．腟内にプローブを挿入し，経直腸で把持した卵巣に密着させる（「獣医繁殖学マニュアル第 2 版」の「卵巣把握」の図を参考に作図）．

38).

⑥適宜，超音波ガイド下でプローブ先端から吸引針を突出させ卵胞を穿刺し，卵子を吸引する．

(3) 経直腸検査での留意点

①直腸壁を十分に弛緩させることは良好な超音波画像を得るために必須である．

②直腸内でのプローブの粗暴な操作は，プローブで直腸壁を傷つける可能性があり，直腸壁の緊張や

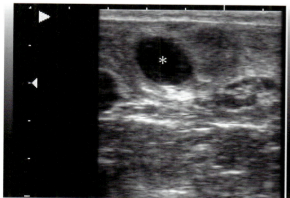

図 1-2-39 発情日の卵胞（＊）．（画像端一目盛り＝ 1 cm．以降，記載のない限り，一目盛の長さは 1 cm である）．

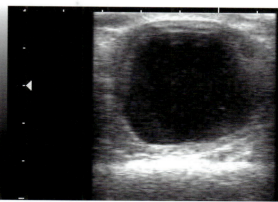

図 1-2-40 嚢腫化した卵胞（＊）．

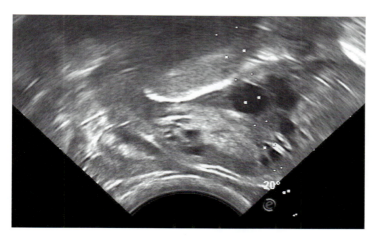

図 1-2-41 経腟超音波検査による卵巣と卵胞．超音波ガイドライン上に低エコー円形画像として卵胞が描出されている．

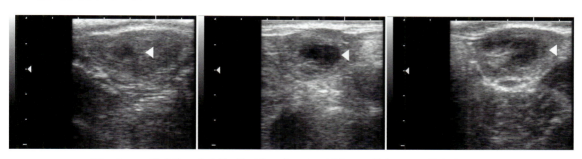

図 1-2-42 排卵後の出血体（矢頭）．左から，排卵日，排卵翌日，排卵後 2 日．

牛

2 雌の発情周期における繁殖機能検査および発情同期化・排卵同期化

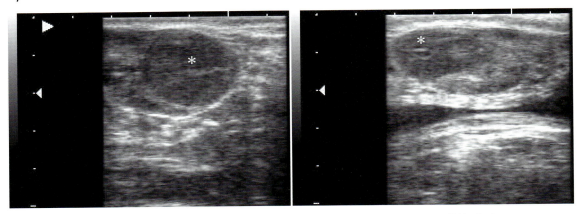

図1-2-43 開花期黄体（＊）．　　　　図1-2-44 退行黄体（＊）．

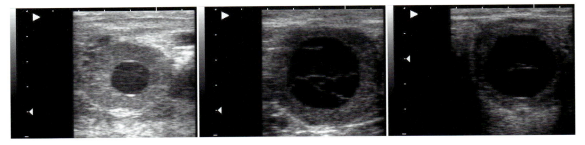

図1-2-45 嚢腫様黄体．左：黄体壁が厚い例，中：内腔が大きく黄体壁がやや薄い例，右：内腔が大きく黄体壁がさらに薄い例．

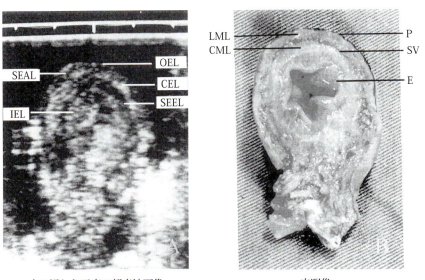

水に浸した子宮の超音波画像　　　　肉眼像

図1-2-46 牛の子宮角横断面の超音波画像（水浸法）と肉眼像．IEL：内側のエコージェニックな層，SEEL：わずかにエコージェニックなリング状の層，CEL：中間のエコージェニックな層，SEAL：わずかにエコージェニックなアーチ状の層，OEL：外側のエコージェニックな薄い層，E：子宮内膜，CML：輪筋層，SV：血管層，LML：縦筋層，P：子宮外膜．（Saito Y et al. 2001）．

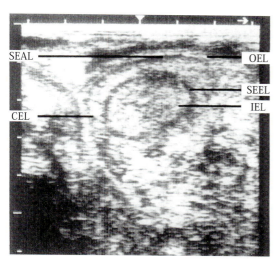 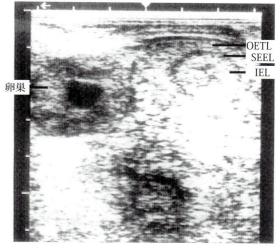

図1-2-47　牛の子宮角横断超音波画像（生体）．左：子宮壁が五層に描出された例．右：子宮壁が三層に描出された例．
IEL：内側のエコージェニックな層（子宮内膜），SEEL：わずかにエコージェニックなリング状の層（輪筋層），CEL：中間のエコージェニックな層（血管層），SEAL：わずかにエコージェニックなアーチ状の層（縦筋層），OEL：外側のエコージェニックな層（子宮外膜），OETL：外側のエコージェニックな厚い層（血管層，縦筋層および子宮外膜）．

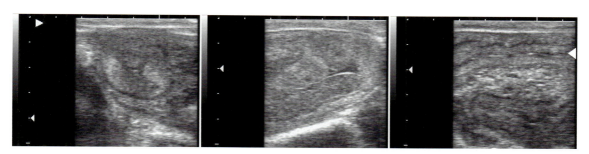

図1-2-48　牛の子宮角超音波画像（生体）．左：子宮の横断画像（卵胞期）．中：子宮の斜断画像（卵胞期）．内腔に低エコーの貯留液が描出されている．右：子宮の縦断画像（黄体期）．子宮内腔（矢頭）が縦断され，一部高エコーあるいは低エコーに線状に描出されている．

怒責を誘発し，検査を困難とする．

③生殖器の位置関係や構造物の状態を十分に把握したうえで検査を行う．事前の直腸検査による生殖器所見の把握は超音波検査における画像の読影の理解を助ける．

④検査中は超音波発射面から出された超音波による断層像であることを十分にイメージしながら実施する必要がある．例えば，球形の構造物である卵胞は，超音波のスキャン角度を変えてもほぼ円形の構造物として描出されるが，楕円形の構造物である黄体は，スキャンの角度により楕円形や円形に描出される．子宮は円筒状の構造物であることから，リニアプローブ軸を子宮長軸に対して平行にスキャンする場合は縦断面が，子宮の長軸に直角にスキャンする場合は横断面が得られる．

⑤複数存在する構造物を正確に弁別するためにも，必要に応じてスキャン角度を変え，対象物全体を捉えることが正確な画像診断につながる．卵巣や子宮は一方向だけからのスキャンではなく，矢状断，横断，水平断を意識しながら，プローブの位置を少しずつゆっくりと移動させ全体を複数方向からスキャ

表 1-2-6 主な生殖器構造物の超音波画像の特徴

構造物		画像の特徴	該当図
卵巣	卵胞	卵胞液を充満した卵胞腔が低エコー，通常，黒く球形に描出される．排卵前の卵胞の大きさは直径 14 〜 20 mm である．嚢腫化した卵胞は直径 25 mm を越える低エコーの構造物として描出される．	図 1-2-39，図 1-2-40，図 1-2-41
	出血体	排卵した卵胞の部位に出現する出血体は，周囲の卵巣支質よりややエコーフリーに黒く，牛では長径 10 〜 14 mm 前後の球形に描出される．	図 1-2-42
	黄体	卵巣皮質よりやや低エコーに黒く，球形から紡錘形に描出される．黄体画像の中に排卵時の基底膜の構造を残した高エコーのラインが見られる．通常，牛の機能性黄体は，長径 20 mm 以上である．退行黄体は機能性黄体と比べて高エコーで白く描出され，支質との区別が困難な場合がある．	図 1-2-43，図 1-2-44
	嚢腫様黄体	排卵後に形成された黄体において，黄体の中心部に低エコーに描出される内容液を容れた円形〜楕円形の内腔を持つ構造物として描出される．牛では内腔の直径は黄体開花期においても 10 mm 以上あり，その周囲にやや低いエコーレベルの黄体組織が形成された構造物として描出される．一般に嚢腫様黄体は正常黄体に比べて大きく，長径 30 〜 40 mm またはそれ以上に達する．	図 1-2-45
子宮	子宮角	水中に浸して超音波検査を行う水浸法においては，牛では五層の層状構造を示して描出される．生体において牛では多くの場合三層まれに五層が描出され，横断像では円形の高エコーの白い部分とやや低エコーのやや黒く描出される部分が層状をなす輪状構造，縦断像では円筒〜楕円形の層状構造を示す．	図 1-2-46，図 1-2-47
	子宮内腔	牛の発情期および排卵前後には，低エコーに描出される分泌物の貯留がさまざまな程度に見られるが，通常，その他の発情周期の時期においては子宮腔の拡張や分泌物の貯留は見られない．子宮水症／子宮粘液症や子宮蓄膿症の症例では，貯留した液体の状態により，低エコーから高エコーの画像として内腔が描出される．	図 1-2-48
	子宮内膜	やや高エコーな厚みのある領域として描出される．卵胞期では厚みを増し明瞭となる．	図 1-2-48
	輪筋層	牛においては，低エコーの黒い線状部分として描出される．	図 1-2-47
	血管層・縦筋層・子宮外膜	牛においては均一な高エコーな一層の領域として描出されることが多い．しかし，高エコーで白い層状部分として描出される血管層の外側に低エコーの黒い線状部分として縦層筋が描出され，さらに，その外側に高エコーな白い一層の領域として外膜が描出される場合もある．	図 1-2-47，図 1-2-48

ンすることを心がける．プローブのスキャン角度を変える際にもできるだけプローブは掌中に収め，プローブを把持する手首の動きを利用しながらスキャンする．

⑥プローブと対象物の間に存在している組織や超音波特性の影響により，多重反射や音響陰影などのアーティファクト（虚像）を生じる場合がある．プローブを操作し，スキャンする角度や接触の圧迫度を変えることで対処する．

⑦直腸検査の要領で生殖器を骨盤腔内に誘導し，対象物をプローブに接近させて検査することで，アーティファクトの発生を抑えた良好な画像が得られる．

⑧静止画を記録する際は，対象物とプローブが可能なかぎり静止した状態で画像をフリーズすることにより良好な画像が得られる．

（4）画像解析

被写体（生殖器）はエコー反射に要する時間と強度の違いをコントラストに変換して画像化される．通常水分含量の多い組織や体液は反射強度が小さく（エコーレベルが低いとも表現される）画像では黒く描出され，水分含量の少ない組織は反射強度が強く（エコーレベルが高いあるいはエコージェニック

とも表現される）白く描出される．卵巣は，球形〜紡錘形の輪郭を示し，支質はエコーレベルが高く（高エコー，エコージェニック）白く描出され，支質の辺縁部に卵胞および黄体が存在する．子宮は横断面では層状をなす円形の構造物に，縦断面では筒状の構造物として描出される．生殖器超音波検査で対象となる主な構造物の特徴を表 1-2-6 にまとめた．

6）ホルモン測定

◆目 的

　雌の発情周期における繁殖機能検査の 1 つに体液を用いたホルモン濃度の測定がある．体液中のホルモン濃度を正確に把握することは内分泌器官の機能状態のみならず，疾病の臨床診断，治療方針の決定，治療効果の判定などに重要な情報を提供する．

　生産現場で診療を依頼されるりん告で一番多いのは，発情がみられる時期になっても発情がこない，発情がはっきりしないというものである．発情の異常の分類では，無発情，鈍性発情などがこれに該当する．農業共済組合における病傷事故の生殖器病の中で診療件数が多い発情の異常に分類される疾患の上位 5 病名は，黄体遺残，鈍性発情，卵巣静止，卵巣嚢腫，子宮内膜炎となっている．これらの疾患を正確に診断するためには，直腸を介した卵巣および子宮の形態観察および体液中のホルモン濃度測定が必要となる．

　プロジェステロンは，妊娠前には卵巣の黄体が主体の分泌母地であり，発情周期の確認，黄体機能状態の把握，または卵巣疾患の診断に，1 週間に 1〜2 回の卵巣の構造物の確認とともに体液サンプルを用いたプロジェステロン濃度測定が診断の補助として有用である．

◆酵素免疫測定法（enzymeimmunoassay，EIA）の概要

　酵素標識された抗原，ハプテンまたは抗体を用いた抗原抗体反応を使用した測定方法．一般的な測定には，96 ウェルのプレートが用いられ，最終的にプレートのウェル内に存在する酵素標識抗原，ハプテンまたは抗体の量を基質の反応による酵素活性量で定量／数値化する方法である．

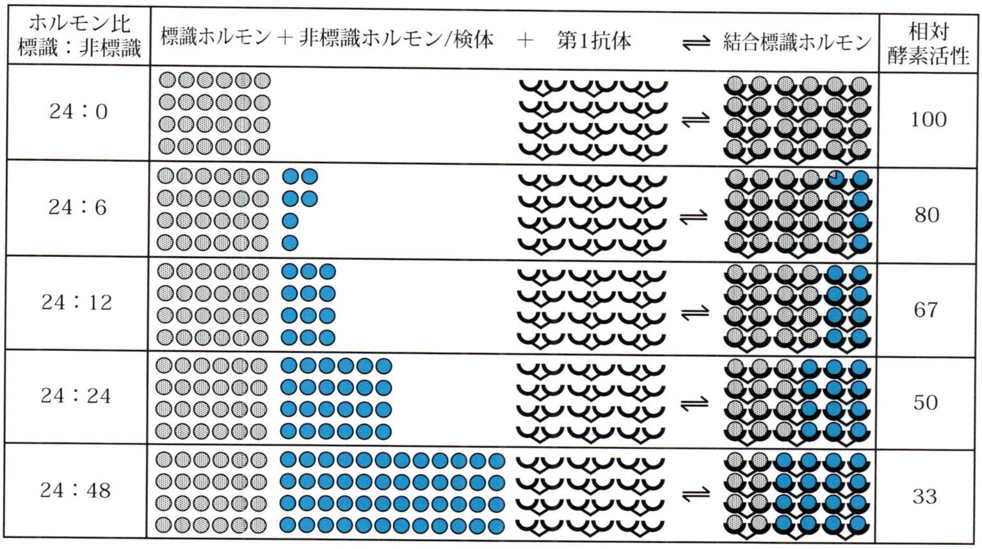

図 1-2-49　酵素免疫測定法の競合反応による測定原理（考え方）．

牛

◆測定原理（マイクロプレートによる第二抗体固相競合測定法）

マイクロプレートを用いた測定では，以下のものが必要となる．測定を行うホルモンに特異的に結合する抗体（第一抗体），酵素標識をしたホルモン（標識ホルモン），既知の濃度の標識されていないホルモン（非標識ホルモン），測定を行う検体（未知サンプル），第一抗体に対する抗体（第二抗体）が固相（吸着）されたプレート，酵素と反応させる基質（基質），酵素と基質の反応をとめる反応停止液．その他，ピペット，吸光光度計（プレートリーダー）などが必要である．

基本原理は，ホルモンに特異的な抗体（第一抗体）の結合部位を一定量の酵素標識ホルモンと非標識ホルモンとで取り合い（競合）をさせ，結合できなかった標識および非標識ホルモンを取り除き，第一抗体に結合できた標識ホルモンの酵素活性を基質との反応で評価する（図1-2-49）．標識ホルモンと量を段階的に希釈した非標識ホルモンの酵素活性により，非標識ホルモンの濃度による酵素活性の検量線を作成し（図1-2-50），非標識ホルモンの代わりに未知の検体を加えたときの酵素活性をもとに，検量線から検体の濃度を外挿する（図1-2-51）．

◆材　料

プロジェステロン濃度の測定に必要な検査材料には，牛では血液，全乳，脱脂乳が用いられる．乳汁が用いられる理由は，乳汁中のプロジェステロン濃度が血液中の濃度と同様な傾向を示して推移することによる．

①血液は，通常，ヘパリン血漿を用いる．
②全乳は，個乳あるいは後搾り乳を用いる．
③脱脂乳は，個乳あるいは後搾り乳を用いる．

◆器具・機材

マイクロプレート，ピペット，吸光光度計（プレートリーダー），ペーパータオル，恒温槽，プレートシェーカー．

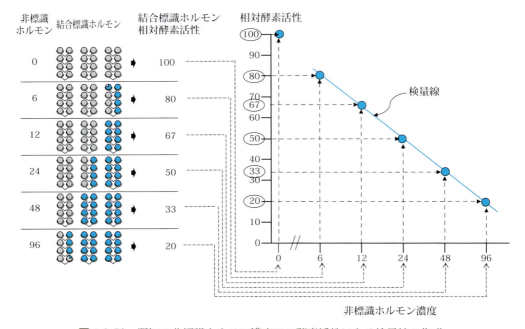

図 1-2-50　既知の非標識ホルモン濃度での酵素活性による検量線の作成．

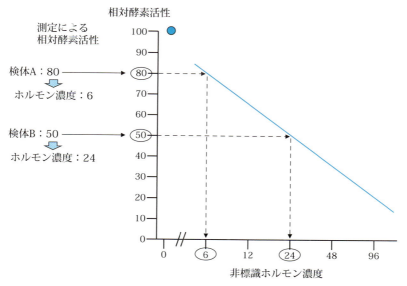

図1-2-51　検量線による未知の検体のホルモン濃度の外挿.

◆試薬・薬剤

現在，国内では，牛診断用のプロジェステロン濃度測定キットは市販されていない．そのため，研究用で使用可能なプロジェステロン濃度測定キットを利用するか，研究室レベルで測定法を作成する．第二抗体を固相したマイクロプレート，酵素標識ホルモン，測定に必要な溶液は，購入することもできるが，一般的に研究室で作成する．測定を行う前に必要な試薬類は以下となる．

第二抗体固相マイクロプレート，標準プロジェステロン（非標識ホルモン），ホースラディッシュペルオキシダーゼ（HRP）標識プロジェステロン（酵素標識ホルモン），抗プロジェステロン抗体，測定用溶液（リン酸緩衝液），基質（TMB），基質希釈溶液，反応停止液（硫酸溶液など），プレート洗浄用溶液．

◆基本的な測定方法（マイクロプレートによる第二抗体固相競合測定法）

①96ウェルのマイクロプレートにあらかじめ第一抗体に対する抗体（第二抗体）をコーティングし，非特異的なプレートへのタンパク質吸着を防ぐブロッキング処理を行ったプレートを作成しておく（図1-2-52）．第一抗体をウサギに免疫して作成した抗体の場合は，第二抗体は抗ウサギIgG抗体を使用する．

②検量線を作成するための既知の濃度の非標識ホルモン（標準ホルモン）を段階的に希釈したもの，または未知の検体（測定サンプル）を加える（図1-2-52B）．

③一定量の標識ホルモンを加える（図1-2-52C）．酵素標識の酵素はHRPを例に考える．

④非標識ホルモン/検体および標識ホルモンと反応する第一抗体を加える（図1-2-52D）．第一抗体を添加することで抗原抗体反応が開始し，第一抗体の結合部位をめぐり非標識ホルモン/検体と標識ホルモンで競合が起こる．非標識ホルモンが多いほど第一抗体に結合できる標識ホルモンが減少する．

⑤一定時間反応後，抗体とホルモンとの結合体，抗体と結合しない遊離の状態のホルモンとが共存した状態（図1-2-52E）．

⑥遊離しているホルモンおよび第一抗体と，第二抗体，第一抗体およびホルモンの結合体を分離する（図1-2-52F）．プレート内に遊離したホルモンおよび抗体を洗い流す．

A. 第二抗体固相マイクロプレート.

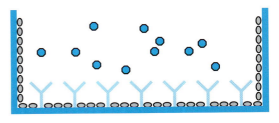

B. 非標識ホルモン／検体の添加.

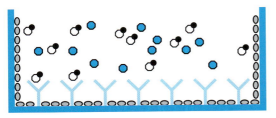

C. 標識ホルモンの添加.

D. 第一抗体の添加.

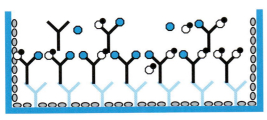

E. 第一抗体，第二抗体，非標識ホルモン／検体および標識ホルモンによる抗原抗体反応.

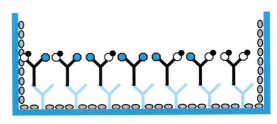

F. 遊離している第一抗体，非標識ホルモン／検体および標識ホルモンを除去する.

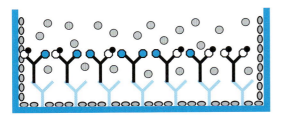

G. 第二抗体に結合した第一抗体と結合している標識ホルモンの酵素反応を促す基質を加える.

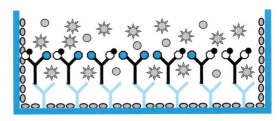

H. 酵素と基質の反応により生成された生成物.

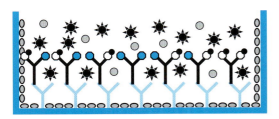

I. 酵素と基質の反応を停止させ，吸光光度計で吸光度を測定する.

Y：第二抗体 ●：非標識ホルモン/検体 ●：基質
●：ブロッキング ○：標識ホルモン ✹：酵素反応停止後
Y：第一抗体

図 1-2-52　マイクロプレートによる第二抗体固相競合測定法.

⑦第二抗体，第一抗体およびホルモンの結合体の存在するプレート内に基質を加える（図1-2-52G）．HRPの基質として，テトラメチルベンチジン（3,3',5,5'-テトラメチルベンジジン，TMB）を作用させると酸化を受けて青色の化合物となる（図1-2-52H）．

⑧標識ホルモンの酵素と基質との反応を停止させて，酵素反応後の基質化合物の量を定量する（図1-2-52I）．HRPとTMBの酵素反応は，酸性にすることで反応を停止させることができ，希硫酸を加えると，酸化反応が完結し青から黄色になり，450 nmの波長で吸光光度計により吸光値を用いて反応量を定量化する．

◆判定基準

①牛の発情周期における血液中のプロジェステロン濃度推移（図1-2-53）の概要は以下の通りである．
　ⅰ）発情期には発情周期の中で最も低い1 ng/mL以下の値を示す．
　ⅱ）排卵後2〜3日頃から増加し始める．
　ⅲ）排卵後8〜9日以降の黄体開花期にはおおむね5 ng/mL以上の高い値を示して黄体退行開始時まで推移する．
　ⅳ）黄体退行開始とともに排卵後17〜19日（次回発情前3日）から急激に低下する．

②牛の妊娠時における血液中のプロジェステロン濃度の概要は以下の通りである．
　ⅰ）黄体開花期レベルの高値を分娩直前まで維持する．
　ⅱ）分娩前5〜2日から低下し始める．
　ⅲ）分娩時には1〜2 ng/mL前後の低値となる．

プロジェステロン濃度は測定に用いる材料によって測定値に違いがあり，全乳では脱脂乳や血漿より高く，脱脂乳では血漿よりやや低い（全乳：血漿：脱脂乳＝2〜4：1：0.6〜0.8）．これは乳汁は脂肪の含有量が多く，プロジェステロンは脂肪に溶けやすいことによる．

牛におけるプロジェステロン濃度による機能的な黄体の存在の有無についての判定基準は，血液については1〜2 ng/mL，脱脂乳については1 ng/mL，全乳については5 ng/mLと考えられる．

◆プロジェステロン測定のポイント

①プロジェステロンの測定に際して，血漿，全乳，脱脂乳のいずれかを検体として用い，検体はジエ

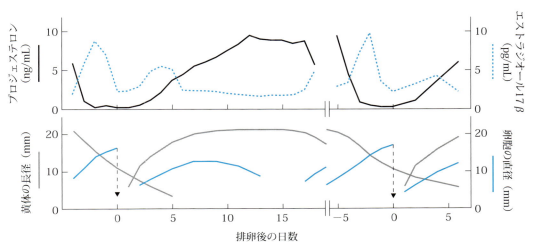

図1-2-53　牛の発情周期における卵巣の変化および血中のプロジェステロンとエストラジオール17β濃度の推移（平均±SD，n＝5）（加茂前秀夫氏原図，獣医繁殖学教育協議会）．

牛

チルエーテルにより脂溶性物質の抽出をあらかじめ行っておくとよい．脂溶性物質の抽出をせずに検体を直接測定する場合には，各検体に含まれる測定系に影響を及ぼす水溶性物質については，すべてのウェルでその影響を相殺できるように測定に使用する検体量と同量の生殖腺を摘出した個体の体液または活性炭（チャコール）処理済み体液を加えるなどの作業が必要なことがある．

②ホルモン測定用の乳サンプルは，前搾り乳はプロジェステロン濃度が低く検出されるため，よく撹拌した個乳または後搾り乳をサンプルとして使用する（図 1-2-54）．

③乳のサンプルの保存のために防腐剤としてアジ化ナトリウム（窒化ナトリウム，NaN_3）を 0.3% の割合に添加するすることが推奨されている．しかし，標識抗原の酵素が HRP の場合は，NaN_3 により酵素が失活し基質との反応が低下してしまうため，検体の保存に防腐剤が必要な場合はチメロサール（エチル水銀チオサリチル酸ナトリウム）を使用する．

④ホルモン測定用の全乳サンプルは，測定まで 4℃ で保存し凍結は行わない．防腐剤の添加により 2〜8℃ に保存すると 6 か月間使用可能である．凍結してしまうと融解後に乳が均一にならないため，ホルモンの測定値が安定しなくなる．

⑤脱脂乳サンプルは，採取した全乳を 4℃ で保存し，できるだけ速やかに 4℃，1,000 g（3,000 回転程度）以上で 15 分以上遠心分離を行い，遠心分離後上層の脂肪層（クリーム状）をアスピレーターで吸引除去し，残った脱脂乳サンプルをホルモン測定までは −20℃ 以下に凍結保存する．

⑥ホルモン測定には，すぐに遠心分離処理の行える血漿の利用が望ましい．ホルモン測定用の血漿サンプルを準備する場合，ヘパリンを加えた試験管に血液（頸静脈，尾静脈，尾動脈）を採取し，遠心分離するまでは 4℃ で保存し，採取から遅くとも 1 時間以内に 4℃，1,000 g（3,000 回転程度）以上で 15 分以上遠心分離を行い，血漿サンプルを分離後ホルモン測定までは −20℃ 以下に凍結保存する．牛では血液中のプロジェステロンは全血で放置すると，採血後の時間の経過とともに代謝されて濃度が変化することが知られている（図 1-2-55）．また，冬季は採血後に血液が凍結しないように保管する（凍

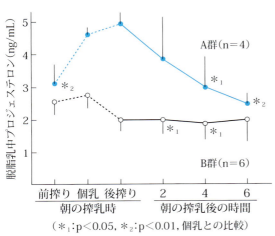

図 1-2-54 採取時期ごとの脱脂乳中プロジェステロン濃度．A 群：血漿中プロジェステロン濃度が 5 ng/mL 以上（5.0〜6.3 ng/mL）の 4 頭．B 群：血漿中プロジェステロン濃度が 5 ng/mL 未満（2.4〜3.7 ng/mL）の 6 頭（岡田啓司ら 1990）．

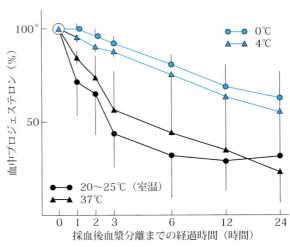

図 1-2-55 採血後血漿分離までの時間および温度とプロジェステロン測定値との関係（黄体開花期）（百目鬼郁男 1988）．

結は溶血の原因となる）.

⑦検体から複数のホルモン測定を予定している場合は，凍結保存を行う際に複数の凍結保存用容器に小分けをして保存する．凍結融解を繰り返すとホルモンが壊れてしまい正確な濃度が測定できないものがある．

⑧凍結保存の検体を融解する場合には，冷蔵庫内で融解する，または室温で融解する場合は融解後4℃で管理し，室温に長い時間放置しないようにする．

⑨プレート間，プレート内のウェル間で環境が異なるため，測定の精度を評価するために測定間変動係数および測定内変動係数を算出する．測定するプレートに毎回同一のサンプルを加えてホルモン濃度を測定する．そのサンプル濃度の平均値および標準偏差を測定し，標準偏差の平均値に対する割合を算出し測定間変動係数とする．また，同一プレートに同一のサンプルを3ウェル以上使用して測定し，サンプル濃度の平均値および標準偏差を測定し，標準偏差の平均値に対する割合を算出し測定内変動係数とする．

◆補　足

①子宮内膜に着床性増殖をもたらすホルモンを総称してジェスタージェン（gestagen）といい，胚の着床および妊娠の維持に重要な役割を果たす．このような生物活性を有する唯一の天然のジェスタージェンがプロジェステロンである．

② RIA（radioimmunoassay）および EIA によるホルモン測定値は，いずれもホルモンの免疫活性部分を捉えた値であり，必ずしもホルモンの生物学的な活性値を捉えたものではない点を理解しておく必要がある．

③信頼できる測定成績を得るためには，技術的に正確な測定が要求されることはもちろんであるが，測定値に影響を及ぼす試料の採取や処理の条件などの諸要因および測定値の解釈について厳密に吟味・検討する必要がある．

④ホルモン測定系の最小感度および最大感度，精度，特異性をよく理解しておく必要がある．最小感度，精度，特異性の悪い測定系で得られた値は信頼性が低い．

⑤外因性に投与された薬剤はホルモン分泌に大きく影響する場合があるので，検査対象動物について，薬剤投与の有無，投与された薬剤の種類と投与量，投与時期を正確に把握しておく必要がある．

⑥ホルモンを測定する目的を明確にし，問診ならびに視診，聴診，触診，腟検査，直腸検査などの一般臨床検査および臨床繁殖検査を十分に行い，それらの所見とホルモン濃度測定値を総合して検討する．

⑦多くの場合，正確な診断，的確な治療方針の決定，正確な治療経過の把握，的確な予後判定のためには数回の検査・測定が必要である．

⑧プロジェステロン濃度の測定を直腸検査や超音波検査などと同時に，必要な場合には日数を置いて数回行うことにより，卵胞発育障害，黄体形成不全，黄体遺残，排卵障害などの診断，卵胞嚢腫と黄体嚢腫あるいは嚢腫様黄体との鑑別診断，さらには卵胞嚢腫の治療効果の判定がより精度高く行える．

7）発情発見補助法・補助器具

◆目　的

発情期である牛を発見するために，発情発見補助法または補助器具を利用した牛の観察を行う．

◆材　料

発情予定日に近い牛もしくは発情誘起を行った牛（発情牛）．発情期ではない（黄体開花期である）牛（無

牛

発情牛).

◆器具・器材

ヒートマウントディテクター (heat mount detector, HMD), テイルペイント.

◆方 法

①発情牛の腰部に HMD の装着（図 1-2-56）もしくはテイルペイントの塗布を行う.

②放牧場もしくはフリーストール（フリーバン）牛舎に，発情牛を無発情牛とともに放す.

③朝・夕の決まった時刻に，発情牛の腰部を観察し，HMD の色の変化（図 1-2-57）もしくはテイルペイントの剥がれ方（図 1-2-58）を記録する.

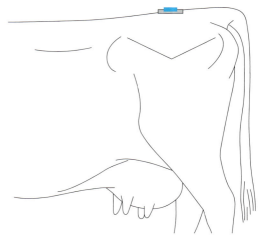

図 1-2-56　ヒートマウントディテクターの装着部位.

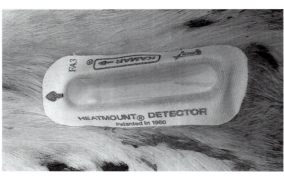 

図 1-2-57　牛の腰部に装着したヒートマウントディテクター．左：装着直後，右：乗駕され，カプセル内の赤色インクがみえるようになった状態（写真提供：北海道立総合研究機構 酪農試験場・窪友瑛氏).

◆ポイント

①発情牛がスタンディング発情を示したことにより，テイルペイントが剥がれるもしくは HMD の色が赤くなることを確認する.

②発情であると診断された個体については，本章 2.1)〜5) の方法に従い，発情行動・発情徴候の観察，外陰部・腟検査，頸管粘液検査，直腸検査および超音波検査を行い，発情期であるかどうかを診断する.

◆補 足

①カラスが出没する場所では，HMD をカラスにつつかれ，乗駕される前に使用不能となることがある.

②発情発見用の活動量計もしくは歩数計を使用できる場合は，発情発見補助器具として活用できる.

8）発情同期化法・排卵同期化法

◆目 的

牛の発情と排卵の同期化法の実際を修得する．なお，実習前に教科書（文永堂出版『獣医繁殖学 第 5 版』第 7 章など）で発情・排卵同期化の目的，利点，原理，各同期化法で使用するホルモン剤の作用等について学習しておくこと.

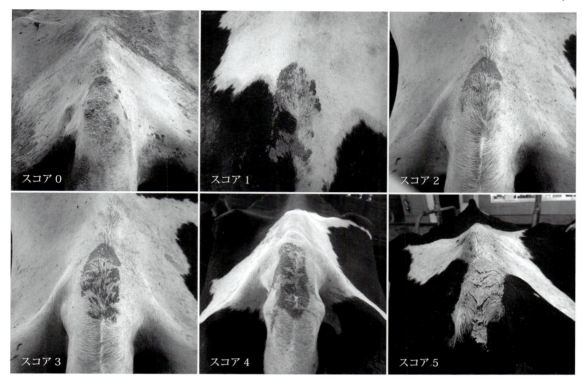

図1-2-58　テイルペイントのスコア．スコア0：すべて剥がれた，スコア1：25％まで残っている，スコア2：50％まで残っている，スコア3：75％まで残っている，スコア4：少しだけ剥がれた，スコア5：すべて残っている（写真提供：北海道立総合研究機構 酪農試験場・窪 友瑛氏）．

◆材料・器具

　発情周期を示す雌牛，発情・排卵同期化に使用する以下のホルモン剤（これらのホルモン剤の使用に当たっては，添付書の内容をよく読んで注意事項を守ること．ホルモン剤によっては，食肉用に供する場合の使用禁止期間が設けられているものがある），プロスタグランジン（PG）$F_{2\alpha}$製剤，プロジェステロン放出腟内留置製剤（CIDR，PRID），アプリケーター，性腺刺激ホルモン放出ホルモン（GnRH）製剤，エストラジオール製剤，注射器・針，アルコール綿，消毒液，バケツ，直腸検査・腟検査用器具（直腸検査用手袋，腟鏡など），超音波画像診断装置．

◆方　法

(1) 発情同期化法

　一般的な牛の発情同期化法には，$PGF_{2\alpha}$製剤などを用いて発情周期中の黄体を退行させ，それに続く卵胞の発育と排卵を期待する方法（以下の①と②）と，プロジェステロンを一定期間投与して卵胞の成熟を一時的に抑制し，投与を中止することでその抑制を解除して卵胞の成熟と発情を誘起する方法（以下の③と④）がある．いずれの方法でも，処置後の数日間は発情行動・外部徴候の観察と生殖器検査を行い，適期に人工授精を実施する．

　① $PGF_{2\alpha}$製剤の単回投与：黄体開花期（排卵から5日以降）であることを確認した牛に$PGF_{2\alpha}$製剤（天然型ジノプロスト25 mgまたは類似体クロプロステノール0.5 mg）を筋肉内投与（IM）し，投与から数日間，発情行動（スタンディングなど）と外部徴候（外陰部腫大，頸管粘液の漏出など）を観察する．さらに腟検査，直腸検査および超音波検査によって腟，子宮，卵巣の状態を調べる．

②PGF$_{2\alpha}$製剤の2回投与：発情周期の不明な牛に11～14日間隔で2回PGF$_{2\alpha}$製剤を投与し，2回目投与から数日間，発情行動と外部徴候を観察するとともに，腟，子宮，卵巣の状態を検査する．

③プロジェステロン放出腟内留置製剤の単独投与：発情周期の不明な牛に専用アプリケーターを用いてCIDR（controlled internal drug release dispenser）（図1-2-59）またはPRID（progesterone releasing intravaginal device）（図1-2-60）を挿入し，12～15日間留置する．それらの留置製剤の挿入は腟鏡の挿入法に準じて行う．抜去から数日間，発情行動と外部徴候を観察するとともに，腟，子宮，卵巣の状態を検査する．この方法では発情誘起率は高いが，受胎率が低くなることがある．

④プロジェステロン放出腟内留置製剤とPGF$_{2\alpha}$製剤の併用投与：発情周期の不明な牛にCIDRを挿入して7日間留置し，CIDRの抜去時にPGF$_{2\alpha}$製剤を投与する（図1-2-61）．抜去から数日間，発情行動と外部徴候を観察するとともに，腟，子宮，卵巣の状態を検査する．この方法では発情誘起率と受胎率の両方とも高くなる．

(2) 排卵同期化法

一般的な牛の排卵同期化法として，以下の①Ovsynch法，②Ovsynch＋CIDR法，③CIDR＋エストラジオール法などのプログラムがある．いずれのプログラムでも，❶初日にホルモン剤処置で主席卵胞を排卵または閉鎖させて新たに卵胞発育ウェーブを発生させ，❷1週後に血中プロジェステロン濃度低下により主席卵胞を成熟させ，❸続く1～2日後に排卵誘起のホルモン剤処置を行い，一定の狭い時間帯に排卵させて，排卵予定前の定時に人工授精を行う，という一連の処置を行う．

①Ovsynch法：最初に開発された排卵同期化法で，初日（0日）にGnRH類似体（酢酸フェルチレリン0.1 mg）を投与（IM）し，7日にPGF$_{2\alpha}$製剤（ジノプロストまたはクロプロステノール）を投与して，9日に再度GnRH類似体を投与し，10日の定時（2回目GnRH投与の16～20時間後）に人工授精する（図1-2-62）．本法では排卵後と黄体退行前の数日間や卵巣が静止している状態で処置を開始した場合に受胎率が低下する．

②Ovsynch＋CIDR法：Ovsynchの改良法で，Ovsynch法の0日にCIDRを挿入し，7日間留置したあとに抜去する処置を追加したプログラムで，CIDR留置以外はOvsynch法の処置と同じである（図1-2-63）．Ovsynch法で生じる受胎率の低下を防止できる利点がある．

③CIDR＋エストラジオール法：CIDRとエストラジオール製剤を併用する方法である．0日にエストラジオール製剤（安息香酸エストラジオール1～2 mg）を投与（IM）すると同時にCIDRを挿入して7日間留置する．7日にCIDRを抜去するとともにPGF$_{2\alpha}$製剤を投与する．8日に再度エストラジオー

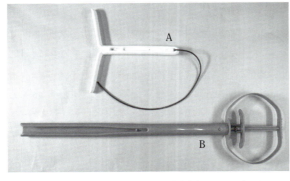

図1-2-59　CIDR（A）とその腟内挿入用アプリケーター（B）．

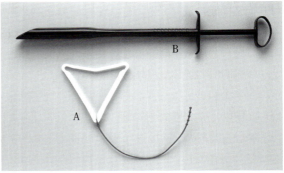

図1-2-60　PRID（A）とその腟内挿入用アプリケーター（B）．

図 1-2-61 CIDR と PGF$_{2\alpha}$ 製剤の併用投与による牛の発情同期化法.

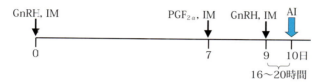

図 1-2-62 Ovsynch 排卵同期化法.

図 1-2-63 Ovsynch ＋ CIDR 排卵同期化法.

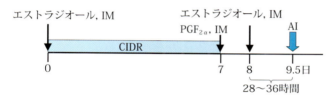

図 1-2-64 CIDR ＋エストラジオール排卵同期化法.

ル（0.5～1 mg）を投与（IM）し，9.5 日の定時（2 回目エストラジオール投与の 28～36 時間後）に人工授精する（図 1-2-64）．本法の利点はエストラジオール製剤が安価なこと，発情徴候が他法より明瞭になるため人工授精師による定時授精拒否のリスクがより少なくなることである．

◆考　察
　①前記のいずれかの同期化法を実施して，期待通りの結果が得られたかどうかを検証する．
　②各同期化法の特性を考慮して，期待通りの効果（発情または排卵の誘起）が得られた場合と得られなかった場合の理由を考察する．
　③特に期待通りの結果が得られなかった場合には，使用した牛の生殖器（特に卵巣の卵胞や黄体）の状態および使用したホルモン剤の特性などを考慮して，その理由を考察する．
　④同期化時に人工授精を実施した場合は，その受胎の有無も含めて考察する．

◆習得すべき点
　①発情・排卵同期化法を実施することで，その原理を習得し，発情・排卵誘起の効果を確認する．
　②使用する各種ホルモン剤の使用法や作用特性を理解する．
　③ホルモン剤の投与法を習得する．
　④雌牛の発情行動・外部徴候の観察法および生殖器検査法を習得する．

3．雄の繁殖機能検査

1）性行動の観察

◆目　的
　雄の性行動を理解する．

◆材　料
　まき牛（雄）を使用している放牧場を見学する．雄牛ならびに複数の雌牛を保有している施設においては，ホルモン剤を使って発情周期をコントロールすることで，発情した雌を確保することもできる．

◆器具・器材
　観察を記録するための筆記用具など．

◆方　法
　雌牛の発見，雄の行動（求愛行動やフレーメンなど），雌牛への乗駕ならびに乗駕の許容行動，雄牛の射精を観察する（図 1-3-1，1-3-2）．
　①雄牛が発情の近い雌牛をどのように発見するかを観察する．
　②発情している雌牛を発見した雄牛が，どのような行動をとるかを観察する．
　③雄牛が発情している雌牛へ乗駕し，射精するまでの過程を観察する．
　④群の頭数，密度，雌雄の比率，年齢構成，序列などを観察し，それらが観察した雄牛の性行動ならびに牛群の繁殖成績にどのような影響を与えているかを考察する．

◆ポイント
　①雄牛が発情した雌牛を発見するまでの行動を理解する．
　②発情雌牛への求愛行動ならびにフレーメンがどのようなものであるかを理解する．
　③乗駕から射精までの動作，時間などを理解する．牛の射精に影響を及ぼす要因を教科書などで確認する．
　④放牧下の自然交配において，どのような因子が雄牛の繁殖成績に影響を与えるかを理解する．

図 1-3-1　他の牛の外陰部を嗅ぐ行動（写真提供：大澤健司氏）．

図 1-3-2　スタンディング発情（写真提供：大澤健司氏）．

◆補　足

　雄牛を飼育している施設は限られている．見学できる放牧場がない場合，雄牛の性行動に関する動画を視聴する．

2）臨床検査

◆目　的

　雄牛の状態把握を理解する．

◆材　料

　農場や試験場で飼育している雄牛．

◆器具・器材

　聴診器ほか，産業動物における一般的な診療器機ならびに器材を用いる．

◆方　法

　一般的な診療手順に従い，検査を進める．まず，雄牛に関する情報を問診により聴取する．次に，体型や姿勢といった外貌や歩様を観察する．これにより，体格ならびに栄養状態，被毛の状態，体表腫瘤の有無，蹄や四肢の関節，骨格筋異常の有無を確認する．さらに，触診や聴診により，形態や生理状態を把握する．必要に応じて血液や尿サンプルを採取し，さらなる検査を実施する．加えて，超音波画像診断装置などを用いた画像診断も取り入れる．

◆ポイント

　①雄牛は，その個体の気質を熟知している者だけが枠場で保定するまでの作業を行うこと．

　②多くの診断機器を用いることが難しい現場では，問診，視診，聴診，触診など，五感を使った診察を通じて，雄牛が発している情報を1つでも多く入手できるように注意深く観察する．

　③品種，年齢といった要因により，個体の状態は変化する．漫然と検査を進めるのではなく，常に個体診療であることを頭に入れて検査を進める．

3）外部生殖器検査

◆目　的

　雄の外部生殖器の検査法を理解する．年齢，血統，既往歴，飼養管理にかかる情報を聴取したのち，外部生殖の視診，触診を進め，必要に応じて画像診断や病理組織検査を進める．

◆材　料

　農場や試験場で飼育している雄牛．

◆器具・器材

　産業動物における診療器具，病原体検査ならびに組織検査器具を用いる．必要に応じて，さらなる診断機器を用いる．

◆方　法

（1）陰嚢の検査

　① 20℃前後の場所で牛を自由に立たせ，外貌を観察する（図1-3-3）．観察時の目線は陰嚢と同じ高さとする．左右陰嚢の対称性，下垂状態，大きさ，外傷や瘢痕の有無を確認する（図1-3-4）．次いで，触診にて，皮温，陰嚢の厚み，疼痛の有無を確認する．

　②正常な牛の陰嚢底は飛節付近に位置する．陰嚢の頸は適度にくびれており，陰嚢内に左右とも同じ

牛

大きさの精巣が下垂している．下垂が著しいものは，陰嚢皮膚に外傷を受けやすく，自らの後肢による打撲，精索捻転が発生することがある．

③陰嚢のサイズを確認することで，正常な造精能力があるか，精巣の発育は問題ないかといった情報を得ることができる．陰嚢の周囲長と精巣重量および1日当たりの精子生産数の相関は高い．陰嚢の周囲長を測定することで，総精子生産数を推測できる．陰嚢を絞るようにして精巣を陰嚢底に下げ，陰嚢の最大幅における周囲長を測定する．

④陰嚢が顕著に小さい，もしくは左右不対称な場合，潜在精巣，精巣発育不全，精巣萎縮などが疑われる．陰嚢が顕著に大きい場合，精巣炎，陰嚢水腫，陰嚢ヘルニアが疑われる．陰嚢ヘルニアの内容物が腸管の場合，陰嚢内の腸管と精巣の間に明らかな境界線が認められる．

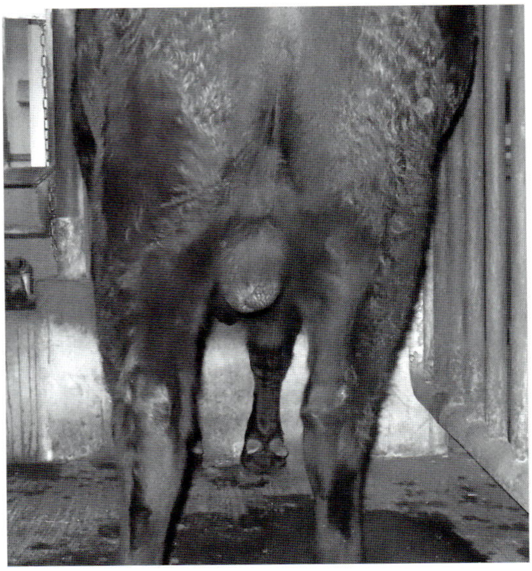

図 1-3-3 黒毛和種雄牛の精巣外観．観察時の目線は，陰嚢と同じ高さとする．左右陰嚢の対称性，下垂状態，大きさ，外傷や瘢痕の有無を確認する（写真提供：岐阜県畜産研究所 飛騨牛研究部）．

(2) 精巣の一般検査

①触診によって，精巣の有無，精巣のサイズ，形状，対称性，可動性，硬度，疼痛の有無を確認する．後方から陰嚢頸部をもち，精巣を陰嚢内に下降させた状態でサイズ，形状，左右の対称性，可動性を確認する．一方の手で陰嚢頸部を固定し，他方の手で精巣を加圧し，精巣の硬度と疼痛の有無を確認する．

精巣のサイズを測定する場合，巻き尺で陰嚢周囲長を，ノギスあるいはそれに代わるもので陰嚢幅，精巣長径，精巣短径を計測する．成牛の平均的な精巣の大きさは，品種，年齢などで多少異なるものの，直径 12 ～ 16 cm，短径 8 ～ 10 cm である．

②両側または片方の精巣が確認できない場合には，潜在精巣が疑われる．潜在精巣が疑われた場合，鼠径部ならびに腹部皮下の触診，直腸検査によって停留状態を明らかにする必要がある．潜在精巣は，馬，豚，犬に多発するが，牛ではまれである．

③両側または片方の精巣が小さい場合，精巣発育不全，精巣萎縮，精巣変性が疑われる．精巣発育不全の多くは先天性である．正常な精巣よりも小さく，柔軟な精巣が触知された場合，精巣発育不全を疑

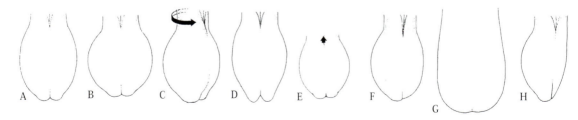

図 1-3-4 陰嚢の下垂状態．A：正常な陰嚢下垂状態，B：丸みのある陰嚢（精巣の腫脹に注意），C：軽度の陰嚢部捻転，D：精巣上体尾部が明瞭に分離，E：陰嚢の下垂が不十分（発育不良および萎縮に注意），F：陰嚢の大きさが左右不対称（片側精巣の萎縮に注意），G：著しく膨満した陰嚢（陰嚢ヘルニアおよび陰嚢水腫に注意），H：陰嚢の下垂，充実感が不十分（片側性潜在精巣に注意）（Morrow DA 1986 を参考に作成，獣医繁殖学教育協議会）．

う．可動性のない小さく硬い精巣が触知された場合，精巣萎縮が疑われる．精巣萎縮は精巣炎に続発することが多いため，当該個体の精子の状態なども併せて判断する．精巣炎は通常，一側性に認められることが多い．急性期には精巣の著しい腫大と熱感を伴う．精巣炎を罹患した雄牛は，精巣を触れられることを嫌う．

（3）精巣の病理組織検査

①精液検査で無精子症や極度の精子減少症が認められたとき，精巣の病理組織検査が行われる場合がある．組織学的検査に供する組織サンプルを採取するため，バイオプシーを行う．バイオプシーの実施に際し，精巣内の出血，癒着による精路通過障害を起こすリスクを考慮する．

②ニードルバイオプシーやパンチバイオプシーなどで採取した組織をブアン（Bouin）液で固定したのち，HE 染色標本を作製し，間質細胞，セルトリ細胞，精細管内の精細胞の有無ならびに分化程度を観察する．バイオプシーの手順の詳細は専門書を参照されたい．

（4）精巣上体の検査

①精巣に続き，触診によって精巣上体の状態を確認する．精巣上体は，頭，体，尾に区分される．牛の精巣上体は，頭が精巣頭端前縁に，体が精巣の後方内側に，尾が精巣尾端に位置している．精巣上体尾のサイズと硬度は，精子生産能と関連しているため，詳しく調べる必要がある．

②精巣上体尾が著しく小さい，もしくは触知できない場合，精巣上体の部分的無形成の可能性があるため，精査する必要がある．部分的無形成の多くは一側性である．このとき，精管膨大部および精嚢腺の欠如を伴うこともある．

③精巣上体頭部に柔軟もしくは硬結した腫瘤が認められた場合，精液瘤もしくは精子肉芽腫の可能性が疑われる．精子肉芽腫は，精巣上体体部にも認められることがある．

④精巣上体尾部の腫大ならびに硬結は，精巣上体炎に伴って認められる．これに対して，精巣上体尾部の萎縮ならびに弾力性の欠如は造精機能障害の存在を示唆している．

（5）精索の検査

①まず，触診によって精索の太さ，左右の対称性，硬度，可動性，熱感，疼痛の有無，精管の有無を確認する．正常な精索の場合，精索の内側に縦走する索状の構造物として精管を触知できる．これを触知できない場合，部分的形成不全が疑われる．

②鼠経ヘルニアの場合，陰嚢起始部が膨隆し，可動性のある内容物を確認できる．内容物に可動性が認められない場合，脂肪組織の増生である可能性もある．精索に炎症が存在すると，精索の可動性は失われ，熱感ならびに疼痛が認められる．

（6）包皮の検査

①視診にて，包皮口から異常な分泌物，膿や血液などの排出物，粘膜の脱出，包皮の狭窄，腫瘤などの有無を確認する．触診にて，局所的な腫脹，硬結，熱感，疼痛の有無を確認する．

②包皮口からの分泌物や膿，血液などの排出は，包皮内腔粘膜や陰茎の炎症の存在を示唆している．また，陰毛に白色の砂状結晶が認められる場合，尿結石が疑われるため，尿検査を進める必要がある．さらに，陰嚢に近い部分に腫脹が認められる場合，包皮の障害だけでなく，陰茎血腫などの陰茎損傷を疑う必要がある．

（7）包皮垢の検査

①包皮垢検査によって，牛カンピロバクター症ならびにトリコモナス症の有無を確認する．両病原体に対する検査は，「家畜改良増殖法」における種畜検査項目にあげられている．以下，種畜検査執務要

牛

項にある包皮内腔洗浄法をあげる．なお，微生物検査の詳細は専門書を参照されたい．

②雄牛を枠場保定し，陰毛を剃ったのち，包皮口付近を 0.02%塩化ベンザルコニウム液で洗浄する．塩化ベンザルコニウム液を拭き取ったのち，アルコール綿で消毒する．滅菌した尿道カテーテルを包皮内腔に挿入する．カテーテルに滅菌注射器をつなぎ，20℃前後の普通培地またはハートインフュージョン培地 20 ～ 30 mL を包皮腔深部に注入する．注入した培養液（洗浄液）が漏れないように手で包皮口をしっかりと握り，包皮口から深部方向へ向かってマッサージを行ってから，洗浄液を再び注射器に吸引し，滅菌試験管に回収する．回収した洗浄液を二重ガーゼで濾過したのち，遠心して得られた沈査をトリコモナス症の検査サンプルとする．遠心後の上清をさらに遠心し，得られた沈査を 0.5 mL の培養培地に再浮遊させ，カンピロバクター症の検査サンプルとする．

(8) 陰茎の検査

乗駕試験や精液採取時に陰茎の形態や炎症，外傷，腫瘍，癒着の有無を確認する．陰茎の詳細な検査には，陰茎後引筋麻酔，陰茎背神経遮断麻酔，鎮静剤を投与し，陰茎 S 状曲を伸長させる必要がある．

①陰茎後引筋麻酔：肛門の約 1 掌幅（約 10 cm）下で，正中線から側方約 1 指幅（約 2 cm）のところへ約 10 cm の長さの注射針の先が骨盤に当たるまで，水平に刺入する．注射針を約 1 cm 引き戻し，50 ～ 70 mL の 5%塩酸プロカインまたは 2%リドカインをゆっくりと注射する．注射後，15 ～ 20 分で陰茎が伸長する．

②陰茎背神経遮断麻酔：陰嚢後方にある陰茎 S 状曲を掴んで後方に引き，陰茎 S 状曲の側方から前方の陰茎の背側まで約 10 cm，注射針を刺入する．注射針を引きながら，25 ～ 50 mL の 2%塩酸プロカインまたは 2%リドカインを注射する．反対側からも同様に処置する．約 15 分で陰茎が伸長すると，2 ～ 3 時間，そのままの状態で維持される．

③鎮静剤の投与：キシラジン 0.05 ～ 0.1 mg/kg を筋肉内に投与する．注射後，約 30 分で陰茎が伸長する．伸長が不十分な場合であっても，陰茎を包皮口から引き出し，検査することもできる．

④陰部神経ブロック：左右の坐骨直腸窩の最も深い部分を剪毛，消毒後，2%塩酸プロカインまたは 2%リドカインを肛門付近の皮下に注射する．続いて，長さ 1 ～ 2 cm，13 ～ 14 G の注射針を皮膚から前方へ向かって刺入する．手を直腸に入れ，陰部神経の位置を確認したのち，長さ 12 ～ 25 cm，18 G の注射針を，先に刺入した 13 ～ 14 G の針の中を通して刺入し，陰部神経と肛門神経に導き，それぞれの部位に 2%塩酸プロカインまたは 2%リドカイン 25 mL を注入する．同様に，対側の陰部神経と肛門神経もブロックする．

なお，❶小坐骨切痕上方の内腸骨動脈を触知し，❷触知した動脈に沿って前方へ手を進める，❸上坐骨棘まで手を移動させると内腸骨動脈の尾背側に陰部神経を触知できる．肛門神経は，陰部神経よりもさらに尾背方に位置している．

陰茎の病変としては，亀頭包皮炎が最も多く認められる．亀頭包皮炎は，外傷に起因する非伝染性のものであることがほとんどである．しかし，牛ヘルペスウイルス 1 型（IBR-IPV）感染症など，伝染性疾患も亀頭包皮炎の原因となるため，注意が必要である．陰茎の血腫は，交尾などの際に受けた外傷が原因となることが多い．陰茎の外傷に細菌感染が継発すると膿瘍が形成される．

◆ポイント

「本章 3.2)臨床検査」に準ずる．

4）内部生殖器検査

◆目　的

雄の内部生殖器の検査法を理解する．雄牛の内部生殖器の検査は，触診によるものが一般的である．

◆材　料

農場や試験場で飼育している雄牛．

◆器具・器材

産業動物における診療器具．必要に応じて，画像診断などの機器．

◆方　法

（1）精嚢腺の触診

①尿道骨盤部に沿って手を前方へ進めると，左右斜め前方にⅤ字状に延びる一対の精嚢腺を触知できる．牛の精嚢腺は，腎臓と同様に分葉構造をとるため，表面はブドウの房状の凹凸が認められる．成牛における精嚢腺は，長さ10～15cm，幅4～7cm，厚さ2～3cmである．

②片側もしくは両側の精嚢腺を触知できない場合，精嚢腺形成不全が疑われる．精嚢腺形成不全は，中腎管を発生起源とする部分の形成不全を伴うことが多いことから，精管膨大部，精管，精巣上体の有無も確認する．

③精嚢腺の左右不対称，不規則な肥大，結節感の消失，疼痛，周囲組織との癒着などが確認された場合，精嚢腺炎が疑われる．精嚢腺炎が慢性化すると，線維化による硬化ないし膿瘍形成による波動感が触知される．

（2）前立腺の触診

①牛の前立腺伝播部は尿道筋内に存在しているため触知できないが，前立腺体部の触知は可能である．牛の前立腺体部は，精嚢腺が尿道に進入する部分の直後の尿道骨盤部背面に丸く硬い小隆起として触知できる．この前立腺体部の表面は平滑で，硬く，弾力があるが，可動性はない．成牛の前立腺は，左右長3～4cm，前後幅約1cm，厚さ1～1.5cmである．

②牛での発生はまれではあるものの，前立腺の肥大と硬化が認められた場合，前立腺炎が疑われる．

（3）精管膨大部の触診

①左右精嚢腺の間の膀胱背部に鉛筆程度の太さの精管膨大部を2本，触知できる．精管膨大部は，可動性があり，精管に比べて柔らかく，弾力があり，表面が平滑である．精管膨大部の長さは，10～15cmであり，尿道骨盤部に進入する部分が幅0.5～0.8cmと最も太く，前方へ行くに従って細くなり，精管に移行する．片側もしくは両側の精管膨大部が触知できない場合，精管膨大部形成不全が疑われるものの，その発生はきわめてまれである．

②精管膨大部炎は，精嚢腺炎，尿道骨盤部炎を併発することが多い．精巣膨大部炎の急性期には左右精管膨大部の不対称，弾力の消失，硬化，疼痛ならびに癒着が認められる．精管膨大部炎が慢性期に移行すると疼痛は消失する．

（4）精管の触診

①精管は，膀胱背面をおおう尿生殖ひだの前縁に沿い鼠径輪に向かって腹腔内を下行している．精管の片側もしくは両側が部分的に欠損している場合には，精管形成不全が疑われるものの，その発生はまれである．

牛

◆ポイント

「本章3.2）臨床検査」に準ずる.

5）乗駕試験と精液採取

◆目　的

正常な雄牛の性行動は，①求愛行動（匂いを嗅ぐ，フレーメンを示す）→②勃起→③乗駕→④陰茎挿入→⑤射精（脈動1回のみ）→⑥降駕，の順で発現する.

一方，雄牛の繁殖障害は以下の3つに大別される.

❶交尾欲減退（前記，①求愛行動から③乗駕までの間における異常）

❷交尾障害（交尾不能症）（前記，②勃起から⑤射精までの間における異常．整形外科疾患や勃起不全）

❸生殖不能症（精液の異常）（前記，①〜⑥まで正常であるが，採取される精液に異常が見られる）

したがって，乗駕試験では❶と❷について検査を行うことが目的である.

◆準　備

擬雌台，台雌（発情雌牛），牛用人工腟，潤滑ゼリー，包皮洗浄のための生理食塩液とその注入器，雄牛.

◆方　法

①擬雌台のある室内へ被験雄牛を誘導する.

②包皮洗浄する.

③人工腟に42〜50℃の温湯（各個体に適した温度に調整する）を入れ，開口端のゴム周囲に潤滑ゼリーを塗布する.

④空乗せ（雄牛に擬雌台へ乗駕を試みさせるが精液を採取しない）を行う.

⑤乗駕させ，先端が手前方向へ向くように陰茎を牽引し，陰茎先端を人工腟内へ接触させる.

⑥突き運動を誘発し射精させる（横取り法，人工腟法）.

◆検査項目

①誘導から乗駕までの経過時間（乗駕欲）．擬雌台あるいは台雌に初めて接触してから最初の乗駕（空乗り）までの経過時間を記録し，交尾欲の指標とする.

②乗駕したか否かを記録する.

③陰茎が勃起により包皮より露出した際に，陰茎の状態（露出部分の長さ，炎症，捻れ，癒着などの異常がないか）を調べる.

③乗駕した場合，精液を採取し，射精の有無を検査する.

④四肢の運動器障害（蹄，関節などの異常）の有無を観察する.

◆診　断

乗　駕	可 / 否
反応時間	＿＿＿＿秒
交尾欲	減退 / 欠如
交尾不能症	有 / 無
陰茎の異常	有 / 無
整形外科疾患	有 / 無　　　有の場合，診断名＿＿＿＿＿＿＿＿＿
勃起不全	有 / 無
射　精	有 / 無

射出　　　　　有 / 無　　　無の場合，無精液症

6）精液検査

◆目　的

①精液および精子の異常を発見する．
②種畜の受胎成績が低下した原因を調べる．
③凍結精液の作成前に検査をして，凍結可能の精液を選別する．
④「家畜改良増殖法」に従い実施する．

　施行規則
　1．精液の量及びその色，臭気，水素イオン濃度等の性状
　2．精子の数，活力，生存率および奇形率

◆準　備

（1）採　精

擬雌台，台雌（発情雌牛），牛用人工腟，包皮洗浄のための生理食塩液とその注入器，雄牛，潤滑ゼリー（K-Y ゼリー）．

（2）精液検査

目盛付き採取用試験管，円形の濾紙，pH 試験紙，比色表，精子の不動化用培地（3％食塩水など），Thoma 式血球計算盤，生理食塩液，顕微鏡（位相差顕微鏡が望ましい．対物レンズ 20 倍，40 倍，100 倍），スライドガラス，カバーガラス（18 mm×18 mm および 22 mm×24 mm），顕微鏡用加温盤，活力検査板，メタノール，ギムザ染色液（用時調整，超純水 52.5 mL＋0.1 M リン酸緩衝水溶液 3 mL＋市販のギムザ液 4.5 mL，7.5％ギムザ液/5 mM リン酸緩衝水溶液）．

◆方　法

（1）採　精

①擬雌台を用意する．
②人工腟を組み立て，温湯（42〜50℃）を入れる．
③潤滑ゼリーを人工腟の開口端のゴムへ塗布する．
④包皮を生理食塩液で洗浄する．
⑤雄牛を擬雌台へ空乗りさせる．
⑥人工腟を右手に持ち，雄牛を擬雌台へ乗駕させる．
⑦雄牛の右側に立ち，勃起した陰茎を左手で手前に引き寄せ，人工腟へ陰茎を挿入させる．
⑧射出された精液を目盛付き採取用試験管へ採取する．

（2）精液検査

①精液量：採取した精液の入った試験管の目盛りを読み精液量を測定する．
②色調：目視する．
③臭気：手で臭気を自身の鼻へ集めて臭気を確認する．
④pH：円形の濾紙の上に置いた pH 試験紙へ 1 滴新鮮精液を取り，試験紙の色調の変化を比色表で比色

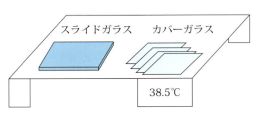

図 1-3-5　活力検査に用いるスライドガラスとカバーガラスを加温盤上で加温する．

牛

3 雄の繁殖機能検査

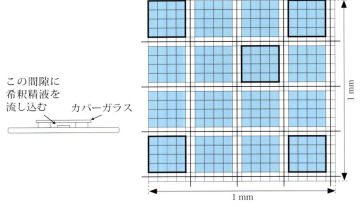

最小区画数（細い線で囲まれた区画）＝ 20 × 20 ＝ 400 ＝ 1 mm²
中区画（太い線で示した区画）の中にある最小区画の数＝ 4×4 ＝ 16
数えた最小区画の数（Y）＝ 5 中区画で 16 × 5 ＝ 80
精子濃度（1 mL 中）＝ A/B × 400 × C × 10^4 ＝ A×5×C×10^4/mL
ここで，A：数えた精子の数，B：80，C：希釈倍率である．

上と左の法則
頭部を基準として，最小区画内に頭部が入っている精子の数を数える．重複して数えないようにするため上辺と左辺上に位置する精子を数えるが，下辺と右辺の上に位置する精子は数えない．

図 1-3-6　精子数計測の方法．

することによりpHを測定する．

⑤精子濃度：精液 10 μL と不動化用培地 2,990 μL を混合し，精子を希釈するとともに不動化する．トーマ（Thoma）式血球計算盤にカバーガラス（22 mm×24 mm）をニュートンリングを作り密着させる．

⑥希釈した精液を血球計算盤とカバーガラスとの間隙（図 1-3-6）に流し込み，精子が底面に沈下して精子の顕微鏡下の焦点が同一面になるまで待つ（約5分）．

⑦精子数計測：図 1-3-6 の通り精子を計数する．

⑧活力：新鮮精液原液 10 μL をあらかじめ加温盤上で温めておいたスライドガラス（38.5℃）にのせ，あらかじめ温めておいた 18 mm × 18 mm のカバーガラスをのせる．直ちに，20 倍対物レンズで精子の集団運動を観察する．集団で渦を巻くような運動が見られる場合，雲霧様運動ありと判断する．

生理食塩液で 50 倍に希釈した新鮮精液原液 10 μL をあらかじめ温めておいたスライドガラスにのせ，18 mm×18 mm のカバーガラスをのせる．直ちに，20 倍対物レンズで精子の運動を観察する．

⑨生存率：室温で，2 μL の5％エオジン水溶液2滴，2 μL の 10％ニグロシン水溶液4滴をスライドガラスの一端にのせ，次いで新鮮精液の原液を 2 μL のせる．3液を優しく混合し，カバーガラスで一部を採り，同じスライドガラス上へ塗抹する．直ちに加温盤へのせることにより乾燥させ，光学顕微鏡下（400 倍）で 200 精子を観察する．

⑩奇形率：50 倍希釈精液を 2 μL スライドガラスへ塗抹し，風乾する．メタノール固定5分間，ギムザ染色 90 〜 120 分間ののち，水洗する．1,000 倍の光学顕微鏡下で 200 精子を観察する．

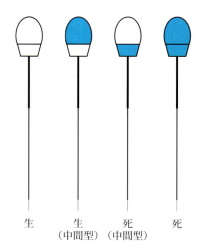

図 1-3-7　エオジン-ニグロシン染色による精子の染色パターン．青色の表示はエオジン（ピンク色）に染まっている部分を示す．

表 1-3-1　牛，馬，豚，羊，山羊，犬，猫の精液量・精子濃度・総精子数

	精液量（mL）	精子濃度（× 10^8/mL）	総精子数（× 10^8）
牛（ホルスタイン種）[a]	1回目 0.6 ～ 16.0 （4.0）[a] 2回目 0.2 ～ 12.7 （3.3）	1回目 0.5 ～ 21.7 （12.7） 2回目 0.9 ～ 18.9 （9.6）	1回目 0.4 ～ 305.6 （52.9） 2回目 1.3 ～ 143.0 （31.0）
馬[d]	20 ～ 150	0.5 ～ 8.0	40 ～ 200
豚（大ヨークシャー）[b]	24.5 ～ 95.4 （51.7）	4.5 ～ 19.4 （11.3）	268.2 ～ 1,242.9 （563.6）
羊[d]	0.7 ～ 2.0	15 ～ 30	20 ～ 50
山羊[d]	0.5 ～ 2.0	15 ～ 30	10 ～ 35
犬（ラブラドールレトリーバー）第2分画	0.5 ～ 2.5	4.3 ～ 15.6	5.6 ～ 15.9
猫[c]	0.01 ～ 0.12	0.96 ～ 37.4	0.57

[a]：1回目射出（85頭の921射出精液）；2回目射出（83頭の865射出精液），[b]：4頭の48射出精液（濃厚部），[c]：「Physiology of Reproduction 3rd Edition, Volume 1」および「小動物の繁殖と新生子マニュアル」より引用，[d]：日本家畜人工授精師協会：家畜人工授精講習会テキスト 家畜人工授精編.

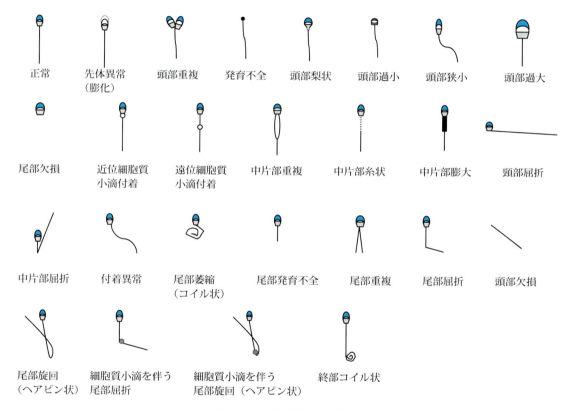

図 1-3-8　奇形精子の分類.

◆診　断

①精液量：mL で表す．平均的な精液量は 3 ～ 10 mL である（表 1-3-1）．

②色調：正常では乳白色を示し，赤色は血精液症，黄色はリボフラビンの存在（正常）あるは尿精液症と判断される．

③臭気：正常では無臭である．雄独特の臭気を帯びることがあるが正常である．人工腟のゴム臭は正常である．

④ pH：比色表から判断する．正常値は 6.4 ～ 6.8 である．

⑤精子数（精子濃度）：精子 /mL で表す（表 1-3-1）.

⑥活力：200 倍あるいは 400 倍の顕微鏡下で，目視により以下の通り精子の運動を分類し，それぞれの比率を主観的に判定する.

　＋＋＋：最も活発な前進運動を示す，＋＋：活発な前進運動を示す，＋：緩慢な前進運動を示す，±：旋回または振り子運動を示す，－：運動を停止している.

⑦生存率：図 1-3-7 のように頭部全体が染色されず白くみえる精子と先体の部分がピンク色に染色された精子（まれ）を生存，および後核帽の部位あるいは頭部全体がピンク色に染色された精子を死滅，と判定する.　生存精子の数 /200（％）を算出し，生存率（％）とする.

⑧奇形率：観察した精子の奇形を分類し（図 1-3-8），奇形率（％）を算出する.　正常範囲は 20％以下.

◆診断名

精液性状の異常は，生殖不能症として以下の通り診断される.

①無精液症（aspermia）：交尾行動がみられるが，射出される精液が認められない.

②無精子症（azoospermia）：精液は認められるが精液中に精子を認めない.

③精子減少症（oligozoospermia）：精液中の精子濃度が 5 億 /mL 以下である.

④精子死滅症（necrozoospermia）：精子の生存率が 50％以下である.

⑤精子無力症（asthenozoospermia）：＋＋以上の精子の割合が 50％以下である.

⑥血精液症（hemospermia）：血液を混じる.

⑦膿精液症（pyospermia）：膿汁，白血球など炎症性の細胞が混入した精液.

⑧奇形精子症（teratozoospermia）：精子の奇形率が 20％以上の精液.

4．人 工 授 精

1）精液の希釈と保存

◆目　的

精子の生存性を損なわないように精子の代謝を可逆的に抑制し，生存時間を延長する方法（液状保存法，凍結保存法）を実習する．

◆材　料

新鮮精液（入手困難な場合は凍結精液）．

◆器具・機材

0.5 mL ストロー，パウダー，ビーカー，共栓付き遠沈管（50 mL），温度計，冷蔵庫，液体窒素ボンベ，簡易凍結機．

◆試薬・薬剤

（1）第一次希釈液

①トリスヒドロキシメチルアミノメタン 13.65 g，クエン酸 7.625 g，果糖 3.75 g，乳糖 15.0 g，ラフィノース 27.0 g を秤量し，蒸留水を加えて 800 mL にメスアップする．

②①の溶液を沸騰水中で 30 分間殺菌し，水道水で冷却する．

③冷却後，ストレプトマイシン 600 mg，ペニシリン G カリウム 60 万単位を添加する．

（2）卵黄の準備

①新鮮な鶏卵を温湯で洗浄乾燥後，アルコール綿で拭く．

②卵を割り，卵殻を使って卵白を除去する．

③滅菌済み濾紙に卵黄を乗せ，卵黄を転がして卵黄膜に付着している卵白を除去する．

④注射針で卵黄膜を破り，卵黄膜とカラザを濾紙に残すように卵黄のみをビーカーに流し込む．

（3）第一次希釈液の調整

①（1）で調整した溶液に卵黄を 200 mL 添加し，マグネチックスターラーで攪拌する．

②冷蔵庫に一晩静置して，上澄み液を使用する．

（4）第二次希釈液

第一次希釈液 870 mL にグリセリン 130 mL を加えてマグネチックスターラーでよく攪拌する．

◆方　法

（1）液状保存法

①共栓付き遠沈管に精液を入れ，30℃の第一次希釈液を徐々に加え，5 倍以内に希釈する．

②約 30℃の温湯を入れたビーカー内に精液の入った遠沈管を入れ，4℃の冷蔵庫または恒温槽内に約 1 ～ 2 時間静置して精液の温度を 4 ～ 5℃まで徐々に降下させたのち保存する．

（2）凍結保存法

①共栓付き遠沈管に精液を入れ，約 30℃に加温した第一次希釈液で 2 ～ 4 倍に希釈する．

②約 30℃の温湯を入れたビーカー内に精液の入った遠沈管を入れ，4℃の冷蔵庫または恒温槽内に約 1 ～ 2 時間静置して精液の温度を 4 ～ 5℃まで冷却する．

③精液温度が 4℃になった時点で，最終希釈液量の半量まで等温（4℃）の第一次希釈液を加える．

牛

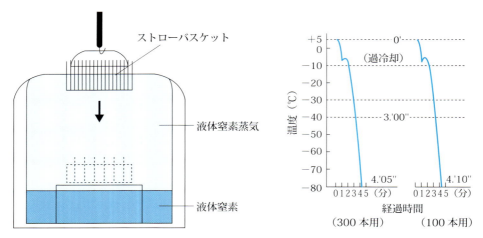

図 1-4-1　ストローによる牛精液の急速凍結法.

　④最終希釈液量の半量の第二次希釈液を約 1 時間かけて数回に分けて徐々に添加する（10 分間隔で 4 回の分割希釈または点滴希釈）．

　⑤種雄牛略号，種雄牛名および精液採取年月日を印字した 0.5 mL ストローに精液を分注し，ストローパウダーを使って閉封する．

　⑥ストローを凍結用ラックに並べ，4℃から−7℃までを約 1 ～ 2 分，−7℃から−80℃までを約 3 分で冷却する．−80℃で約 3 分放置したのち，液体窒素中に徐々に浸漬する．

　⑦人工授精簿に記入，記録するとともに凍結精液証明書を作成する．

　⑧活力の検査：凍結直前，凍結直後および凍結保管後 1 日に精子活力を検査する．凍結後 1 日の検査で活力＋＋＋40％以上を合格とする．

(3) 凍結精液の取り扱い

　凍結精液保管タンクの液体窒素は常に 1/3 以上の液量を保持するように補充し，タンク内温度を−150℃以下に保つ．ピンセットで凍結精液の入ったストローを取り扱う際は，キャニスターの上部をタンクの開口部から 10 cm 以下の位置にとどめ，キャニスター内の温度が−130℃以上に上昇しないよう約 10 秒以内に操作を終えるようにする．

◆ポイント

　①精子の凍結方法を体験し，理解する．

　②凍結融解前後の精子活力の変化を記録し，凍結が精子の生存性に与える影響を理解する．

◆補　足

　①牛の人工授精用精液は凍結精液が主流であり，特別の場合を除いて液状保存することはない．また，凍結器がないなど実習が困難な場合は，精液の採取および保存を行っている施設で見学してもよい．

　②凍結精液を取り扱う際には，凍傷を防ぐため革製または専用の手袋を使用すること．

2）人工授精

◆目　的

　人工授精の主な手順を実習し理解する．

◆材　料

雌牛（発情牛を用いることが望ましい）．

◆器具・器材

子宮頸管鉗子，牛用腟鏡，腟検査用ライト，ストロー精液注入器，凍結精液，ストローカッター，直腸検査用手袋，温度計，粘滑剤，ビーカーまたはストロー融解器，ペーパータオル．

◆試薬・薬剤

消毒薬（アルコール綿など）．

◆方　法

(1) 牛の保定と器具などの準備

①人工授精を行う前に牛を適切な場所に保定し，紐あるいは保定用ゴムバンドを用いて尾保定を行う（図 1-4-2）．

②人工授精に必要な器具などを準備しておく（図 1-4-3，直腸腟法に用いるもの）．

(2) 凍結精液の融解

35〜38℃の温湯を 500 mL のビーカーまたはストロー融解器に入れ，その中に保管器から取り出したストロー（凍結精液）を入れ，40 秒間保持して融解する．融解時間は数分以内とする（図 1-4-4, 1-4-5）．

(3) 精液注入器へのストローの装着

①融解したストローの外壁に付着した水滴をペーパータオルなどで拭き取り，ストローとストローカッターをアルコール綿で消毒する（図 1-4-6）．

②ストローの開封部をストローカッターで直角に切断する（図 1-4-7）．

③精液注入器の中芯をあらかじめ手前に引いておき，ストローの開封部を手で触らないようにして，ストローを精液注入器先端部内に装着する（図 1-4-8）．

④精液注入器にシース管を装着し（図 1-4-9），注入器の中芯の先端がストローの綿栓部に軽く当たるようにしておく（図 1-4-10）．

(4) 注入法

牛の人工授精には直腸腟法（子宮頸管把握固定法）と頸管鉗子法（子宮頸鉗子固定法）があり，直腸

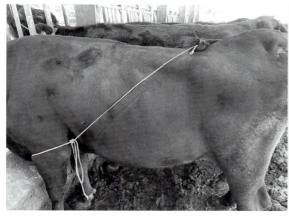

図 1-4-2　人工授精を行う前の紐を用いた尾保定の一例．

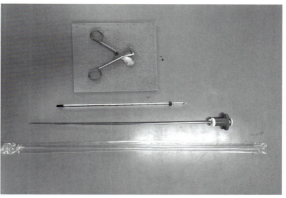

図 1-4-3　直腸腟法に用いられる主な器具など．上からストローカッター，温度計，精液注入器，滅菌済みシース管．

牛

腔法が一般的である.

a．直腸腔法

①外陰部が汚れている場合には，あらかじめ外陰部の洗浄，消毒を行っておく.
②直腸検査用手袋を直腸内に挿入する手に着け，粘滑剤を少量塗っておく.
③親指と人差し指で外陰部を開いて腔内に精液注入器を挿入する.
④精液注入器の先端を斜め上方に向けて10 cm程度ゆっくり挿入し，腔前庭部を過ぎてから水平にしてさらにゆっくりと挿入する（図1-4-11, 1-4-12）.
⑤直腸検査用手袋を着けた手を直腸内に挿入する．注入器の先端が外子宮口部まで達していない場合は，挿入した手を使いながら腔壁を避けるようにして精液注入器を外子宮口部まで押し進める（図

図1-4-4 凍結精液の取出し．キャニスター内の凍結精液が容器の開口部の下方に止まるように注意する．

図1-4-5 凍結精液の温水融解．35〜38℃，40秒間が標準．

図1-4-6 ストローを取り出し，表面の水分をペーパータオルで拭き取ったのち，アルコール綿でストロー開封部とストローカッターの消毒を行う．

図1-4-7 ストローの開封部（空気層）を直角に切断する．

図1-4-8 ストローの開封部に触れないようしてストローを装着する．

1-4-13).

⑥次に直腸壁を介して子宮頸管を手の平で把握する．子宮頸管の把握は小指が自由に動くように外子宮口部近くを手の平でつかむ．

⑦小指を使って精液注入器の先端を外子宮口部内に導く．

⑧子宮頸管を通過させるときは，精液注入器を大きく動かさず，直腸に挿入した手で子宮頸管を前後左右に動かして精液注入器を挿入した方が通過しやすい．子宮頸管を動かしながら，頸管深部または子宮体内に精液注入器の先端部が入るようにする（図 1-4-14）．

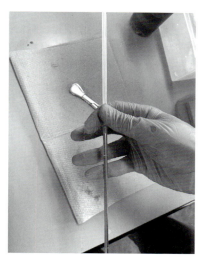

図 1-4-9　シース管を精液注入器にセットする．

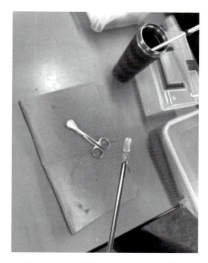

図 1-4-10　精液注入器の中芯をゆっくり押し上げて，中芯の先端がストローの綿栓部に軽く当たるようにしておく．

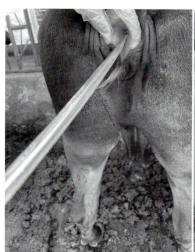

図 1-4-11　精液注入器の先端を斜め上方に向けて 10 cm 程度ゆっくり挿入する．

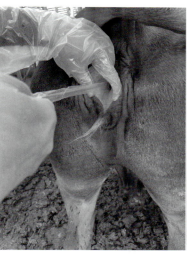

図 1-4-12　腟前庭部を過ぎてから水平にして徐々に挿入する．

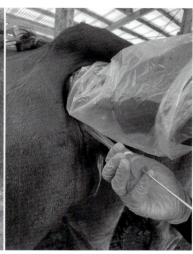

図 1-4-13　直腸検査用手袋を着用した手を直腸内に挿入し，挿入した手を使いながら腟壁を避けるようにして精液注入器を外子宮口部まで押し進める．

牛

4 人工授精

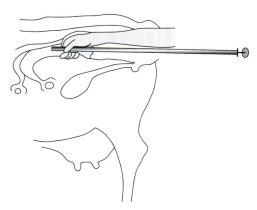

図 1-4-14 側方から見た精液注入時の図（日本家畜人工授精師協会：家畜人工授精講習会テキスト 家畜人工授精編を参考に作成）．

図 1-4-15 精液注入器の先端が頸管深部または子宮体内に入ったことを確認したのち，ゆっくり精液を注入する．

⑨子宮体部の場合は子宮壁を傷つけないように注意しながら，ゆっくり精液を注入する（図 1-4-15）．

⑩注入終了後は，ストロー内の精液が完全に注入されていることを確認し，精液注入器の先端に血液や膿性粘液が付着していないことを確認する．

⑪精液注入器やストローカッターは，アルコール綿で十分に消毒して保管するとともに，液体窒素ボンベは施錠できる場所で保管する．

b．頸管鉗子法

①外陰部の洗浄・消毒．

②直腸膣法と同様の要領で精液を精液注入器にセットする．

③膣鏡を閉じた状態で斜め上方に向けて外陰部に挿入し，約 10 cm 膣内に挿入後，水平にして深く押し込む．

④膣鏡を開いて，子宮頸管鉗子を膣鏡に沿って挿入し，鉗子先端の 1 鉤を持つ方を外子宮口内に約 2 cm 挿入し，子宮膣部の左または右上部を挟む．

⑤挟んだ鉗子をゆっくりと手前に引き，膣鏡とともに固定して精液注入器を子宮頸管内に挿入する．

⑥精液注入器を頸管深部または子宮体まで挿入して精液を注入する．

⑦頸管鉗子は挟んだまま子宮頸管を元の位置に戻し，鉗子を外したあとに膣鏡を抜く．

◆ポイント

①凍結精液の融解から精液の注入までの過程を体験し，認識する．

②受胎率に影響を与える衛生上の操作のポイントを考察し，認識する．

③人工授精適期などの繁殖生理上の知識を再確認する．

◆補　足

①実際に人工授精する前に，食肉処理場で採取された子宮や実習用子宮モデルなどを用いて，人工授精の練習をしてもよい．

②膣鏡を用いて外子宮口の位置を確認してもよい．

③発情期でない牛を実習用に使用する場合，頸管拡張棒を使用して頸管を拡張してから人工授精の練習をしてもよい．

5．胚移植と体外授精

1）発情の同期化

◆目　的

供胚牛（ドナー）と受胚牛（レシピエント）の発情および排卵を同調させる．

胚回収や胚移植の日程を調整する．

◆薬剤・方法

「本章 2.8)発情同期化法・排卵同期化法」に準ずる．

◆ポイント

①胚の受精後の日数とレシピエントの排卵後の日数が同期している必要がある．

②体内受精胚を移植する場合，一般的にドナーとレシピエントの発情が前後 1 日ずれても受胎は可能である．ただし，レシピエントに対してドナーの発情が早い方が，ドナーがレシピエントよりも遅く発情するよりも受胎率は高い傾向にある（図 1-5-1）．

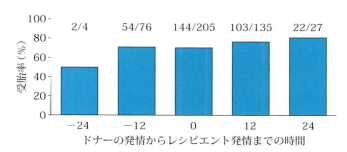

図 1-5-1　牛胚移植におけるドナーとレシピエントの発情同期性と受胎率．データ上部の数字は受胎頭数 / 移植頭数を示す（Spell AR et al. 2001 をもとに作成）．

2）過剰排卵処置

◆目　的

優良母牛から一度に多数の胚を得るために，多くの卵胞を発育および排卵させる．

◆薬　剤

卵胞刺激ホルモン（FSH）製剤，$PGF_{2\alpha}$ 製剤，エストラジオール製剤（E_2），腟内留置型プロジェステロン製剤（progesterone device，PD）．

◆方　法

過剰排卵処置法は多々あるが，発情周期の任意の時期から開始できる代表的な方法を記す（図 1-5-2）．

①ドナーとなる牛において正常な発情周期を繰り返す個体であることを確認する．

② PD を腟内に挿入するとともに E_2 製剤を投与する

③ E_2 投与後卵胞が出現する時期（3 〜 5 日後）から FSH を朝夕 2 回，3 〜 4 日間用量を漸減しながら投与する．

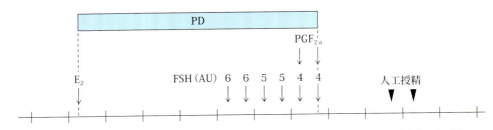

図 1-5-2 発情周期の任意の時期から開始できるホルスタイン種に対する過剰排卵処置の例.E_2：エストラジオール，FSH：卵胞刺激ホルモン，PD：腟内留置型プロジェステロン.1目盛りは1日.

④ FSH 投与開始から 48～72 時間後に $PGF_{2\alpha}$ 製剤を投与し，PD を抜去する.

⑤ $PGF_{2\alpha}$ 投与 36～48 時間後に発情が誘起されるため，発情発見後約 12 時間間隔で 2 回人工授精を行う.

◆ポイント

①卵胞ウェーブにおける卵胞出現時に FSH 投与を開始すると，多くの卵胞を発育させることができるが投与開始日が遅れるごとに反応する卵胞数が減少する.

② PD と E_2 を併用しない場合は FSH 投与開始時期が発情周期の 8～12 日と制約される.

③ FSH は半減期が 5 時間程度と短いため反復投与が必要である.

④ FSH 投与によって発育する卵胞の中には遅れて発育する卵胞が存在し，等量の FSH を反復投与すると発情時に十分発育しておらず排卵せずに，その後も E_2 産生により正常に排卵した卵子の受精および発生に悪影響を及ぼす.FSH 感受性が低い，遅れて発育した卵胞が途中で退行するように漸減投与する.

⑤天然型 $PGF_{2\alpha}$ は半減期が短いため，確実に黄体を退行させるために朝夕 2 回の投与が望ましい.

⑥排卵のタイミングは幅があるため，人工授精も朝夕 2 回実施すると移植可能胚の回収率が向上する.

◆補　足

① FSH の総投与量は品種，体格，産次によって調整する必要がある.

② FSH の反復投与は労力が大きく，個体へのストレスも大きいため皮下単回投与により血中濃度を維持できる徐放性の FSH 製剤も販売されている他，尾椎硬膜外への総量単回投与方法も漸減投与と同等の過剰排卵・胚回収成績であると報告されている.

3）胚の回収と検査

◆目　的

人工授精後 7～8 日にドナーから子宮灌流によって桑実胚～胚盤胞期胚を回収し，品質を検査する.

◆材料および器具・器材

ドナー，ペーパータオル，塩化ベンザルコニウム，アルコール綿，尾椎硬膜外麻酔用器具（2％キシロカイン，毛刈り剃刀，注射器，注射針），子宮頸管拡張棒，子宮頸管粘液除去器，バルーンカテーテル，Y 字コネクター，胚回収用フィルター，点滴用チューブ，鉗子，胚回収用灌流液（修正リン酸緩衝液：ダルベッコのリン酸緩衝液に牛血清アルブミン，ピルビン酸ナトリウム，ブドウ糖および抗生物質を添加したもの），実体顕微鏡（透過型照明装置付き），胚取扱い用マウスピースおよびピペット，プラスチックシャーレ（直径 100 mm および 35 mm）または 4 ウェルディッシュ.

◆方 法
(1) 胚の回収手順
　①ドナーを枠場内に起立保定し，尾根部の毛刈り，消毒ののち，尾椎硬膜外麻酔を施す．
　②直腸内の糞を排出し，外陰部および周辺を洗浄後，オスバン液に浸したペーパータオルやアルコール綿で外陰部を消毒する．
　③子宮頸管拡張棒（図1-5-3A），子宮頸管粘液除去器（図1-5-3B）の順に頸管内に挿入し，頸管の拡張および粘液の除去を行う．
　④バルーンカテーテル（図1-5-3C）を一方の子宮角に挿入し，注射器を用いてバルーン内に空気を入れて子宮角分岐部より5 cm程度前方で固定したのち，内芯を抜去する（図1-5-4）．
　⑤Y字コネクターを用いてバルーンカテーテルに胚回収用灌流液，点滴用チューブおよび胚回収用フィルターを接続する（図1-5-4）．
　⑥カテーテルを介して子宮腔内に胚回収用灌流液を20〜50 mL注入したのち，子宮角の先端部を軽くつまみ上げるようにして灌流液を胚回収用フィルター（図1-5-5A）に回収する．
　⑦少なくとも5〜6回の灌流を繰り返したのち，反対側の子宮角も同様に灌流する．
　⑧子宮内にヨード剤を注入もしくはPGF$_{2\alpha}$製剤を投与し，子宮内に残った胚による妊娠（多胎妊娠）を回避する．

(2) 胚の検査手順
　クリーンベンチ内に設置した実体顕微鏡下で灌流液の中から胚を探し出し，品質を調べる．
　①胚回収用フィルターに残った灌流液を検卵用100 mmシャーレ（図1-5-5B）に移したのち，フィルターを新しい灌流液で数回洗浄し，洗浄液を灌流液の入ったシャーレにとる．
　②実体顕微鏡下でシャーレ内を検索する．
　③胚操作用ピペット（図1-5-5C）を用いて胚を回収し，35 mmシャーレあるいは4ウェルディッシュ内の新しい灌流液に移して洗浄する．
　④顕微鏡下（50倍以上）で胚を観察して，発育ステージ（図1-5-6）および形態（表1-5-1）から品質を判定する（図1-5-7）．

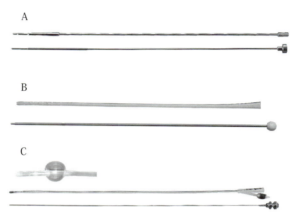

図 1-5-3　胚回収用器具．A：子宮頸管拡張棒（上段：杉江式，下段：ヤスタカ式），B：子宮頸管粘液除去器（NJカテーテル），C：バルーンカテーテルと内芯（拡大図は空気を入れて膨らませた状態）（写真提供：富士平工業株式会社）．

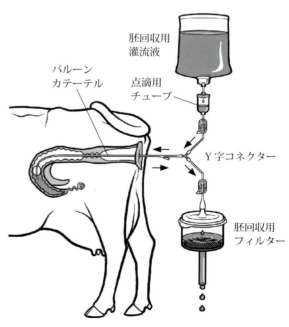

図 1-5-4　バルーンカテーテルと胚回収用器具の接続（迫野貴大氏 原図）．

牛

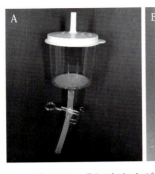
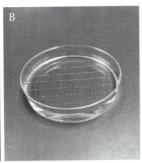
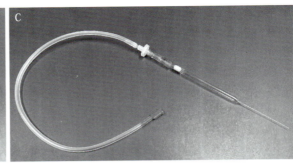

図 1-5-5　胚回収および検査に用いる器具．A：灌流液を胚回収用フィルターに通すことで，胚がフィルターの網目に回収される．B：シャーレの底に線を書いて，シャーレの端から端まで丹念に検索する．C：パスツールピペットの先端を加熱して細く加工したピペットをマウスピースに接続して胚を操作する．操作者の感染リスクを低減するため，専用のホルダーにピペットを接続し，口で吸わずに操作する方法もある．

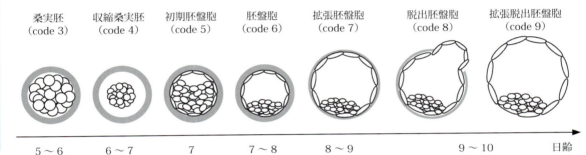

図 1-5-6　正常な胚発育ステージ．発情日および授精日を 0 日齢とする．（　）内は国際胚移植マニュアル（Manual of the International Embryo Technology Society 1998）に従った発育ステージの code 番号．

表 1-5-1　胚の品質評価の基準

品質 code	胚の形態
1　excellent あるいは good	受精後の経過日数に見合った正常発育ステージで，割球の大きさや色調が均一．少なくとも 85％の割球は正常．透明帯が滑らかで凹凸がない．
2　fair	割球の均一性を若干欠く．少なくとも 50％の割球は正常．
3　poor	個々の割球が均一性を欠いている．少なくとも 25％の割球は正常．
4　retarded, degenerating あるいは dead	発育停止あるいは変性した胚．未受精卵子あるいは 1 細胞期胚．

⑤正常胚の形態をスケッチあるいは写真撮影し，家畜人工授精簿（家畜体内受精卵の採取及び処理に関する事項）に記載する．

⑥透明帯に付着する微生物による疾病の伝搬を防ぐため，0.25％トリプシン液もしくは 0.1％ヒアルロニダーゼ液による処理を行う．

⑦胚は移植あるいは凍結保存するまで室温（20 〜 25℃）で保存し，直ちに移植を行わない場合は容器に収めて封を施し，家畜体内受精卵証明書を添付する．

◆ポイント
①頸管粘液を除去しないとカテーテルに粘液が詰まることがある．

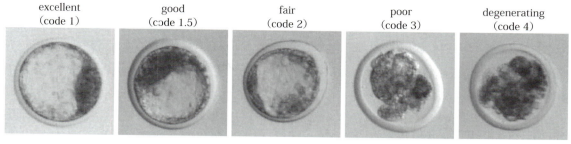

図 1-5-7　発情後 7 日に回収された胚の品質判定例．（　）内は国際胚移植マニュアル（Manual of the International Embryo Technology Society 1998）に従った品質 code 番号．
excellent：充実した内部細胞塊と栄養膜細胞の境界が明瞭．栄養膜細胞に変性細胞なし．
good：内部細胞塊の充実度がやや低い．栄養膜細胞に 15％未満の変性細胞あり．
fair：内部細胞塊の充実度が極度に低い．栄養膜細胞に 15～50％の変性細胞が存在．
poor：胚の形態が明瞭ではない．8 細胞期胚の割球が残っている．
degenerating：胚の生存性なし．

②灌流液は体温程度に保温する．
③子宮腔内に灌流液を入れ過ぎると卵管へ逆流する．
④子宮角の大きい経産牛では子宮角を反転し，先端部より軽く搾るように灌流する．
⑤子宮が深く下垂している牛から胚を回収する場合，頸管鉗子を用いて子宮を手元に牽引して灌流を行う．
⑥コンタミネーションを防ぐため，胚の取扱いはクリーンベンチ内で無菌的に行う．
⑦胚検索の際，1 枚のシャーレにつき少なくとも 2 人以上が目を通す．
⑧胚を別の培地に移動する場合は，ピペットに吸った移動先の培地が胚全体をおおうように静かに出し，胚を吸い上げる．
⑨胚の洗浄は，毎回新しいピペットを用いて 10 回繰り返すことが推奨されている．

◆補　足
①胚回収用フィルターがない場合，滅菌した試験管やメスシリンダーに灌流液を回収する方法もある．
②灌流液を高所に置き子宮内に送り込む自然灌流法以外に，注射ポンプを使用した強制灌流法，自動灌流装置もある．
③胚回収用灌流液（修正リン酸緩衝液）は市販品（日本全薬製エンブリオテックなど）もある．
④発情後 8 日以降では透明帯から脱出（孵化）する胚盤胞もあるため，通常は発情後 7 日に胚回収を行う．

4）体外受精

◆目　的
優れた遺伝形質を持つ雌の卵子と雄の精子を用いて優秀な産子を多数生産する．

◆材料および器具・器材
卵巣，魔法瓶，恒温槽，注射器，注射針，遠心管，プラスチックシャーレ（直径 100，60 および 35 mm），パスツールピペット，胚取扱い用ピペット（パスツールピペットの先端を加熱して細く加工），ディスペンサー（ピペットマンなど），実体顕微鏡（透過型照明装置付き），加温盤，炭酸ガス培養装置，マルチガス培養装置，ボルテックス・ミキサー．

牛

◆試薬・薬剤

　生理食塩液，卵子回収液（修正タイロード培地），成熟培地（ヘペス緩衝 TCM-199 に牛胎子血清，FSH，LH，エストラジオール 17β および抗生物質を添加），授精（媒精）培地（Brackett と Oliphant の等張培養液，BO 培地），パーコール，発生培地，パラフィンオイル（☞各培地の組成は付録 6）．

◆方　法

(1) 未成熟卵子の採取

　①食肉処理場で採取した卵巣は，抗生物質を添加した生理食塩液（20～25℃前後）の入った魔法瓶に入れて持ち帰る．

　② 18G の注射針を付けた 10 mL の注射器で直径 2～6 mm の小卵胞を穿刺し，卵胞液とともに卵子を吸引する．

　③卵胞液は 37℃の恒温槽中の遠心管（50 mL）に採り，10 分ほど静置する．

　④沈殿した卵子を滅菌パスツールピペットで回収し，シャーレ（100 mm）に移して回収液で希釈後，実体顕微鏡下で検索する．

(2) 卵子の成熟培養

　①シャーレ（直径 35 mm）を 3 枚用意し，2 枚に回収液を入れ，1 枚に成熟培地を入れる．

　②実体顕微鏡下で卵丘細胞の付着した卵子を回収液の入ったシャーレに集める．

　③卵子を選抜しながら，回収液の入った次のシャーレに移す．

　④卵子は成熟培地で洗浄したのち，パラフィンオイルを重層した成熟培地の微小滴（50 μL）に約 10 個ずつ移して炭酸ガス培養装置内（38.5～39℃）で 20～24 時間培養する．

(3) 成熟卵子の体外受精（媒精）

　① BO 培地を用いて作製したパーコール液に精液を重層し，700×g で 20 分間遠心する（図 1-5-8）．

　②アスピレーターで上清を吸引除去する．

　③ BO 培地を加えて混和し，500×g で 5 分間遠心する．

　④遠心管に少量の精子浮遊液を残して上清を除去する．

　⑤血球計算盤を用いて精子浮遊液中の精子濃度を測定する．

　⑥精子浮遊液に BO 培地を加えて精子濃度を $10×10^6$ cells/mL に調整する．

　⑦キサンチン誘導体（カフェインやテオフィリン）を添加した BO 培地の微小滴（50 μL）に精子浮遊液（50 μL）を加えて媒精用微小滴 100 μL を作製する（精子の終濃度は $5×10^6$ cells/mL）．

　⑧媒精用微小滴に成熟卵子（約 10 個/100 μL）を移して，マルチガス培養装置内（38.5～39℃，

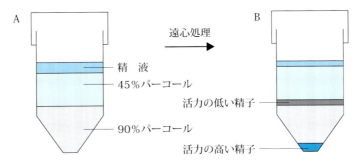

図 1-5-8　精液のパーコール密度勾配遠心処理法．A：90％，45％パーコール，精液の順で重層．B：遠心処理（700×g，20 分間）後，活力の高い精子は遠心管の底に集まる．

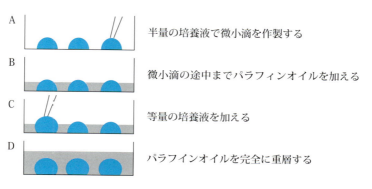

図 1-5-9　培養用微小滴の作製法.

炭酸ガスおよび酸素濃度を 5％に設定）で 18 ～ 20 時間培養する．

(4) 体外培養

①媒精した卵子を回収液の入った遠心管に移し，ボルテックス・ミキサーで振盪して卵丘細胞を除去する．

②卵丘細胞を除去した卵子を新しい回収液に移す．

③発生培地中で数回洗浄した卵子を新しい発生培地の微小滴（20 ～ 30 μL，1 個 / μL 程度）に移し，マルチガス培養装置内で 6 日間培養する．

④培養終了後，顕微鏡下で胚を観察して正常胚の形態をスケッチあるいは写真撮影し，家畜人工授精簿（家畜体外受精卵の生産に関する事項）に記載する．

⑤直ちに移植を行わない場合，胚は容器に収めて封を施し，家畜体外受精卵証明書を添付する．

◆ポイント

①「家畜改良増殖法」で定められている伝染性疾患あるいは遺伝性疾患を持つ雌はドナーとして使用できない．

②三～四層以上の緻密な卵丘細胞に囲まれ，卵母細胞の直径が 120 μm 以上で卵細胞質が均一あるいは暗色顆粒を持つ卵子は発生能が高い．

③コンタミネーションを防ぐため，卵子や胚の取扱いはクリーンベンチ内で無菌的に行う．

④すべての培地は，あらかじめ培養装置内で数時間の気相平衡を行う．

⑤シャーレは加温盤上に置き，卵子および胚が温度感作を受けないように注意する．また，精子も温度感作を受けやすいので手早く取り扱う．

⑥培養液の微小滴はディスペンサーを用いて作製し，胚培養用のパラフィンオイルを重層する（図 1-5-9）．

⑦微小滴に卵子や胚を移す場合は，できる限り前の培地を持ち込まないように注意する．

⑧正常な胚は，体外受精後 7 日（体外培養後 6 日）に収縮桑実胚から拡張胚盤胞へ発育している．

◆補　足

①胞状卵胞内卵子の採取法には，卵胞を単離して切開・破砕あるいは卵巣皮質を薄切する方法がある．これらの方法は長時間を要するが卵子回収率は高い．また，超音波ガイド経腟採卵法により生体卵巣から卵子を吸引採取する方法もある．

②キサンチン誘導体を添加した BO 培地にヘパリンを加えて 6 ～ 20 時間媒精する方法もあるが，種雄牛によって受精率に違いがみられるため，あらかじめ種雄牛ごとにヘパリンの添加濃度や最終精子濃

度を確認する必要がある.

③発生培養前に卵丘細胞が完全に除去されていない卵子があるときは，ボルテックス・ミキサーで振盪あるいは直径の小さな胚取扱い用ピペットでピペッティングして卵丘細胞を除去する.

④発生培地には修正合成卵管液〔synthetic oviduct fluid 培地（SOF 培地）〕や Charles Rosenkrans 培地（CR 培地）などが開発されている.

⑤共培養を行う場合，卵丘あるいは卵管細胞と共培養する方法が開発されているが，コンタミネーションの危険がある．ウイルス感染のないことが確認されているバッファローラットの肝細胞や Vero 細胞など市販の細胞を使用する．成熟から発生培養に必要な培地をすべて含む牛体外受精専用キット（機能性ペプチド研究所製エンブリオパック，IVF Bioscience シリーズ・アステック）も市販されている.

5）胚の凍結保存

◆目　的
体内および体外受精卵をレシピエントに移植するまで液体窒素中で保存する.

◆材　料
胚（体内受精，体外受精），胚回収用液，凍結保存液（凍害防止剤入り保存液），0.25 mL ストロー，ピペット，実体顕微鏡，ディッシュ，アルコール（プログラムフリーザー用），プログラムフリーザー，攝子，液体窒素.

◆方　法
（1）緩慢冷却法
ゆっくりと温度を下げることで胚の脱水を緩徐に進行させ細胞内と周辺のみを氷晶のない固体（ガラス化）にする方法.

①品質の良好な胚を選別し，胚回収液で洗浄する.

②凍害防止剤が入った凍結保存液中で浸透圧を平衡させる（表 1-5-2）.

③ストローへ胚を封入する（図 1-5-10）.

④プログラムフリーザーにストローを設置し凍結保存液の凝固点付近（−5 〜−7℃）まで温度を下げる.

⑤液体窒素に浸けて冷却した攝子などでストローをつまみ，ストロー内に氷晶を形成する（植氷）.

⑥プログラムフリーザーの機能により特定の温度（凍結保存液によって異なる：−25 〜−35℃程度）まで 0.3 〜 0.6℃ / 分程度の速度で 60 〜 90 分かけて冷却する（緩慢冷却）.

⑦ストローを液体窒素蒸気内に一定時間静置し，十分凍結した後に液体窒素内に浸漬する.

（2）ガラス化法
高濃度の凍害防止剤（緩慢冷却用保存液の 3 〜 4 倍）で処理することで細胞内外の凍害防止剤濃度

表 1-5-2　牛胚に対する凍結保存液とその特徴

凍害防止剤		平　衡	緩慢冷却終了温度（℃）	ダイレクト移植
細胞膜透過型	非細胞膜透過型			
1.36 M グリセリン	—	3 段階	−30 〜−35	不可
1.36 M グリセリン	0.25M スクロース	1 段階	−25	可
1.5 M エチレングリコール	—	1 段階	−30 〜−32	可
	（0.1M スクロース *）			

＊：スクロース添加による受胎率，生存率の向上も報告され，実際に添加例も多い.

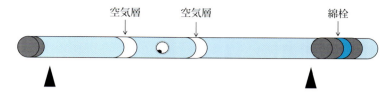

図 1-5-10　胚のストローへの封入例．胚は空気層に挟んで封入することで綿栓付着による胚消失を防止する．矢頭は植氷部位．

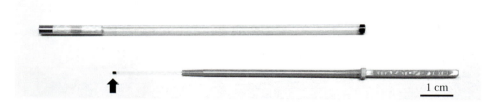

図 1-5-11　胚のガラス化用デバイスの例．フィルムの先端(矢印)に極少量のガラス化液とともに胚をのせて液体窒素に浸漬してガラス化する．

を高くし，胚のみならず保存液全体もガラス化させる方法．

①平衡液に胚を移し凍害防止剤の胚への浸透と平衡を行う（5〜15分：液の種類による）．

②ガラス化液に胚を移し胚の脱水と内部の凍害防止剤の濃度上昇を行う（30秒程度）．

③極微量のガラス化液とともにガラス化用の極細保存容器，もしくはフィルムの上にのせる（図 1-5-11）．

④液体窒素に浸漬し急速に冷却する．

◆ポイント

① excellent もしくは good と評価された胚を凍結に供する．

②平衡の過程は細胞膜透過型の凍害防止剤の細胞膜浸透速度によって異なる．グリセリンは速度が遅く細胞内の水が出る方が速いため，グリセリンが細胞に浸透し終わるまで細胞が収縮した状態になってしまう．そのため，グリセリン単体の場合はグリセリン濃度を徐々に上げて3段階で平衡することで細胞の急激な収縮を防ぐ．エチレングリコールは細胞膜透過性が高く細胞収縮が軽微であるため1段階かつ早く平衡に至る（表 1-5-2）．

③ストロー封入の際には胚入の液層の前後に空気層を作る．空気層がないと綿栓を押し，胚を移動させる際に胚周囲の液体は移動するが，胚は取り残されて綿栓に付着してしまうことがある．空気層があると空気が胚入の液層を押してくれるため胚が確実にストロー外に排出される（図 1-5-10）．

植氷は胚が入っていない液層部分を挟んで行う．

◆補　足

①細胞膜透過型凍害防止剤：凝固点降下，細胞内水分との置換による細胞内氷晶形成防止などの効果．

②非細胞膜透過型凍害防止剤：凝固点を下げる，浸透圧を調整する，細胞膜を保護するなどの効果．

③植氷を行わず冷却すると凝固点以下の温度になり過冷却状態となり，ある時偶発的に氷晶が形成されその際に凝固熱が発生し温度が上昇するも冷却により下降する．この急激な温度変化によって細胞に障害が生じるため，凝固点付近で植氷し氷晶形成を誘発することで凝固熱による温度の増減を低減する（図 1-5-12）．

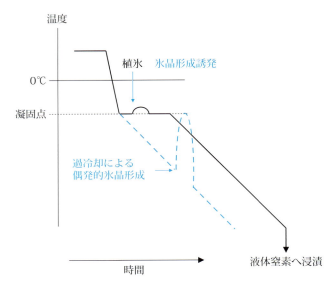

図 1-5-12 緩慢冷却法による牛胚の凍結過程とその温度変化．植氷により凝固熱による温度上昇を最小限に抑えている．破線：植氷を行わない場合の温度変化．

ガラス化液は高濃度の凍害防止剤であり細胞毒性が強いため短時間で処理を済ませる技術が必要である．

6）胚の移植

◆目　的

体内および体外受精卵を採取直後もしくは凍結融解後に，レシピエントの子宮内に移植し受胎させる．

◆材　料

レシピエント，枠場，消毒薬，アルコール綿，ペーパータオル，胚（新鮮または凍結保存胚），ストロー融解器，ストロー剪刀，凍害防止剤希釈液，実体顕微鏡，胚回収用液，シャーレ，胚取扱い用ピペット，0.25 mL ストロー，ストロー吸引器具，胚移植器，胚移植器用カバー，尾椎硬膜外麻酔用器具（毛刈り鋏，注射筒，注射針，キシロカイン），直腸検査用手袋，直検用潤滑剤．

◆方　法

（1）レシピエントの検査と移植準備

①正常な発情周期を呈し，胚の状態と同期化され正常な黄体を有していることを確認する．

②必要に応じて枠場に入れ，尾椎硬膜外麻酔を施す．

③外陰部を清拭し，消毒薬とアルコールで消毒して，尻尾を体側に保定する．

（2）移植胚の準備

①凍結胚を封入したストローを液体窒素から取り出し，空気中で 5 〜 10 秒間保持してから温水に浸漬する．

②シャーレに入れた凍害防止剤希釈液中に胚を出して凍害防止剤を希釈する．

③胚を胚回収溶液などで洗浄してからストローに封入する．

④実体顕微鏡で胚がストロー内にあることを確認する．

⑤胚移植器に装填もしくは胚を胚移植器に移して，胚移植器用カバーを装着する．

（3）胚移植

①外陰部からカバー付きの胚移植器を挿入し，カバー先端を外子宮口に押し当てる．
②カバーを破り移植器先端を出して，子宮頸管内へ移植器のみを挿入する．
③移植器を操作し，子宮頸管を通過させて黄体側の子宮角に挿入する．
④可能な限り子宮角先端に移植するため，子宮角深部まで移植器を先に進めて胚を移植する．
⑤樹脂製チューブ付きの移植器の場合はさらにチューブを出して，より深部に胚を移植する（図1-5-13，1-5-14）．

◆ポイント

①ストローを液体窒素から取り出し空気中に保持する際に風があると急激に温度変化が生じるため，操作は無風環境を確保し実施する．
②新鮮胚の場合は移植準備のストロー封入から開始し，ダイレクト移植可能な凍結胚の場合は胚の確認を行って移植器に装着する．
③胚の準備から移植までは胚が障害を受けるため，温度変化が少なくなるように注意する．
④ダイレクト移植が可能な凍結胚は凍害防止剤の毒性が生じやすいため，融解後，特に速やかに移植する．
⑤人工授精器と同様なステンレス製の移植器は滅菌シース管にストローを装填し移植器を入れて準備し，移植時には綿栓を押して移植するが，先端から柔らかなチューブが出る移植器の場合は基部にストローを挿入してストローの綿栓を押すことで移植器内に胚を移したのち，ストローを外して注射筒を取り付け，空気で胚を排出する．
⑥腟前庭および腟内には細菌が多数存在し，これらを子宮内に持ち込まないために滅菌カバーで移植器を覆い，移植器自体の滅菌状態を保つ．

◆補　足

①ストロー融解時に空気中への保持なく直接温湯中に浸漬すると氷晶に亀裂が入り，その亀裂が胚を

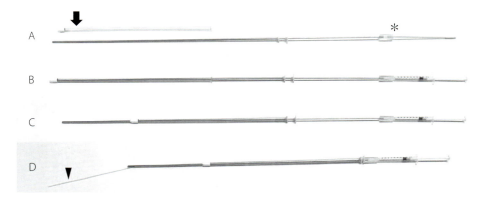

図1-5-13　先端から樹脂製チューブが出るタイプの胚移植器による移植方法．滅菌バックのコネクター（＊）側を開け，先端を切ったストローをコネクターに接続し綿栓をゆっくりと押すことで胚を移植器内に移す（A）．移植器を水平に保ったままストローを抜去し，あらかじめ空気を吸った状態の注射筒をコネクターに接続する．また，滅菌した移植器用カバー（矢印）を移植器にかぶせる（B）．消毒した外陰部からカバーをかけた状態で移植器を挿入し外子宮口に先端を押し当て，移植器をカバーから押し出し，先端部を子宮頸管，子宮角へと進めていく（C）．移植器の先端を可能な限り子宮角深部にまで入れたらコネクター部分を押して樹脂製チューブを移植器先端から押し出して移植する．

牛

5 胚移植と体外受精

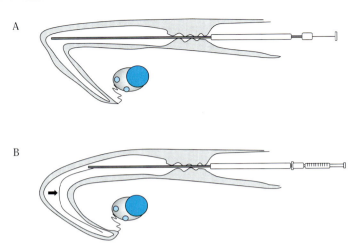

図 1-5-14 代表的な移植器による移植時の模式図．A：人工授精器同様のステンレス製の移植器による胚移植．子宮角深部に移植しようとしても限度があり，無理をすると内部を傷つけてしまうため，注意が必要である．B：樹脂製チューブ（矢印）が付いた移植器による胚移植．樹脂製チューブが子宮角のカーブに沿って深部にまで先端が届くため，より無理なく深部に移植が可能である．

直撃することによるフラクチャー障害を生じる可能性がある．また，空気中での保持が長い，または風のある場所で保持することで温度が上昇し過ぎると脱ガラス化（細胞内氷晶形成）により胚が障害を受ける．

②黄体がない反対側の子宮角に移植しても受胎はするが，黄体側と比べて受胎率は極端に低下する．

③黄体側への移植であっても子宮角基部と比較して中央部（屈曲している部分）や深部（子宮角先端部）への移植の方が受胎率は高い．

④子宮角の操作中に子宮内部を傷つけ出血させると受胎率は低下するため，移植器の操作には注意が必要である．

⑤一般に凍結胚の受胎率は新鮮胚よりも低く，体外受精胚は体内受精胚よりも受胎率が低い．

6．妊娠診断

1）直腸検査

◆目　的
　直腸検査による妊娠診断法を習得する．
◆材　料
　妊娠牛（胎膜触診の場合は妊娠 40 日以降，羊膜嚢触診の場合は妊娠 30 日以降）
◆器具・機材
　直腸検査手袋，直腸検査用粘滑剤．
◆方　法
（1）胎膜スリップ
　①直腸検査の要領（☞前項「2.（4）直腸検査」）で直腸内に手指を挿入して宿糞を除去する．
　②非黄体側の子宮角基部または先端部の子宮壁を母指と第二指の間に挟み，静かに持ち上げる．この際に尿膜絨毛膜が指の間を滑り抜け，挟んだ指の間には子宮壁のみが残る感覚を習得する（図 1-6-1，1-6-2）．
（2）子宮角や子宮動脈の触診
　①黄体側の子宮角が膨大していることを確認する（妊娠 50 日以降，図 1-6-3）．

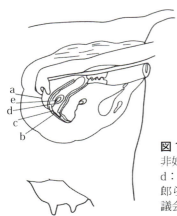

図 1-6-1　牛の胎膜触診法．a：非妊角，b：妊角，c：尿膜絨毛膜，d：羊膜，e：胎子（河田啓一郎ら 1991，獣医繁殖学教育協議会）．

図 1-6-2　胎膜のスリップ法．1：子宮壁，2：胎膜（星　修三ら 1982，獣医繁殖学教育協議会）．

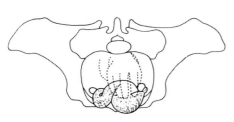

妊娠 70 日目の子宮

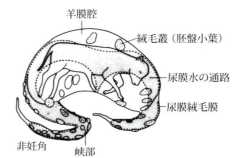

図 1-6-3　妊娠初期の牛の子宮および胎子，胎膜の模式図（金子一幸氏原図，獣医繁殖学教育協議会）．

②胎水中に浮遊する胎子および胎動を触知する（妊娠 70 日以降，図 1-6-3）.

③胎子が着床した側の子宮動脈（中子宮動脈）の肥大と特有の震動を触知する（妊娠 90 日以降）.

（3）羊膜嚢の触診

①角間間膜や子宮広間膜を利用して子宮を骨盤腔内に持ち上げて，子宮角を伸展させる.

②子宮角を母指と第二，第三指で挟むようにして基部から先端までていねいに触診する.

③一側の子宮角に羊膜嚢を触知しても，反対側の子宮角も必ず触診する（特に複数黄体を認める場合）.

④卵円形の羊膜嚢の長径と妊娠日齢との関係は表 1-6-1 を参照.

◆ポイント

きわめてまれではあるが，受胎産物が黄体と反対側の子宮角に着床する場合もあることに注意する.

（1）胎膜スリップ

①胎膜スリップは，妊娠 33 日以降から明瞭な所見が得られることが多い.

②妊娠 40 日頃は黄体側子宮角の方が明瞭に触診できるが，尿膜絨毛膜はこの時期には非黄体側子宮角内にも伸長しており，流産などの事故防止の観点から非黄体側子宮角での触診が推奨される.

③子宮角を反転し，子宮壁の薄い子宮角先端部で触診すると触知が容易である.

④妊娠 60 日以降は非黄体側子宮角の方が子宮の緊張が少なく，触知が容易である.

（2）子宮角や子宮動脈の触診

①子宮蓄膿症や子宮粘液症でも子宮角は膨大するが，胎膜スリップが触知されないことに加えて，子宮角が左右均等に膨大することが鑑別診断の要点となる.

②妊娠 4 か月になると胎盤が触知される.

③妊娠中期（5 ～ 7 か月）に子宮が腹腔内に沈下して胎子を直接触知できない場合には，子宮動脈の触診は有効な診断法である.

（3）羊膜嚢の触診

①羊膜嚢の触診は妊娠 30 ～ 60 日頃の時期に可能であり，その後は胎水が増加して子宮の持上げが困難になるとともに，羊水に満たされた羊膜嚢も緊張感を失って触診が困難になる.

②羊膜嚢の触診はていねいに実施すれば流産などの危険はないとされているが，触診によって受胎産物の卵黄嚢血管を損傷してしまい，胎子の結腸閉鎖を誘発するリスクがあるとの報告がある.

表 1-6-1　妊娠日数と羊膜嚢の大きさ

妊娠日数	羊膜嚢（cm）	指幅
37	0.7	1/2
42	1.5	1
48	3.5	2
52	5.5	3
58	7.5	4
62	9.0	掌幅（親指含まず）
65	10.5	掌幅（親指含む）

（Wenzel JGW et al. 1999；BonDurant RH 1986；工藤正晴 1998 のデータをもとに作成）

2）腟検査

◆目　的

妊娠牛の腟粘膜と外子宮口を観察し，妊娠診断の補助的診断法として活用する.

◆材　料

　妊娠牛．

◆器具・器材

　牛用腟鏡（未経産牛用または成牛用），腟鏡ライト（懐中電灯），消毒液（粘膜に対しても使用可能なもの），微温湯，ペーパータオル，消毒用アルコール綿．

◆方　法

　①事前に，腟鏡を微温湯で規定濃度に希釈した消毒液に漬けておく．

　②牛を枠場に保定し，尾の保定も行う．

　③陰唇を指で左右に開き，陰唇〜腟前庭の粘膜を観察する．

　④外陰部および陰門内側を希釈消毒液で洗浄する．ペーパータオルで消毒液を拭き取り，アルコール綿で消毒する．

　⑤腟鏡を挿入して開腟し，懐中電灯で照らして腟粘膜と外子宮口を観察する．

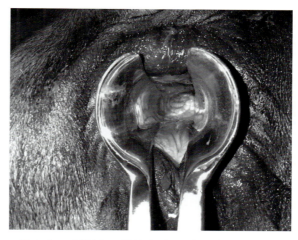

図 1-6-4　妊娠牛の腟検査所見．外子宮口の緊縮，閉鎖．

◆ポイント

　①外陰部と陰門内側をアルコール綿で清拭する際には，陰門内側から外陰部の順番で消毒する．

　②陰唇粘膜や腟粘膜には充血が認められず，湿潤がなく乾燥している．

　③外子宮口は緊縮して閉鎖している（図 1-6-4）．餅状の半透明な固い粘液が観察されることもある．

　④腟検査のみでは妊娠を確定することはできない．

3）頸管粘液検査

◆目　的

　妊娠に伴い頸管粘液が粘稠化することを観察する．

◆材　料

　妊娠牛（妊娠 35 日以降）．

◆器具・器材

　頸管粘液採取器，牛用腟鏡（未経産牛用または成牛用），スライドガラス，腟鏡ライト（懐中電灯），消毒液（粘膜に対しても使用可能なもの），微温湯，ペーパータオル，消毒用アルコール綿．

◆方　法

　①事前に頸管粘液採取器を滅菌し，腟鏡を微温湯で規定濃度に希釈した消毒液に漬けておく．

　②牛を枠場に保定し，尾の保定も行う．

　③外陰部および陰門内側を希釈消毒液で洗浄する．ペーパータオルで消毒液を拭き取り，アルコール綿で消毒する．

　④腟鏡を挿入し開腟し，頸管粘液採取器（図 1-6-5A）を頸管の第 2〜3 皺襞内に挿入して頸管粘液を採取する．採取した粘液の性状を確認する．

　⑤採取粘液の小塊をスライドガラスにとり，別のスライドガラスをその上に重ねて，2 枚のスライドガラスを擦り合わせて圧片標本を作成する．粘液の付着状態を確認する．

牛

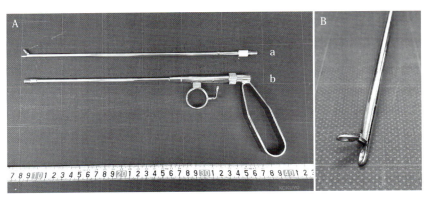

図 1-6-5 頸管粘液採取器．A：頸管粘液採取器（檜垣式）．aとbを連結して使用する．B：先端の弁．

◆判　定
①粘液性状の観察：粘液が水様または卵白様，採取器先端の弁（図 1-6-5B）を開いたときに広がるか糸を引く→妊娠陰性．粘液が粘着性で，糊状またはモチ状→妊娠陽性．
②圧片標本の観察：粘液が紐状になる→妊娠陰性．粘液が細かく切断されて縮毛状に付着→妊娠陽性．

◆ポイント
①頸管粘液の採取は無菌的に行う．
②妊娠 35 日以降の的中率は約 95％．

4）超音波検査

◆目　的
　超音波画像診断装置を用いた妊娠診断を習得する．

◆材　料
　妊娠牛（妊娠 20 日以降）．

◆器具・器材
　超音波画像診断装置，直腸検査用手袋，プローブカバー（直腸検査用手袋でも可），エコーゼリー．

◆方　法
①牛を枠場に保定し，尾の保定も行う．
②プローブカバーまたは直腸検査用手袋の指の部分にエコーゼリーを入れ，プローブに装着する．手袋とプローブの間の空気は完全に抜く（図 1-6-6）．
③直腸内の除糞を行う．
④プローブを直腸内に挿入し，プローブと直腸壁の間に糞が入らないように注意しながら卵巣と子宮の観察を行う．
⑤卵巣に黄体があることを確認し，黄体側の子宮角を丹念に探索し胚・胎子を描出する（図 1-6-7，1-6-8）．胚・胎子を描出後，心拍の確認も行う．
⑥黄体が複数個観察された場合は多胎妊娠の可能性もあるので注意を要する（図 1-6-9）．
⑦雌雄判別は妊娠 60 ～ 70 日頃に行い，生殖結節の位置で判定する（図 1-6-10，1-6-11）．

◆ポイント
①妊娠 20 日以降で胎嚢を確認することができるが，胚を確認しやすい 25 日以降の牛を使用するこ

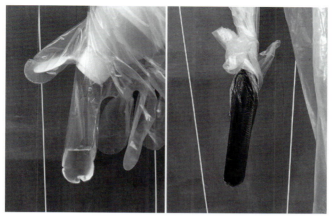

図 1-6-6　プローブカバーの装着方法.

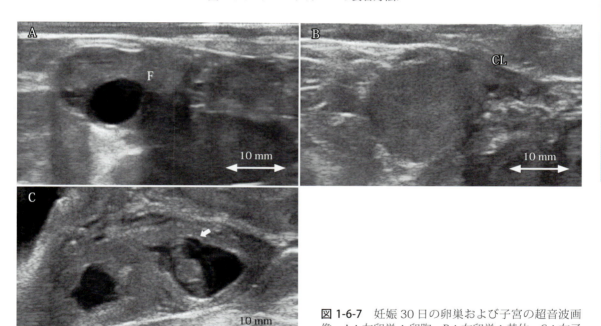

図 1-6-7　妊娠 30 日の卵巣および子宮の超音波画像. A：左卵巣；卵胞, B：右卵巣；黄体, C：右子宮角；羊膜に包まれた胚（水平断像）.

とが望ましい.

②感染予防の観点から必ずプローブカバーを使用し，1頭ずつ交換すること.

③プローブに衝撃を与えないこと.

④子宮のみを観察するのではなく，必ず先に卵巣を観察すること.

5）ホルモン測定

◆目　的

血中や乳汁中のプロジェステロンや妊娠関連糖タンパク質（PAG）濃度の評価による妊娠診断法を習得する.

牛

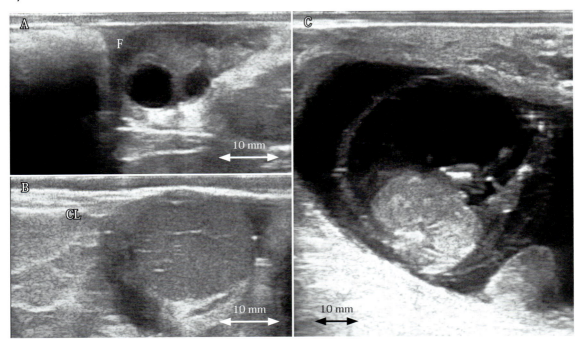

図 1-6-8　妊娠 60 日の卵巣および子宮の超音波画像．A：左卵巣；卵胞，B：右卵巣；黄体，C：右子宮角；胎子の横断像．

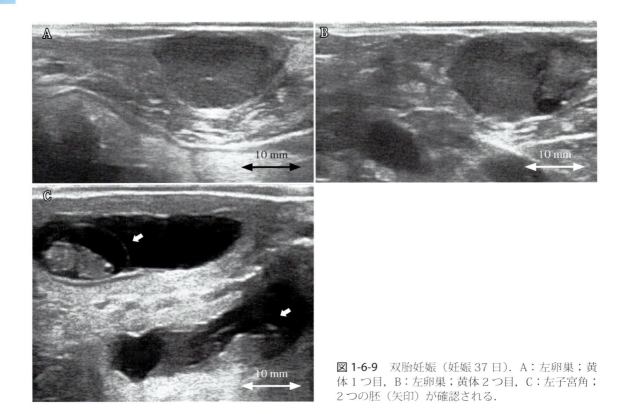

図 1-6-9　双胎妊娠（妊娠 37 日）．A：左卵巣；黄体 1 つ目，B：左卵巣；黄体 2 つ目，C：左子宮角；2 つの胚（矢印）が確認される．

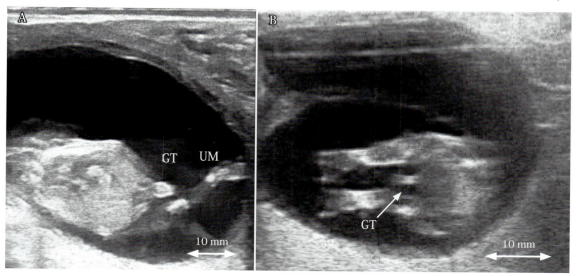

図 1-6-10　雌雄判別（雄胎子）．A：人工授精後 65 日，B：人工授精後 60 日．横断像：生殖結節が臍帯付近に認められる．UM：臍帯，GT：生殖結節．

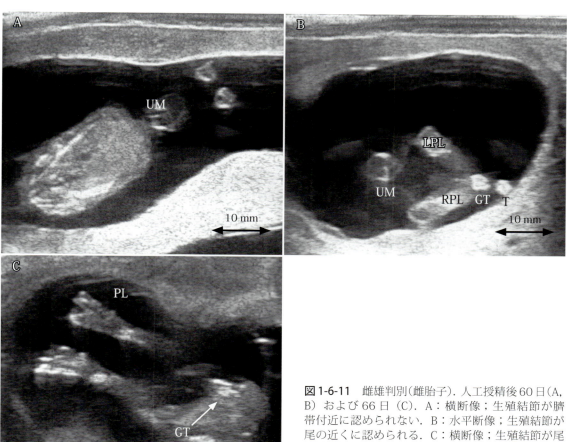

図 1-6-11　雌雄判別（雌胎子）．人工授精後 60 日（A，B）および 66 日（C）．A：横断像；生殖結節が臍帯付近に認められない．B：水平断像；生殖結節が尾の近くに認められる．C：横断像；生殖結節が尾の近くに認められる．UM（umbilical cord）：臍帯，GT（genital tubercle）：生殖結節，LPL（left posterior leg）：左後肢，RPL（right posterior leg）：右後肢，T（tail）：尾．

牛

◆材　料

授精後 18 〜 24 日の時期で複数日に採取した血漿または乳汁の検体（プロジェステロン測定）．
授精後 4 週以降に採取した血清または乳汁の検体（PAG 測定）．

◆機材・器具

プロジェステロンや PAG の測定キット，マイクロピペット，プレートリーダーなど，あるいは，搾乳ロボットに組み込まれたプロジェステロン測定ユニット．

◆方　法

キットの使用説明書に従って測定操作を行う．

◆ポイント

(1) プロジェステロン測定

①抗凝固剤としてヘパリンを用いて採血した血液を直ちに氷冷して速やかに冷却遠心分離を行い，得られた血漿を検体として用いる．血清は測定検体として不適である．

②乳汁を検体とする場合には，乳汁プロジェステロンの大半が乳脂肪中に存在するために，全乳では前搾り乳よりも後搾り乳の方でプロジェステロン濃度が高くなる．全乳を遠心分離して得られる脱脂乳を検体とする測定では，このような差はない．

③授精後 21 日頃に血中または乳中のプロジェステロンが高値を示す個体は受胎していると推察されるが，牛の正常な発情周期の長さは 18 〜 24 日の範囲にあり，授精後 21 日における 1 検体の測定だけでは，発情周期の個体差に対応することができない．よって，この期間に検体採取を複数回行って測定することが望ましい．

④血漿または脱脂乳を検体とした測定では 1 ng/mL 以上，全乳を検体とした測定では 10 ng/mL 以上の場合に妊娠陽性と判定される（図 1-6-12）．

(2) PAG 測定

① PAG は胎盤で特異的に産生されるタンパク質であるので，このタンパク質が血中または乳汁中に存在することは胎盤組織の存在，すなわち妊娠を強く示唆している．プロジェステロンは発情周期中の黄体からも分泌されるために，プロジェステロンの存在のみをもって妊娠と判定することはできないが，PAG は胎盤のみが産生するタンパク質であるので，その存在は確度の高い根拠となる．

② PAG の分泌は妊娠 4 週頃から開始し，妊娠末期にはきわめて高濃度に母体末梢血中に存在する．

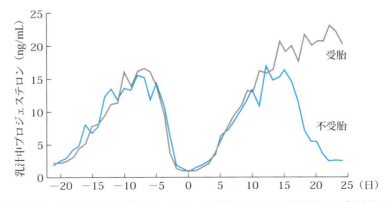

図 1-6-12　授精前後の乳汁（全乳）中プロジェステロン濃度における受胎例と不受胎例の比較（Bulman DC et al. 1978 を参考に作成，獣医繁殖学教育協議会）．

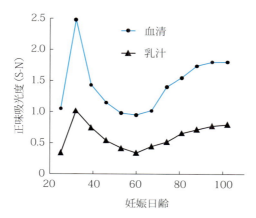

図 1-6-13　PAG 検査の吸光度に及ぼす検査試料と妊娠日齢の影響(Ricci A et al. 2015 を参考に作成).

PAG の血中半減期は約 2 週間と長く，分娩後 50 〜 60 日頃までは前の妊娠時の PAG が末梢血中に残存しているので，この時期に検査を実施すると偽陽性となることがある．

③現在市販されている PAG 測定キットで測定される PAG 濃度は，妊娠 5 週頃に小ピークを形成したあとに 60 日頃には 25 日頃のレベルにまで下降し，その後に再び上昇していく．正しい検査結果を得るためには，検査を実施する日齢の選定がきわめて重要になる（図 1-6-13）．

④PAG 測定で妊娠陽性と判定されても，濃度レベルが低い場合にはその後の妊娠喪失が高頻度で起きることが知られている．

◆補　足

　妊娠診断では妊娠を見つけることに加えて，妊娠していないことを見つけるという視点が重要である．乳牛の繁殖検診プログラムでは，妊娠診断は妊娠 30 日頃の早期妊娠診断，60 〜 80 日頃の再度の妊娠診断，乾乳前の妊娠診断（ドライチェック）という三段構えの体制で実施されることが多い．妊娠診断の方法には直腸検査，超音波検査，PAG 検査などがある．手法の選択に当たっては，それぞれの長所短所を理解して複数の方法を組み合わせて実施することが重要であり，診断原理の異なる方法を複数組み合わせた複合的な技術体系を組み上げることがポイントになる．

7．分娩の観察

◆目　的

分娩の経過に伴う，一般状態および分娩徴候の変化を観察，記録する．分娩前後の各種ホルモン濃度の変化を理解したのち，実習を行う．

◆材　料

分娩予定日の1週間前の妊娠牛．

◆器具・器材

尾の保定用ロープ（ゴムバンド），温湯，ペーパータオル，2～5％ポビドンヨード液スプレー，アルコール綿，直腸検査用手袋，産道粘滑剤，定規（2本1セット），体温計，バケツ，消毒剤，タオル．

◆方　法

(1) 毎日の観察

①体温の計測を行う．

②乳房や乳頭の充血や腫脹および開大の程度を観察する（図1-7-1A）．

③尾根部の陥没（広仙結節靱帯，仙座靱帯の弛緩）を定規で計測する（図1-7-2）．

④外陰部の縦横の長さを計測する．

⑤直腸検査の要領で，胎子の状態を触診する．

(2) 体温の0.5℃前後の低下，尾根部靱帯の弛緩（3 cm以上）が観察されてから

①妊娠牛を分娩房へ移動する．

②「(1)毎日の観察」①～④の観察，計測を行う．

③産道の内診：外陰部を十分温湯で洗浄し，余分な水分をペーパータオルで拭いてから，外陰部および陰唇内にポビドンヨード液を噴霧しアルコール綿で消毒する．直腸検査用手袋を装着し，ポビドンヨー

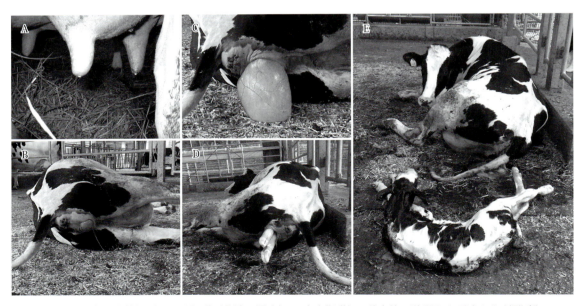

図1-7-1　牛の分娩経過．A：開口期（乳汁の漏出），B：産出期（第1破水後に陰門から露出した羊膜囊），C：足胞の漏出，D：第2破水後の前肢の露出，E：新生子産出直後．

図 1-7-2　広仙結節靱帯（仙座靱帯）の弛緩状況の計測法．計測の仕方については図 1-12-1 を参照のこと（写真提供：北原 豪氏）．

ド液を噴霧した後，腟腔に手指を挿入し，外子宮口および子宮頸管の開張度合いを内診する．
　④直腸検査の要領で，胎子の状態を触診する．
(3) 陣痛が開始してから
a．分娩第 1 期（開口期）：陣痛開始から子宮口全開まで
　①陣痛の間隔，持続時間，強さの観察を行う．
　②(2)③の要領で，経時的に産道の内診を行う（胎包を傷つけないように注意する）．
　③直腸検査の要領で，胎位および胎向を確認する．
　④胎包形成が観察された時間を記録する．
b．分娩第 2 期（産出期）：子宮口全開から胎子娩出まで
　①陣痛の間隔，持続時間，強さ，腹圧および努責の観察を行う．
　②第 1 破水，足胞形成，第 2 破水が観察された時間を記録する（図 1-7-1B，C，D）．
　③胎子の生存を確認する（頭位：両蹄尖開張による疼痛反応，眼球圧迫による疼痛反応，口腔へ指を入れたときの舌の後引反応の有無，尾位：両蹄尖開張による疼痛反応，肛門へ指を入れたときの肛門括約筋の収縮の有無）．
　④胎子娩出の時間を記録する（図 1-7-1E）．
　⑤胎子の活力，性別，体重を記録する．
　⑥子宮腔に手指を挿入し，残存胎子の有無を調べる．
　⑦母牛の産道，一般状態を検査する．
　⑧新生子に初乳を飲ませる．
　⑨母牛に必要に応じてカルシウム剤を与える．
c．分娩第 3 期（後産期）：胎子娩出から胎子胎盤（胎膜）排出まで
　①後産期陣痛の間隔，持続時間，強さの観察を行う．
　②胎子胎盤が排出された時間を記録する．
◆ポイント
　①分娩開始の徴候の発現を，繁殖生理の知識，特にホルモン作用と標的臓器の形態や機能とともに理

②分娩の経過，各分娩ステージの時間的経過を認識する．

◆解　説

分娩は広仙結節靱帯の弛緩が最大となり，体温が前日の同時刻と比較して0.5℃以上低下してから12時間以内に開始することが多い（図1-7-3）．外子宮口は分娩数日前までは指の挿入は困難であるが，2～3日前から1～2指幅に開張する．初期陣痛の開始後には外子宮口は徐々に開張し，手拳大に開き手の挿入や胎子の触診が可能となる．

◆補　足

①分娩予定日の妊娠牛が用意できない場合，交配後260日以上を経過し，胎子の成長が十分な妊娠牛に，$PGF_{2α}$製剤，デキサメサゾンと$PGF_{2α}$製剤併用，またはエストロジェン製剤と$PGF_{2α}$製剤併用投与による分娩誘起を試みると，投与後約42時間に胎子の娩出がみられるので，人為的な分娩開始を作出することができる（ただし，胎盤停滞の発生率が増加する）．

②開口期になってから胎子娩出時期を遅らせる必要がある場合，子宮弛緩薬（クレンブテロール）の投与により，分娩を一時的に回避することが可能である．

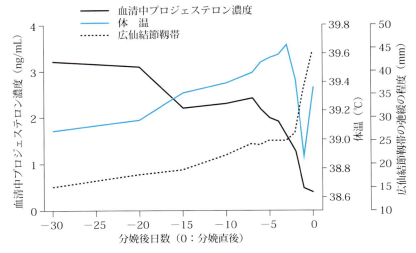

図1-7-3　分娩前の体温，広仙結節靱帯の弛緩およびプロジェステロン濃度の変化（池滝 孝.1982. 帯広畜大研報 13,13-18. の図を改変）．

8．妊娠の人為的コントロール

◆目　的

　臨床現場では，誤交配，種雄牛の選択ミスや母体の体格が小さいことにより難産が予測される場合，若すぎて妊娠した場合，超音波画像診断装置による妊娠診断時に胎子の奇形が判明した場合などに母体保護の目的で人工流産が行われる．また，長期在胎では分娩誘起が行われる．また，昼間に飼育者立ち合いのもとで分娩をさせ，分娩事故を低減させるため定時分娩誘起処置が行われることもある．このように，妊娠期間中のさまざまな時期に人為的に妊娠を中断させる方法を習得する．

◆材　料

　妊娠牛．

◆薬　品

　2％ポビドンヨード液，副腎皮質ホルモン製剤（デキサメサゾン，ベタメサゾン，フルメサゾン），$PGF_{2\alpha}$製剤およびその類似体（ジノプロスト，クロプロステノール）．

◆方　法

①妊娠初期に子宮内薬液注入器を用いて2％ポビドンヨード液を子宮内に注入する，あるいは用手法により胎嚢を破砕する．

②副腎皮質ホルモン製剤としてデキサメサゾン（20〜30 mg），ベタメサゾン（20〜30 mg），フルメサゾン（10〜20 mg）を筋肉内投与する．$PGF_{2\alpha}$製剤としてジノプロスト（25 mg），$PGF_{2\alpha}$類似体としてクロプロステノール 500 μg を筋肉内投与する．

◆ポイント

①妊娠5か月以内であれば$PGF_{2\alpha}$製剤あるいはその類似体の投与により，黄体の退行と血中プロジェステロン濃度の低下が起こるため，流産が誘起される．

②妊娠5か月から分娩前1か月においては，胎盤からもプロジェステロン分泌が起こり，妊娠の維持に寄与するため，$PGF_{2\alpha}$製剤あるいはその類似体の単独投与では流産誘起に有効でない場合が多い．この期間には，$PGF_{2\alpha}$製剤あるいはその類似体と副腎皮質ホルモン製剤の併用が有効である．

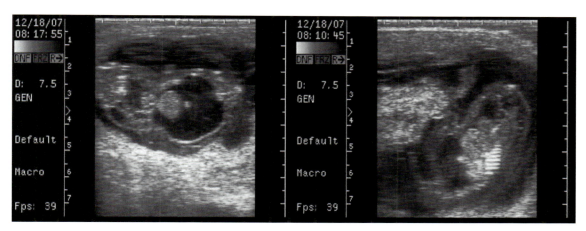

図 1-8-1　ホルスタイン種経産牛，人工授精後60日に実施した性判別時の超音波画像．胎子（性判別不能）に形態的異常が認められる．

牛

図 1-8-2 図 1-8-1 と同一牛において妊娠 7 か月時に $PGF_{2\alpha}$ 製剤 25 mg を筋肉内投与し人工流産処置を行い，投与後 2 日に介助娩出した胎子（雌）．四肢の弯曲，腹裂による腹腔内臓器の脱出が認められる．

③分娩予定日 1 か月以内であれば，$PGF_{2\alpha}$ 製剤あるいはその類似体の単独投与，または，胎子胎盤ユニットが機能しているため，副腎皮質ホルモン製剤の単独投与で分娩誘起が可能である．

④定時分娩誘起処置では，分娩予定日の前後の午前中に $PGF_{2\alpha}$ 製剤（ジノプロスト 15～20 mg）と副腎皮質ホルモン製剤（デキサメサゾン 10～15 mg）を併用投与すると投与後 28 時間前後，すなわち翌日の日中に分娩が起こることが知られている．

◆補　足

$PGF_{2\alpha}$ 製剤あるいはその類似体，副腎皮質ホルモン製剤を用いた分娩誘起時には胎盤停滞を発症するリスクが高くなることに留意する必要がある．

―　8　妊娠の人為的コントロール

9. 雌の繁殖障害・生殖器疾患の診断と治療

1) 診療簿（カルテ）の書き方

◆目的

カルテには初診からの診断，治療経過が明確に記載され，その記載内容は，誰もが正しく理解できる必要がある．また，最近でに，紙媒体から，電子カルテに記録する機会も増えている．

「獣医師法」第21条および「獣医師法施行細則」第11条に，診療簿及び検案簿に関して，以下の通り，定められている．

獣医師法　第21条　獣医師は，診療をした場合には，診療に関する事項を診療簿に，検案をした場合には，検案に関する事項を検案簿に，遅滞なく記載しなければならない．

2　獣医師は，前項の診療簿及び検案簿を3年以上で農林水産省令で定める期間保存しなければならない．

3　農林水産大臣又は都道府県知事は，必要と認めるときは，その職員に，獣医師について，診療簿及び検案簿（これらの作成又は保存に代えて電磁的記録（電子的方式，磁気的方式その他人の知覚によつては認識することができない方式で作られる記録であつて，電子計算機による情報処理の用に供されるものをいう．）の作成又は保存がされている場合における当該電磁的記録を含む．）を検査させることができる．（4項と5項は省く）

　獣医師法施行規則　第11条　法第21条第1項の診療簿には，少なくとも次の事項を記載しなければならない．

一　診療の年月日

二　診療した動物の種類，性，年齢（不明のときは推定年齢），名号，頭羽数及び特徴

三　診療した動物の所有者又は管理者の氏名又は名称及び住所

四　病名及び主要症状

五　りん告

六　治療方法（処方及び処置）

2　法第21条第1項の検案簿には，少なくとも次の事項を記載しなければならない．

一　検案の年月日

二　検案した動物の種類，忹，年齢（不明のときは推定年齢），名号，特徴並びに所有者又は管理者の氏名又は名称及び住所

三　死亡年月日時（不明のときは推定年月日時）

四　死亡の場所

五　死亡の原因

六　死体の状態

七　解剖の主要所見

（診療簿及び検案簿の保存期間）

第11条の2　法第21条第2項の農林水産省令で定める期間は，牛，水牛，しか，めん羊及び山羊の診療簿及び検案簿にあつては8年間，その他の動物の診療簿及び検案簿にあつては3年間とする．

9 雌の繁殖障害・生殖器疾患の診断と治療

病傷事故診療簿

999-59　　1 P ／　1

				診断書番号	59	受付年月日		
		代理受領通し番号		共済責任開始	R05/10/06	期間満了年月	R06/10/05	

組合	組合員コード	包括共済家畜区分	年度	区分	個体番号	生年月日	R02/09/15	共済関係	包括
45	20814800	20	2023	0	27	責任開始	R05/09/22	事故除外	
						母牛の責任開始			

共済目的　肉用牛（成牛）　用途　繁殖　個体識別番号　11111-1111-1　母牛の個体識別番号

名号等　はなこ　品種　黒毛和種・繁殖　性別　雌　住所　東京都千代田区一番町１９
氏名　共済　太郎

診療回数　2　転帰　毛色特徴

病傷名	発病年月日	初診年月日	終診年月日	転帰年月日
1　子宮内膜炎　急性化膿性　06-32-02	06-32-02	R06/02/05	R06/02/05	R06/02/19
2　卵巣静止　06-20-00	06-20-00	R06/02/19	R06/02/19	R06/02/19

稟告　発情が来ない
原因　乾物摂取量不足　粗飼料品質不良

最終分娩　R05/12/22
最終ＡＩ
妊娠日数　　日
現在乳量　Kg/日

現症経過	治療内容	薬価	B点	A点
診療日：R06/02/05　求診：	開始：10:30　終了：11:00			
テスト獣医師　往診：○○家畜診療所より　6.8Km　通常			188	
	初診		144	
T.　P.　R.　kg	子宮内薬剤注入		310	
BCS2.5　両卵巣扁平　子宮角（左2指幅　右1.5指幅）内部感＋＋　頸管2指幅　子宮収縮＋　分泌物にて外陰部やや不潔	PVPヨード液Lフジタ 50mL　50mL　91.50			
	小計			
診療日：R06/02/19　求診：	開始：09:15　終了：09:40	薬価	B点	A点
テスト獣医師　往診：○○家畜診療所より　6.8Km　通常			188	
	直腸検査		190	
T.　P.　R.　kg	筋肉内注射		72	
BCS2.5　両卵巣扁平　左扁平で小さな卵胞　右扁平で小さな卵胞　子宮角（左1.5指幅　右1.5指幅）頸管2指幅　子宮収縮＋　子宮内部感減　外陰部締　粘膜白桃色	コンサルタン注射液 1mL　2mL　380.00			
	小計			

事故外診療費	備考	計	471.50	1092
円		薬価点数		47
獣医師番号		点数合計		1139
00999		診療費		円
診療獣医師名（主治医）　テスト獣医師		初診料		0 円
		超過点数		
取扱者年月日	取扱者印	超過金額	円	円
		給付額		円

図 1-9-1　一般的な診療簿（カルテ）と法律で定められた記載事項．「①診療の年月日」，「②診療した動物の種類，性別，年齢（不明のときは推定年齢），名号，頭羽数及び特徴」，「③診療した動物の所有者又は管理者の氏名又は名称及び住所」，「④病名及び主要症状」，「⑤稟告」，「⑥治療方法（処方及び処置）」．（宮崎県農業共済組合 協力）

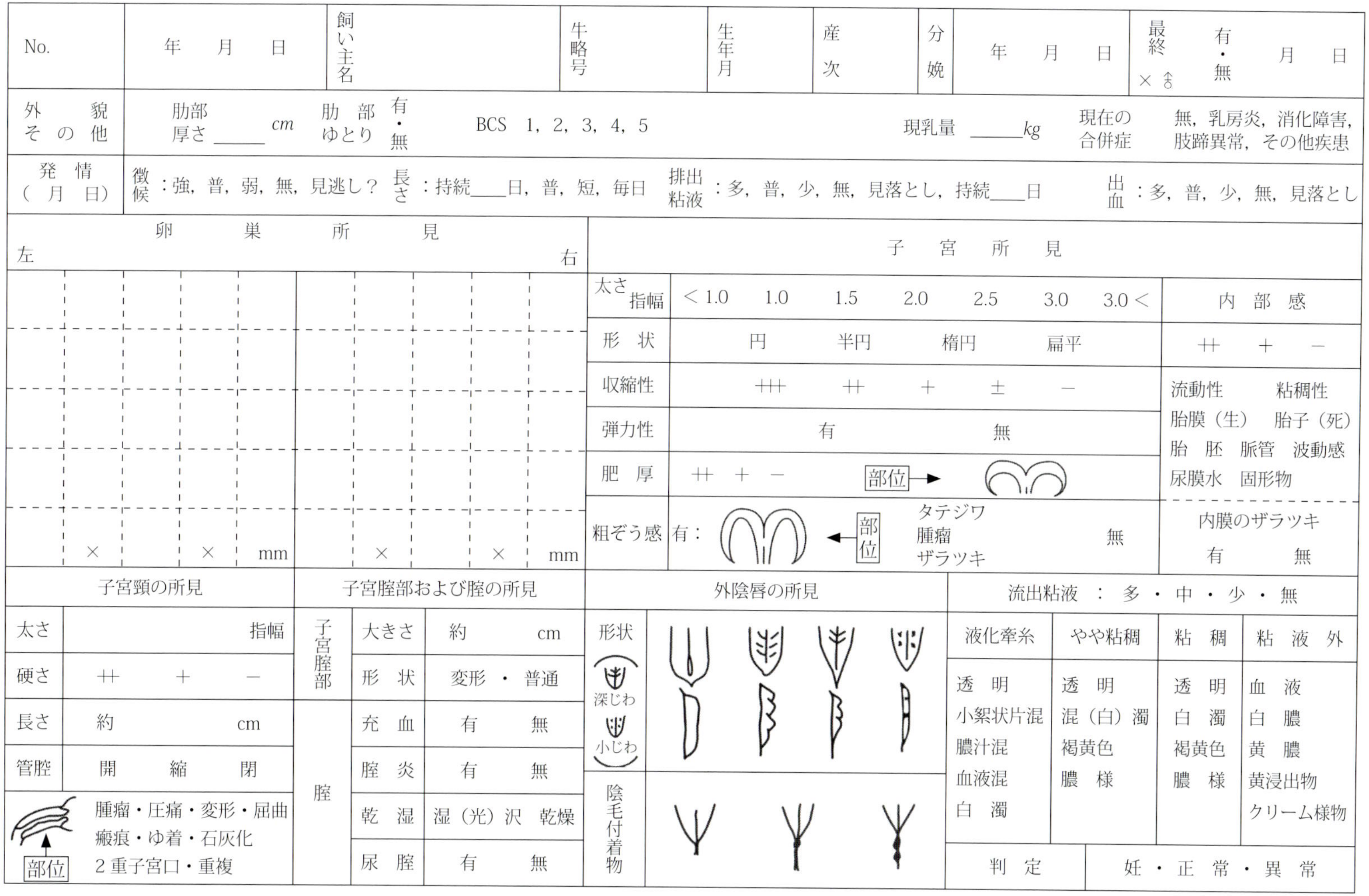
No.　年　月　日　飼い主名　牛略号　生年月　産次　分娩　年　月　日　最終 ×♂ 有・無　月　日
外貌その他　肋部厚さ＿＿＿cm　肋部ゆとり 有・無　BCS 1，2，3，4，5　現乳量＿＿＿kg　現在の合併症　無，乳房炎，消化障害，肢蹄異常，その他疾患
発情（月 日）　徴候：強，普，弱，無，見逃し？　長さ：持続＿＿日，普，短，毎日　排出粘液：多，普，少，無，見落とし，持続＿＿日　出血：多，普，少，無，見落とし
卵巣所見　左　右　× ×mm　× ×mm
子宮所見
太さ 指幅　＜1.0　1.0　1.5　2.0　2.5　3.0　3.0＜
形状　円　半円　楕円　扁平
収縮性　卄卄　卄　＋　±　－
弾力性　有　無
肥厚　卄　＋　－　部位→
粗ぞう感　有：　←部位　タテジワ　腫瘤　ザラツキ　無
内部感　卄　＋　－
流動性　粘稠性　胎膜（生）　胎子（死）　胎胚　脈管　波動感　尿膜水　固形物
内膜のザラツキ　有　無
子宮頸の所見
太さ　指幅
硬さ　卄　＋　－
長さ　約　cm
管腔　開　縮　閉
部位　腫瘤・圧痛・変形・屈曲　瘢痕・ゆ着・石灰化　2重子宮口・重複
子宮腟部および腟の所見
子宮腟部　大きさ　約　cm
形状　変形・普通
腟　充血　有　無
腟炎　有　無
乾湿　湿（光）沢　乾燥
尿腟　有　無
外陰唇の所見
形状　深じわ　小じわ
陰毛付着物
流出粘液：多・中・少・無
液化牽糸：透明　小絮状片混　膿汁混　血液混　白濁
やや粘稠：透明　混（白）濁　褐黄色　膿様
粘稠：透明　白濁　褐黄色　膿様
粘液外：血液　白膿　黄膿　黄浸出物　クリーム様物
判定　妊・正常・異常

図 1-9-2　繁殖に関する診療簿（カルテ）の一例．「太さ」は cm で表してもよい（家畜共済における臨床病理検査要領，全国農業共済協会，2005）．

牛

　少なくとも前述した内容はカルテに記載する必要がある．一般的な疾病におけるカルテ（図 1-9-1）と繁殖におけるカルテ（図 1-9-2）とでは記載するべき内容が異なるため，両者について例示するとともに，その記載方法を習得する．

◆材　料

　経産牛，未経産牛，雌牛の臓器．

◆器具・器材

　カルテ，筆記用具，各種診断を行ううえで必要な器具および器材（腟鏡，懐中電灯，聴診器，体温計など）．

◆試薬・薬剤

　生体を用いる際には，逆性石鹸（塩化ベンザルコニウムなど）などの器具や畜体の消毒液，消毒用アルコール（カット綿，ハンドスプレー）．

◆方　法

　「獣医師法」で定められている，「①診療の年月日」，「②診療した動物の種類，性，年齢（不明のときは推定年齢），名号，頭羽数及び特徴」，「③診療した動物の所有者又は管理者の氏名又は名称及び住所」，「④病名及び主要症状」，「⑤りん告」，「⑥治療方法（処方及び処置）」を記載する（図 1-9-1）．

　りん告では，飼養者から，病歴，繁殖歴，一般状態，飼料給餌，管理状態などを詳細に聞き取り，関係する記録などを調べる．繁殖歴は，分娩回数，最終分娩年月日，各妊娠時の受胎に要した交配回数と各交配日，繁殖障害の既往歴およびその治療内容，流産の有無，分娩状況（難産や胎盤停滞の有無など），肉用牛では離乳時期を中心に，個体をはじめ，牛群における状況を聞き取る．飼養者から得た情報は，常に正しいとは限らず，個体の状態とあっていないこともありうることから，留意する必要がある．

　多くの繁殖障害では，栄養状態や併発する疾患との関連性が大きいため，一般的な臨床検査として視診で得られる情報も重要である．特に栄養度を評価する上では，ボディコンディションスコアを記録する（☞「9.6）ボディコンディションスコア（BCS）」）．

　繁殖障害を診断するうえで種々の検査があり，検査を実施した際には，その結果を記録する．実施されることの多い外陰部・腟検査および直腸検査（あるいは超音波検査）では，陰唇の腫脹および充血，外子宮口の腫脹および充血，腟粘液の性状，子宮頸，子宮角，卵巣の所見を記載する（図 1-9-2）．

◆ポイント

　カルテは，複数の獣医師で共有することがあるため，獣医師ごとに記載する基準が異なると，誤った診断や治療を行う可能性がある．特に，内部生殖器の記載方法は，獣医師間で統一しておく必要がある．例えば，卵巣は固有卵巣索や卵巣門の位置関係を固定し所見を記載する，子宮および子宮頸ではその幅を示す指幅の大きさや収縮性の評価を決めておく，などが必要で，カルテを共有する獣医師間で十分に意見を擦り合わせ，定義を定めておく．

　また，カルテは公的な記録であることを認識し，事実を正確に，客観的に，かつ簡潔に記載する．人の医療において，従来の，疾患や医師を中心に据えた医療の考え方（disease/doctor oriented system, DOS）から，患者を中心に据えた医療の考え方（problem/patient oriented system, POS）にシフトしてきている．獣医療においても同様に，飼養者や牛は画一ではないため，その時勢に応じて，飼養者あるいは繁殖障害に罹患した牛（あるいは牛群）の目線で，獣医療を考えるようにかわっていく必要がある．POS に基づき，カルテの記録は，誰でもわかりやすいように，「SOAP」と呼ばれる記録方法が推奨されている．SOAP とは，S とは自覚症状（subject，牛の場合は飼養者からの情報），O とは身体所見や検

査所見（object），A とは診断，予後，状態の変化（assessment），P とは治療やマネージメント（planning）を指す．この順序に基づき，診療の内容を簡潔に記録することが望ましい．

2）診　断

◆目　的
　雌牛の繁殖障害を診断するためには，「1)カルテの書き方」にあるように，検査が必要な場合もある．しかし，まずはりん告聴取と一般臨床検査（視診）を行い，これらに基づく臨床診断を行うことが重要で，時代がかわっても，この"カウ"サイドでの診断技術はこの先も必要となる．また，十分なりん告聴取と一般臨床検査を行うことで，その他の不必要な検査を省くことができる．そのうえで，繁殖障害の診断に必要な検査を選択する必要がある．

◆方　法
　繁殖に関わる検査として，以下に上げる項目がある．なお，①から③までは，特に大掛かりな器具や器材を必要とせず，行うことができる．

　①外陰部検査・腟検査（☞「2.2)外陰部・腟検査」）．
　②頸管粘液検査（☞「2.3)頸管粘液検査」）．
　③直腸検査（☞「2.4)直腸検査」）．
　④子宮洗浄（☞「9.5)子宮内への薬液投与，子宮洗浄」）．
　⑤内部生殖器の超音波検査（☞「2.5)超音波検査」）．
　⑥血中および乳汁中の性ホルモン濃度の測定（☞「2.6)ホルモン測定」）．
　⑦子宮内膜細胞診・細菌検査（☞「9.4)子宮内膜細胞診」）．
　⑧卵管疎通検査（☞「9.3)卵管疎通検査」）．
　⑨染色体検査．
　⑩血液生化学検査．
　⑪尿検査．
　⑫飼料分析．

3）卵管疎通検査

◆目　的
　卵管閉塞の可能性が考えられる場合に，卵管の疎通性を確認するために実施する．婦人科用の描記式卵管通気装置による方法と，でんぷん粒子を利用した方法を理解する．図 1-9-3 は卵管，卵管采および卵巣の癒着を伴う卵管水腫の臓器の様子である．

（1）婦人科用描記式卵管通気装置による方法

◆材　料
　発情期の牛，妊娠牛，子宮内膜炎牛を除く，黄体期の牛および雌牛の臓器．

◆器具・器材
　婦人科用卵管通気装置，小型炭酸ガスボンベ，バルーンカテーテル（16Fr または 18Fr，胚の回収と同じもの；☞「5.3)胚の回収と検査」），金属製スタイレット（バルーンカテーテルの中芯），20 ～ 50 mL シリンジ，保定用の枠場とロープ，子宮頸管拡張棒．

牛

9 雌の繁殖障害・生殖器疾患の診断と治療

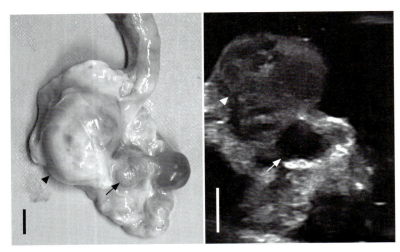

図 1-9-3　卵管と周囲組織の癒着および卵管水腫．左：肉眼所見（矢頭は卵巣，矢印は卵管）．右：超音波画像（矢頭は黄体，矢印は腫大した卵管）（水浸法による所見）．スケールバーは 10 mm．

◆試薬・薬剤

逆性石鹸（塩化ベンザルコニウムなど）などの器具や畜体の消毒液，消毒用アルコール（カット綿，ハンドスプレー）．

局所麻酔（2％塩酸リドカインや2％塩酸プロカインによる尾椎硬膜外麻酔）．なお，必要に応じて，臭化プリフィニウム（直腸の蠕動運動を抑制），キシラジン（鎮静），2％ポビドンヨード液（子宮内の殺菌）を投与する．

◆方　法

・器具側の準備（図 1-9-4）

①卵管通気装置に炭酸ガスボンベ（図 1-9-4A）を取り付ける．
②流量調整ダイヤル（図 1-9-4B）を回し，炭酸ガスを内部タンクに充填する．
③連結ゴム管を装置に装着する（図 1-9-4 C）．

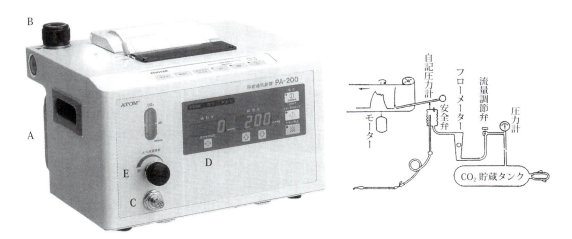

図 1-9-4　描記式卵管通気装置．左：アトム PA-200 卵管通気装置（アトム M-10 型，現在は後継機を含めて市販されていない）（写真提供：アトムメディカル株式会社），右：内部構造．

・牛側の準備

　④局所麻酔を行う.

　⑤直腸検査および超音波検査で,発情,妊娠の有無や可能性（交配歴）および子宮内膜炎の有無を確認する.

　⑥外陰部および腟前庭を洗浄し,アルコールで清拭する.

　⑦バルーンカテーテルのバルーンが膨らむことを確認し,金属製スタイレットを入れ,直腸腟法でカテーテルを子宮内に挿入する.子宮頸管を通過させることが困難な場合,子宮頸管拡張棒を用いて,子宮頸管を拡張させる.

　⑧バルーンが膨らむ位置が検査する子宮角に到達したら,シリンジで空気をバルーンに注入する.注入する空気の量は,バルーンで子宮壁が押し広げられる程度でよい.

　⑨バルーンカテーテルを後方に引いて,バルーンが固定されていることを確認する.

　⑩バルーンカテーテルと器具側の連結ゴム管をつなぐ.

　⑪連結ゴム管にある放出弁を開放し,圧力ゼロ調整を行う（「通気圧」表示部に「0」と表示されていることを確認,図 1-9-4D）.その後,放出弁は必ず閉じる.

・検　　査

　⑫ガスの流量調節ダイヤル（図 1-9-4E）を回し,30 mL/ 分で子宮内に炭酸ガスを送気しながら,子宮内圧の変動を観察する.

　⑬炭酸ガスの子宮内膜への迷入を避けるため,直腸を介して子宮角を伸展させる.

　⑭卵管の卵巣側を軽く把持し,卵管腹腔口から炭酸ガスの流出を触診で確認するか,膁部または腰角下に聴診器を当て,炭酸ガスの流出音を聴取する.

　⑮卵管の疎通が確認されたら,送気したまま 5 分間,さらに送気停止後 5 分間,子宮内圧の変動を記録する.子宮内圧が未経産牛で 110 mmHg,経産牛で 90 mmHg に上昇するまでに卵管が疎通しない場合は,送気を停止し,その後 5 分間の子宮内圧の変動を記録する.

　⑯検査が終了したら,バルーン内の空気を抜気し,カテーテルを抜去する.

　⑰対側の子宮角についても,同様に操作を行う.

　⑱検査の過程において感染予防の必要性がある際には,抗生物質を全身もしくは子宮内投与するか,2％ポビドンヨード液の子宮内注入を行う.

◆判　　定（図 1-9-5）

　①卵管が疎通していれば,卵管腹腔口から炭酸ガスの流出を触知するか,あるいは膁部で流出音が聴取できる.

　②閉塞している場合は,炭酸ガスの流出の触知できず,また流出音も聴取されない.ただし,子宮内圧が高すぎると炭酸ガスが子宮内膜に迷入するので,子宮内圧が未経産牛で 110 mmHg,経産牛で 90 mmHg に上昇した場合は,送気を停止する.

　③閉塞の判定は慎重に行い,できれば再検査のうえで確定することが望ましい.

◆ポイント

　両側性の卵管閉塞の場合は,人工授精などの交配による妊娠は期待できない.しかし,卵巣周期や子宮機能が正常であれば,胚（他家,あるいは経腟採卵し体外で生産した自家胚）を移植することで妊娠する可能性はある.片側のみの閉塞では,卵巣周期や子宮機能が正常であれば,閉塞していない側で排卵すれば妊娠する可能性はある.また,卵管疎通検査を行うことで,閉塞の原因となっていた卵管内の

9 雌の繁殖障害・生殖器疾患の診断と治療

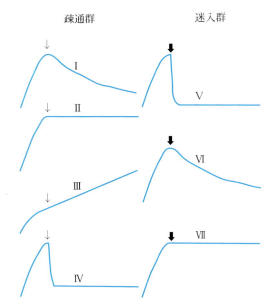

図1-9-5 バルーンカテーテルを接続した描記式卵管通気装置を用いた牛の通気曲線．疎通群では疎通後の子宮内圧が緩徐に減少するもの（Ⅰ），一定に保たれるもの（Ⅱ），さらに上昇するもの（Ⅲ），急激に減少したのち一定に保たれるもの（Ⅳ）およびそれらの混合した通気曲線が観察される．しかし，迷入群でも類似した曲線（Ⅴ～Ⅶ）が観察されるため，触診または聴診による疎通の確認が必要である．縦軸：圧力（mmHg），横軸：経過時間（分）（菊池元宏ら1990，獣医繁殖学教育協議会）．

異物が排除され，その後受胎した報告もあることから，診断的治療としても用いることができる．

臓器を用いる場合は，バルーンカテーテルなどを代用し，また炭酸ガスのかわりに，空気や墨汁などの色付けした水溶液を注入することで，模倣することができる．

(2) でんぷん粒子による下降性卵管疎通検査

◆材　料

（1）と同じ．

◆器具・器材

・共　通

10%でんぷん粒子懸濁液（馬鈴薯加工のでんぷんを60℃，30分間乾熱滅菌し，0.5gを滅菌蒸留水で10%溶液としたもの），メトリチェック（もしくは直腸検査用手袋），スライドガラス，正立顕微鏡

・中臀部の場合

メス，大型動物用留置針の内芯（130 mm以上），シリンジ，縫合用角針および縫合糸（ナイロン）．

・経腟の場合

注射針（14Gもしくは16G），エクステンションチューブ，シリンジ．

◆試薬・薬剤

逆性石鹸（塩化ベンザルコニウムなど）などの器具や畜体の消毒液，消毒用アルコール（カット綿，ハンドスプレー），ヨード液．

局所麻酔（2%塩酸リドカインや2%塩酸プロカインによる尾椎硬膜外麻酔，（中臀部の場合）皮下）．なお，必要に応じて，臭化プリフィニウム（直腸の蠕動運動を抑制），キシラジン（鎮静）を投与する．

◆方 法
①局所麻酔を行う．

②中臀部の場合（図1-9-6）は，切皮する皮下に浸潤麻酔，および尾椎硬膜外麻酔を行う．中臀部の第三〜第四仙骨下方の皮膚を消毒後に切皮し，そこから針を刺入し，内腸骨動脈から約2cm上方を通過し，骨盤腔内に到達するように進める．

経腟の場合は，外陰部および腟前庭を消毒する．針にエクステンションチューブを装着し，滅菌した直腸検査用手袋を装着した片手で針を保持し，指先で針先を隠しながら腟内に挿入する．

③同時に直腸壁を介して卵巣を保持し，針先の方に接近させて，シリンジ内のでんぷん粒子を卵巣表面に浴びせる．

④中臀部の場合は，針を抜いたのち，切皮した皮膚をナイロン糸で2糸程度縫合する．縫合後7日程度で抜糸する．施術の過程において感染予防の必要性がある際には，抗菌剤などを，全身もしくは局所に投与する．

経腟の場合は，施術による感染予防の必要性がある際には，抗菌剤などを，全身もしくは局所に投与する．また，もし注入する際にでんぷん粒子懸濁液の漏出があった場合は，腟洗浄を十分に行う．

⑤でんぷん粒子を卵巣表面に浴びせたのち，約1日ごとに外子宮口の粘液を採取し，スライドガラスに塗抹後，ヨード液で染色して乾燥させ，でんぷん粒子の出現を観察する．

◆判定（図1-9-7）
通常は24〜48時間後には，塗抹した粘液中に，青紫色に染まったでんぷん粒子が出現する．この場合，

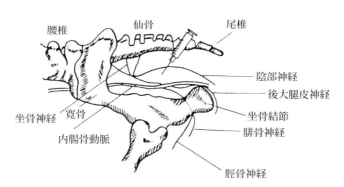

図1-9-6　でんぷん粒子の散布部位（岩手大学資料，獣医繁殖学教育協議会）．

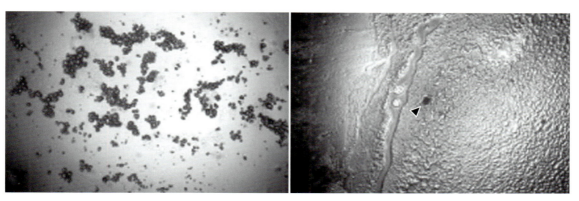

図1-9-7　でんぷん粒子による下向性卵管疎通検査．左：でんぷん粒子懸濁液をヨード液で染色．右：24時間後の子宮頸管粘液をヨード液で染色，でんぷん粒子の出現（矢頭）．

牛

卵管が疎通していると判定する．ただし，片側性閉塞の診断には，この方法では困難である．

◆ポイント

臓器を用いる場合は，経鼻・経口胃チューブ（アトム多用途チューブなど）を卵管腹腔口から卵管に挿入し，墨汁などの色付けした水溶液を注入することで，模倣することができる．

4）子宮内膜細胞診

◆目　的

子宮内膜表層のスメア標本を採取して子宮内膜への多形核好中球の浸潤度，すなわち内膜の炎症度を数値化し，子宮内膜炎を診断するために用いる．

◆材　料

分娩後や長期不受胎の牛．

◆器具・器材

牛用サイトブラシ（図1-9-8），スライドガラス，標本固定用アルコール，ギムザ染色液，顕微鏡．

◆方　法

①サイトブラシの内芯にブラシを装着してステンレス製の外筒の中に納め，外陰部を消毒したあとに人工授精の要領で外筒を腟内に挿入して子宮頸管を通す．

②子宮体部にて内芯を押し出してブラシ部分を外筒から出した状態で内膜にブラシを押し当てながら1回転させて子宮内膜の表層を擦り取る（図1-9-9）．

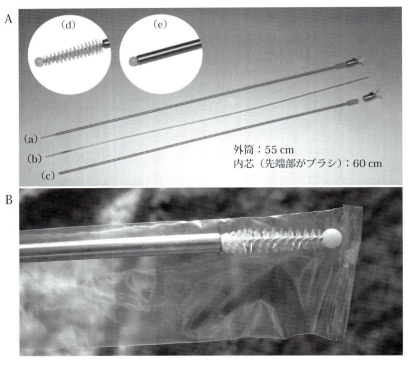

図1-9-8　牛用サイトブラシ．A（a）：外筒に内芯を装着したところ，A（b）：内芯，A（c）：外筒および内芯保持器，A（d）：内芯を押し出したところ，A（e）：内芯を引っ込めたところ（写真提供：富士平工業株式会社，「メトリブラシ」）．B：シースカバーを付けて内芯を押し出したところ（内芯を引っ込めて子宮頸管を通過させる）．

③その後，内芯を引いてブラシを再び外筒内に納めた状態で外筒ごと外陰部の外に出し，そこでブラシを外筒の外に出してスライドガラスに塗抹する（図 1-9-10）．

④塗抹標本を固定，染色して 200 倍から 400 倍にて細胞像を鏡検する．観察される子宮内膜上皮細胞および多形核好中球（polymorphonuclear neutrophils，PMN）数をカウントし，全細胞数に占める PMN 数をパーセント（PMN％）として表す（図 1-9-11）．

◆ポイント

①分娩後早期の子宮修復が完了する時期までにおいては，分娩後の週数によって診断基準をかえる必要がある．

②乳用牛の場合，分娩後 5 週以降で PMN％が 6 以上の個体はその後の繁殖成績が低下するという報告が複数あることから，この数値を細胞診による子宮内膜炎の診断基準と定めているところが多い．

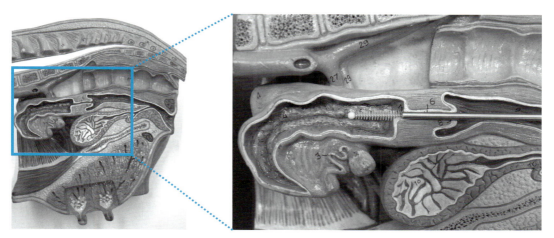

図 1-9-9　サイトブラシを用いた子宮内膜スメアの採材．左：ウシ生殖器の模型．右：サイトブラシが子宮頸管を通過し子宮体に達したところ．ここでブラシを 1 回転させる．

図 1-9-10　子宮内膜表層サンプル採取後の手順．①子宮内膜表層を擦り取ったブラシを再び外筒内に納めた状態で外筒ごと外陰部の外に出す．②ブラシを外筒の外に出してスライドガラスに塗抹する．③染色．④鏡検（有核細胞を 400 個カウントし，その中に占める多形核好中球（PMN）の割合を百分比（PMN％）として算出する．

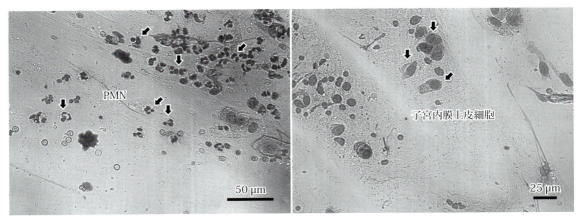

図 1-9-11　子宮内膜スメアの細胞診像．多形核好中球（polymorphonuclear neutrophils，PMN）は病原細菌に対してマクロファージとともに迅速に組織に走化する好中球で，観察される細胞中 PMN の含有率（PMN%）を示すことで，子宮内膜組織における炎症度を定量化する．

③同じ分娩後日数でも一般に肉用牛よりも乳用牛の方が PMN% は高く推移する．
④同一人物が2度カウントして平均値を取ることで診断精度は増す．

◆解　説

　子宮内膜炎は臨床性と潜在性に分類できる．外子宮口から膿性粘液の排出を認めることで臨床性子宮内膜炎と診断されるが，炎症が子宮頸管に限局していて子宮内膜には炎症がない場合も考えられる．一方，子宮内膜炎であるにもかかわらず，膿性排出物が腟内や外陰部に観察されないために子宮内膜炎と診断できない場合（潜在性子宮内膜炎）もある．子宮内膜細胞診は「真の」子宮内膜炎であるか否かを見きわめるため，また潜在性子宮内膜炎を診断するために利用できる．潜在性子宮内膜炎はもちろん，臨床性子宮内膜炎においても全身症状を伴わないことから早期発見が難しい．子宮内膜細胞診による診断が早期発見，早期治療のために有用なツールとなる．

　一般的にウシ子宮内膜炎は分娩後3〜4週以降に診断され，乳牛の5〜25%が分娩後4〜5週において腟内から膿汁あるいは膿性粘液を排出し（臨床性子宮内膜炎），30%以上が分娩後4〜8週において臨床症状を伴わない潜在性子宮内膜炎（子宮頸管炎を併発あるいは子宮内膜炎のみ）に罹患しているとされている．潜在性子宮内膜炎を発見せず放置することで受胎率の低下，空胎期間の延長を招き，生産性を阻害していることが報告されている．子宮内膜炎を早期かつ的確に診断して必要な処置を講じることによって牛群の繁殖成績向上が期待できる．

　サイトブラシの利点は，手技が人工授精や子宮内薬液注入並みの簡便さであり，生体（子宮内膜）に対する侵襲性が低いこと，炎症の程度を客観的指標として数値化できること，その数値の信頼性と再現性が高いこと，1回の子宮体への挿入で細菌培養のための採材も可能なこと，などがあげられる．

◆補　足

　①染色はディフ・クイックでもよい．ディフ・クイックだと迅速な診断が可能である．
　②生物顕微鏡である必要はなく，200倍以上で観察できれば簡易型（携帯型）顕微鏡でもよい．一式を診療車に搭載してカウサイド（農場）での実施も可能である．

5）子宮内への薬液投与，子宮洗浄

◆目 的

子宮疾患の診断法として，最も使用頻度の多い手技の1つであり，治療薬液を注入するための子宮内薬液投与と，子宮内へ洗浄液を入れて洗浄および回収する子宮洗浄を習得する．

◆材 料

黄体期および発情期の経産牛（子宮内膜炎罹患牛が用意できればなおよい），雌牛の臓器．

◆器具・器材

・子宮内薬液投与の場合

子宮内薬液注入器［子宮内薬液注入器中原式，子宮内薬液注入器Ⅱ，シース薬液注入器（図1-9-12）］，人工授精用シース管，50 mLシリンジ，保定用の枠場とロープ，子宮頸管拡張棒．

・子宮洗浄の場合

バルーンカテーテル（16Frまたは18Fr，胚の回収と同じもの；☞「5.3）胚の回収と検査」），金属製スタイレット（バルーンカテーテルの中芯），連結チューブ，回収液用の透明なプラスチック容器，保定用の枠場とロープ，50 mLシリンジ，動物用輸液セット，Y字コネクター（図1-9-13），子宮頸管拡張棒．

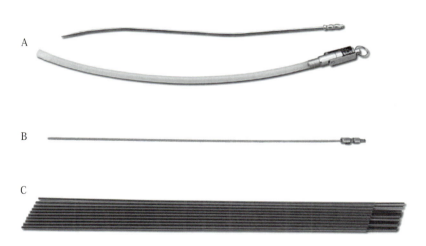

図 1-9-12 子宮内薬液注入器．A：子宮内薬液注入器 中原式．B：子宮内薬液注入器Ⅱ（＋人工授精用シース管を使用）．C：シース薬液注入器（内芯付）（写真提供：富士平工業株式会社）．

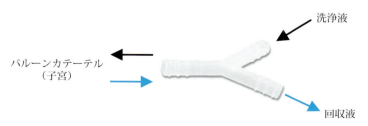

図 1-9-13 子宮洗浄時のY字型コネクター（写真提供：富士平工業株式会社，一部改変）．

牛

◆試薬・薬剤

逆性石鹸（塩化ベンザルコニウムなど）などの器具や畜体の消毒液，消毒用アルコール（カット綿，ハンドスプレー），ヨード液，滅菌生理食塩液．

必要に応じて，局所麻酔（2％塩酸リドカインや2％塩酸プロカインによる尾椎硬膜外麻酔），臭化プリフィニウム（直腸の蠕動運動を抑制）やキシラジン（鎮静）．

◆方　法

①必要に応じて，局所麻酔などを行う．

②直腸検査および超音波検査で，発情，妊娠の有無や可能性（交配歴）を確認する．

③外陰部および腟前庭を洗浄し，アルコールで清拭する．

・子宮内薬液投与の場合

④直腸腟法で子宮薬液注入器を子宮内に挿入する．子宮頸管を通過させることが困難な場合，子宮頸管拡張棒を用いて，子宮頸管を拡張させる．

⑤子宮薬液注入器の先端が内子宮口を通過したら，シリンジを用いて薬液（2％ポビドンヨード液や子宮内注入用抗菌剤）を注入する．

・子宮洗浄の場合

④バルーンカテーテルのバルーンが膨らむことを確認し，金属製スタイレットを入れ，直腸腟法でカテーテルを子宮内に挿入する．子宮頸管を通過させることが困難な場合，子宮頸管拡張棒を用いて，子宮頸管を拡張させる．

⑤バルーンが膨らむ位置が検査する子宮角に到達したら，シリンジで空気をバルーンに注入する．

⑥バルーンカテーテルを後方に引いて，バルーンが固定されていることを確認する．

⑦バルーンカテーテルと器具側の連結チューブをつなぐ．

⑧滅菌生理食塩液は，あらかじめ42～43℃程度に温めておく．

⑨注入する際は，滅菌生理食塩液を牛の尾根部から80cmの高さまでに保持し，輸液セットとY字コネクターを用いバルーンカテーテルと連結させ注入する．あるいはシリンジで滅菌生理食塩液を注入する．滅菌生理食塩液の1回量は，診断的洗浄の場合は50～100mL，洗浄による治療としては100～200mL注入する．注入後は，子宮角を圧迫およびマッサージして，洗浄液を排出する．

⑩洗浄液は，透明な回収液用のプラスチック容器に受け，回収液が透明になるまで洗浄を続ける．

⑪検査が終了したら，バルーン内の空気を抜気し，カテーテルを抜去する．

⑫対側の子宮角についても，同様に操作を行う．

⑬検査の過程において感染予防の必要性がある際には，抗生物質の全身もしくは子宮内投与を行うか，2％ポビドンヨード液の子宮内注入を行う．

◆ポイント

人工授精の際の取扱いと同様に，子宮頸管を直腸内から正しい位置で把持しないと器具を挿入できない．また，金属製の器具（子宮内薬液注入器やバルーンカテーテルの内芯）は，子宮頸管を通過させる際に，器具に過度な力を入れると子宮壁などを穿孔しかねないため，直腸壁越しに子宮頸を動かし，器具を進める．まずは，臓器やモデルなどで十分に理解し，練習したうえで，生体に臨むことが望ましい．

診断的洗浄の場合，回収液を遠心分離後，沈査を用い，塗抹標本を作成して細胞診や細菌検査などを行う．細胞診の詳細は「9.4）子宮内膜細胞診」を参照する．

子宮洗浄時の回収液は，洗浄の状況を評価したり，他の牛への感染を避けるため，牛床に直接，廃棄

するのではなく，容器などに回収したうえで適切に処理すべきである．

6）ボディコンディションスコア（BCS）

◆目　的

　乳牛の体脂肪の蓄積量を評価するボディコンディションスコア（BCS）により約1か月前からの栄養状態を把握することができる．視診・触診によるBCSの判定基準を学び，牛群の繁殖に重要となる健康・栄養状態のモニタリングを習得する．

◆材　料

　各泌乳ステージの複数の乳牛．

◆器具・器材

　記録用紙，筆記用具．

◆採点方法

　BCSの範囲は1（極度な肖痩）〜5（強度の肥満）までの5段階であり，視診・触診によって体脂肪蓄積を0.25間隔でスコアリングする（表1-9-1）．チェックポイントは，乳牛の後躯の骨盤側望（腰角－股関節－坐骨の3点をつなぐライン），腰角，坐骨，仙骨靱帯，尾骨靱帯の5か所である（図1-9-14，図1-9-15）．

　①骨盤側望がV字型（BCS 3.0以下）にみえるか，U字型（BCS 3.25以上）にみえるかを判定する．

　②V字型（BCS 3.0以下）の場合，腰角と坐骨を触診し脂肪の付着状態（パッド）を確認してさらに細かく0.25単位で判定する．

　③U字型（BCS 3.25以上）の場合，仙骨靱帯と尾骨靱帯が脂肪組織に埋まっているかを確認し，同様に0.25単位で判定する．

◆ポイント

　①BCSの判定は視診のみに頼らず，触診も行う．特に腰角や坐骨の皮下脂肪は手で押して判定する．

表1-9-1　ボディコンディションスコアリング

スコア	骨盤側望	腰角	坐骨	仙骨靱帯	尾骨靱帯	横突起	腰部の角	椎骨
1.00	V型	角ばる	角ばる	みえる	みえる	端より3/4（+）みえる	鋭い	鋭い
1.25	V型	角ばる	角ばる	みえる	みえる	端より3/4（+）みえる	鋭い	鋭い
1.50	V型	角ばる	角ばる	みえる	みえる	端より3/4みえる	鋭い	鋭い
1.75	V型	角ばる	角ばる	みえる	みえる	端より3/4みえる	鋭い	鋭い
2.00	V型	角ばる	角ばる	みえる	みえる	端より3/4みえる	鋭い	ゆるい／鋭い
2.25	V型	角ばる	角ばる	みえる	みえる	端より3/4みえる	ゆるい	曲がり
2.50	V型	角ばる	角ばる／パッド	みえる	みえる	端より2/3みえる	鋭い	ゆるい曲がり
2.75	V型	角ばる	丸い／パッド	みえる	みえる	端より1/2（+）みえる	鋭い	ゆるい曲がり
3.00	V型	やや丸い	丸い／パッド	みえる	みえる	端より1/2みえる	やや丸い	ゆるいスロープ
3.25	U型	丸い	丸い	みえる	みえる	端より1/2みえる	丸い	スロープ
3.50	U型	丸い	丸い	みえる	わずかにみえる	端より1/4みえる	丸い	スロープ
3.75	U型	丸い	丸い	わずかにみえる	ほとんど隠れる	端より1/10みえる	ほとんど滑らか	スロープ
4.00	U型	丸い	丸い	みえない	みえない	みえない	滑らか	フラット／スロープ
4.25	平ら	丸い	丸い	みえない	みえない	みえない	滑らか	フラット
4.50	平ら	丸い	丸い	みえない	みえない	みえない	滑らか	フラット
4.75	平らで丸い	丸い	丸い／みえない	みえない	みえない	みえない	滑らか	フラット－丸い
5.00	平らで丸い	丸い	みえない	みえない	みえない	みえない	滑らか	フラット－丸い

（「Dr. Ferguson のボディコンディション評価法」ウィリアムマイナー農業研究所を一部改訂）

②理想的なBCSは泌乳ステージによって異なることを理解する（表1-9-2）．

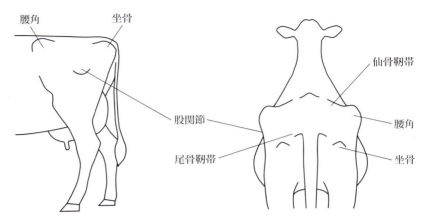

図1-9-14 ボディコンディションスコアの観察部位．

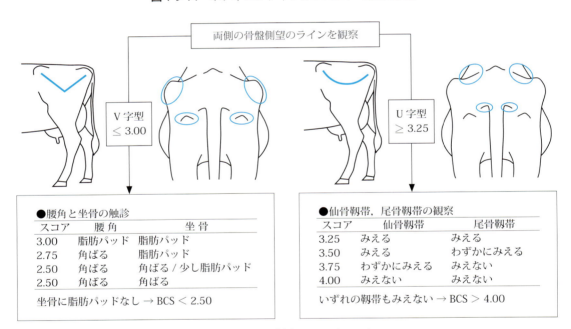

図1-9-15 BCS判定フローチャート．

◆補　足

　乾乳期の肥満（BCS 4.0以上）は分娩前の乾物摂取量の低下時期を早める．分娩後に生じる負のエネルギーバランスを補うため，分娩前に蓄えられた体脂肪が急速に消費されるが，過度の乾物摂取量低下は肝臓への脂肪酸動員を増加させ，脂肪肝，ケトーシスなどの代謝疾患を引き起こす．乳牛の栄養配分順位は生体維持，増体，産乳，体脂肪蓄積に

表1-9-2　乳牛の泌乳ステージ別BCSの目標値

泌乳ステージ	理想のスコア	範囲
乾乳期	3.50	3.25〜3.75
分娩期	3.50	3.25〜3.75
泌乳初期	3.00	2.50〜3.25
泌乳中期	3.25	2.75〜3.25
泌乳後期	3.50	3.00〜3.50
育成牛	3.00	2.75〜3.25
初産の分娩時	3.50	3.25〜3.75

(Sniffen CJ and Ferguson JD 1991)

次いで，繁殖サイクルは最下位である．したがって，分娩後の体脂肪消費による BCS 低下は乾乳期の BCS から 0.75 程度にとどめ，それを超えるような場合には飼料給与について精査する必要がある．分娩前後における BCS のチェックを頻繁に行い，分娩後の BCS 低下を軽減することが，生殖器回復を早めて空胎期間を短くするために重要であり，繁殖成績の向上につながる．BCS の測定には今回紹介した Ferguson の方法以外に Edmonson の方法などがあるが，BCS の評価は経日的な変動あるいは泌乳ステージごとの変動による栄養管理の良否判定が主な目的で，実施者が一定の基準で行えばどの方法を用いても問題ない．

7）繁殖成績モニタリング，定期繁殖検診

◆目 的

経営規模や生産者の管理能力に応じた各種記録方法を学び，実際に定期繁殖検診などから得られたデータより記録や計算を行い，繁殖成績の目標数値（例：分娩後初回授精日数 60 ～ 70 日）と比較検討する．

◆材 料

大学附属農場や協力農家の繁殖データ．

◆器具・器材

例として繁殖チャート用紙（図 1-9-16），市販の繁殖管理用コンピューターソフト．

◆記録法

個体別繁殖台帳，繁殖盤（円盤状），繁殖チャート，コンピューターシステムといった各種の方法があるが，基本的にはいずれにおいても分娩日，人工授精（AI）日，妊娠診断結果などを定期的に記録する．最近は繁殖管理用のコンピューターソフトが各種市販されている．

①繁殖台帳は，繁殖を中心に疾病，乳房炎，乳量などの個体別情報を 1 枚ずつに記録するので，個体管理にはよいが群管理には不向きである．

②繁殖盤は円盤状のもので，個体の分娩，授精，妊娠確認，乾乳などが一目でわかるシステムである（図 1-9-17）．ただし，詳細な個体情報は記録できないため，繁殖台帳と併用する必要がある．

③繁殖チャートは頭数にもよるが 1 枚の紙に 1，2 か月分の各種繁殖データを記入でき，受胎率が常時明示されるのが特徴である．また，1，2 か月ごとに分娩から初回授精間隔，分娩から受胎までの間隔，授精間隔，妊娠率，予想される分娩間隔などが容易に計算できる（図 1-9-16）．

④コンピューターシステムは牛群の繁殖成績を栄養，疾病，泌乳成績とともにコンピューターでモニタリングする方法である．米国で開発された主な繁殖ソフトとして Dairy CHAMP や Dairy COMP があるが，これらは数百～千頭の大規模牛群に適している．また，日本においては，企業や酪農関係機関および家畜診療所などが独自に繁殖管理プログラムを開発しており，スマートフォンのアプリケーションと連動させたシステムなど効率的な繁殖管理の実現を目指している．

◆繁殖管理目標

乳牛の繁殖管理目標は，飼養形態や牛群の泌乳能力などによって多少異なるが，標準的な目標数値は表 1-9-3 に示した通りである．

◆ポイント

一定期間内（例えばある 1 か月）に受胎させたい牛の頭数に対して，実際に AI されて受胎した牛の割合を妊娠率といい，一定期間内の発情発見率（＝ AI 実施率）× 受胎率で算出する．妊娠率が高いほ

牛

9 雌の繁殖障害・生殖器疾患の診断と治療

No.	最終分娩	AI情報 初回AI	AI情報 前回AI	AI情報 今回AI	AI回数	種	コメント	分娩後初回AI日数	AI間隔	妊娠鑑定	空胎日数	受胎率			
915	20.8.22	20.11.3		11.3	1			73		+	73				
739	20.3.13	20.7.11		11.7	1		9.2 流産	120		+	239				
579	20.6.8	20.11.9		11.9	1			154		+	154				
861	20.2.6	20.5.17	10.22	11.12	6			101	21	+	280				
917	20.9.11	20.11.26		11.26	1			76		+	76				
647	20.9.2			11.3				89		−	89				
629	20.8.11	20.12.5		12.5	1			116		−	116				
797	20.9.15	20.11.20	11.20	12.12	2			66	22	+	88				
613	20.1.25	20.5.21	11.21	12.16	6			117	25	+	326				
842	20.8.8	20.12.18		12.18	1	ET		132		+	132	0	10	20	
851	20.8.26	20.12.18		12.18	1	ET		114		+	114				
833	20.7.8	20.11.6	11.6	12.26	2			121	50	−	171				
913	20.8.11	20.12.31		12.31	1			142		+	142				
												0	10	20	30
平均					1.92			109.3	29.5	76.9%	154				

図 1-9-16 繁殖成績チャートの例（ある農場における2020年11，12月の例，AI：人工授精）．

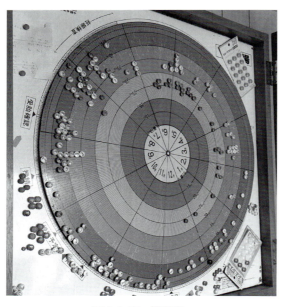

図 1-9-17 繁殖盤．

表 1-9-3 牛群の繁殖目標数値の1例

指　　標	目　　標
初回授精月齢	13～15
初産月齢（平均）	22～24
分娩後初回発情日数	45 以内
分娩後初回授精日数（平均）	60～70
初回授精受胎率（％）	45～50
3回目授精までの総受胎率	90
1受胎当たりの授精回数	1.7～2.2
空胎日数	120～140
分娩間隔（日）	400～420
繁殖障害による淘汰率（％）	＜5
耐用年数（産次数）	3
流産率（％）	5
難産率（％）	7
胎盤停滞率（％）	＜10
子宮内膜炎率（％）	＜10
卵巣嚢腫率（％）	＜8

（Dairy cattle feeding and management 1987, Hoard's Dairyman 1998, Herd Health 3rd 2001 より作成）

ど牛群全体の分娩間隔が短縮され，1頭当たりの収益性も高くなるので最も重要である．妊娠率の目標は35％とされる．一般的には，受胎率よりも発情発見率を高める方が，比較的容易に妊娠率を向上させることができる．

◆補　足

　ほとんどの農場では月に1～2回のペースで定期繁殖検診が行われる．定期繁殖検診にはフレッシュチェック（分娩後の生殖器回復程度の確認），未授精牛の摘発と治療，妊娠診断などが含まれ，繁殖成績を維持，向上させることによって経済的損失を最小限に抑えるという重要な意味がある．近年では，従来の個体診療に加えて，群単位の健康管理としてハードヘルスも重要視され，経営全般をも視野に入れた生産獣医療（プロダクションメディスン）が提唱されている．繁殖成績モニタリングはプロダクションメディスンの根幹をなす部分であるが，生産者自身の意欲と管理能力によるところが大きい．集計さ

受胎率											分娩情報		
											分娩予定日	性別	備考
						○					21.8.10		
							○				21.8.14		
								○			21.8.16		
									○		21.8.19		
0	10	20	30	40	50	60	70	80	90	100	21.9.2		
									×				
								○			21.9.18		
								○			21.9.22		
30		40		50		60		70	80	90	100	21.9.24	
							○				21.9.24		
								×					
							○				21.10.7		
	40		50		60		70		80	90	100			

れた記録は，獣医師の個体診療記録と合わせて月1回を目標に分析し，生産者とコミュニケーションをとりながら必要な対策を直ちに実施する．

8）染色体検査

　繁殖に関わる先天異常の原因を究明するためにこの検査が行われる．生産現場においては主にフリーマーチンの診断に用いられてきた．しかし，近年の報告から，検査陽性つまり血液のキメラが確認されてもフリーマーチンではない個体が存在することから，本項ではキメラの診断という表現にとどめる．

◆目　的

　染色体異常の有無を判定することによって，キメラの診断や遺伝性，性的または身体的異常例を摘発・淘汰するとともに，その発生要因を探る．

◆材　料

　ヘパリン含有血液，皮膚などの組織片．

◆器具・器材

　組織培養用の器具・器材，遠心管，スライドガラスなど．

◆試薬・薬剤

　組織培養液，牛胎子血清（FCS），ファイトヘマグルチニン（PHA)-M，コルセミド，KCl，メタノール，酢酸，ギムザ染色液など．

◆方　法（図1-9-18）

　①ヘパリン含有血液1 mLをFCS（0.3 mL）とPHA-M（0.1 mL）含有培養液3 mLに入れる．

　②37℃，3日間培養．

　③コルセミド液（20 μL）による処理（1.5～3時間）．

　④低張液（0.075 M KCl；15～20分）による処理．

　⑤カルノア液（メタノール：酢酸＝3：1）による固定（3回以上）．

　⑥カルノア固定済みの浮遊細胞をスライドガラス上に2～3滴，滴下．

　⑦ギムザ染色．

牛

◆ポイント
① 採血および培養に当たっては無菌的に操作する.
② 採血から培養までは4℃に保存し,採血後2日以内に培養する.

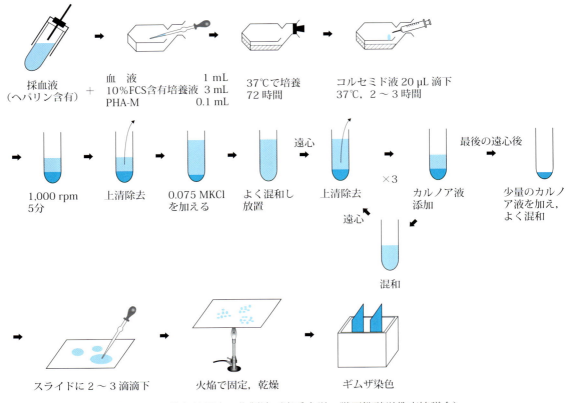

図 1-9-18 染色体標本の作製法(岩手大学,獣医繁殖学教育協議会).

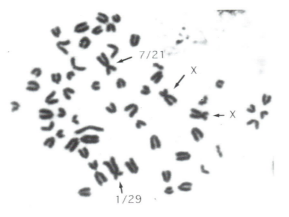

図 1-9-19 1/29 転座と7/21 転座をともに持つ未経産雌牛からの染色体標本.この例では父牛が1/29転座を持ち,母牛が7/21 転座を持っていたものと思われる.X:X 染色体.本牛は7回の人工授精によっても不受胎であった(三宅陽一氏,獣医繁殖学教育協議会).

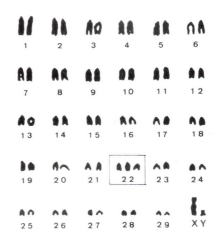

図 1-9-20 常染色体トリソミー.虚弱で発育不良,下顎短小を特徴とする牛で認められる常染色体トリソミー(61, XY, 22+)(三宅陽一氏,獣医繁殖学教育協議会).

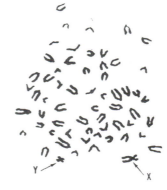

図 1-9-21　フリーマーチンで認められる性染色体キメラ．雌雄の異性双子として生まれた雌牛で認められた性染色体キメラ（XX/XY）（三宅陽一氏，獣医繁殖学教育協議会）．

③染色体の構造上の異常（図 1-9-19）や，数的異常の有無（図 1-9-20），キメラ出現（図 1-9-21）の有無に注意する．

9）遺伝子検査

◆目　的

染色体検査の代替法として迅速に特定の DNA 配列の有無を診断する．染色体検査では発見できない DNA 配列の異常の有無を診断する．親子関係を証明する．

◆材　料

血液，組織片．

◆器具・器材

チューブ，チップ，マイクロピペット，サーマルサイクラー，リアルタイム PCR 装置，電気泳動装置，ゲル撮影装置など．

◆試薬・薬剤

DNA 抽出用試薬・キット，プライマー，遺伝子増幅試薬など．

◆方　法

①Y 染色体の有無を検出することによる保有性染色体の診断：DNA の抽出および増幅方法は一般的な方法に準ずる．Y 染色体上にのみ存在する配列を増幅の対象とすることで Y 染色体の有無を診断することができる．原理的には，特異的であれば染色体上のどの部分でも可能であるが，対象とする遺伝子の一例として，SRY，BRY.1，BOV97M，Y 染色体特異的反復配列などがある．対照として X 染色体特異的配列の増幅が必要であるが，AMX/Y のように同じプライマーを使用して X 染色体と Y 染色体で長さの違う DNA 配列を検出する方法により，増幅産物のバンドが 1 本なら X 染色体のみ，2 本なら Y 染色体を持つと診断する方法もある（図 1-9-22）．また，検出法として，PCR 産物の電気泳動による目視，リアルタイム PCR 装置による増幅反応の検出，LAMP

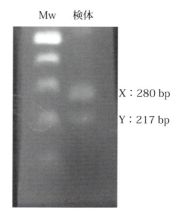

図 1-9-22　AMX/Y を標的とした PCR による牛の雌雄判別．一組のプライマーで X 染色体上の長さ 280 bp の配列および Y 染色体上の長さ 217 bp の配列を増幅した．検体は Y 染色体を含むと判定される．Mw：DNA 分子量マーカー

法による反応液の濁度あるいは発光の検出などがある．外見上が雌の個体の血液のみがキメラであれば高い確率でフリーマーチンであると考えられ，体細胞においてもY染色体が検出された場合XY femaleなどが疑われる．

②DNA配列の異常の診断：繁殖に関連する遺伝子の配列をシーケンスにより確認してデータベースと比較することで，欠損やSNP（一塩基多型）によりタンパク質の発現やアミノ酸の置換による機能の変化につながる異常を検出することができる．

③親子判定：DNA中に複数存在するマイクロサテライトと呼ばれる部位を利用し，個体に特異的な繰り返し数をもとに親子判定を行う．

◆ポイント

①サンプル中のDNAの分解に気をつける．

②体細胞と血液を分けて考えたいときは，細胞培養により血液細胞を除く必要がある．

◆補　足

検査はDNA配列に依存するため，プライマー認識部位の配列異常などに留意する．

10）ホルモン測定による検査

◆目　的

体液中のホルモン濃度を正確に把握することは，繁殖障害の臨床診断，治療方針の決定，治療効果の判定などに重要な情報を提供する．プロジェステロンは，胚の着床や妊娠維持などの作用を司る主たるホルモンで，主な分泌源は黄体と胎盤である．そこで，プロジェステロンを測定し，そのレベルとともに直腸検査や超音波検査で得られた所見と合わせ，必要な場合には数日から10日程度の間隔を空け，複数回行うことで，卵胞発育障害，黄体形成不全，黄体遺残，排卵障害などの診断，卵巣嚢腫における卵胞嚢腫と黄体嚢腫の鑑別，卵胞嚢腫の治療効果などを，精度が高く行えることを理解する．

また，雌性性腺機能検査としてウマ絨毛性性腺刺激ホルモン（eCG）-ヒト絨毛性性腺刺激ホルモン（hCG）負荷試験があり，同試験中の血液中プロジェステロン濃度の推移から先天異常など（フリーマーチンや雄性仮性半陰陽など）の鑑別に用いることを理解する．

◆材　料

繁殖障害の症例，正常な発情周期を営む牛，春機発動前の子牛．

◆器具・器材

採血針，採血管，スピッツ管（乳汁採取用），遠心分離器，プロジェステロン測定用の資材（あるいは測定の精度確認を行った外部検査機関）．直腸検査用手袋，超音波画像診断装置，エコーゼリー．

◆方　法

・eCG-hCG負荷試験の場合

採血後（Day 0），eCGを1,000 IU筋肉内投与し，その後，Day 2にhCGを3,000 IU筋肉内投与する．採血はDay 0，2，6および10の4回行い，プロジェステロン濃度を測定する．

・プロジェステロン測定の場合

プロジェステロン測定用の資材に添付されている説明書に従って，各種材料中のプロジェステロン濃度を測定する．

◆判　定

プロジェステロン濃度は，全乳では脱脂乳や血液より高く，脱脂乳では血液よりやや低い（全乳：血

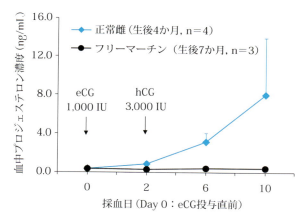

図 1-9-23　ホルモンを用いた雌性性腺機能検査の一例．eCG：ウマ絨毛性性腺刺激ホルモン，hCG：ヒト絨毛性性腺刺激ホルモン．

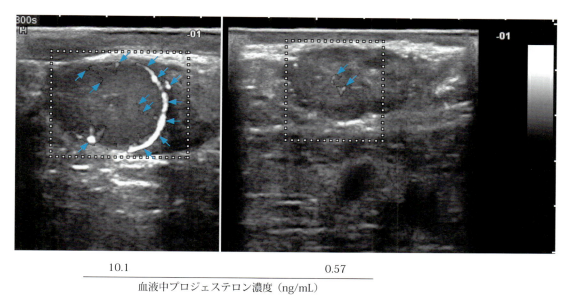

図 1-9-24　図 1-9-23 と同一牛の異なる発情周期における黄体血流（矢印）と末梢血中プロジェステロン濃度．

漿：脱脂乳＝2～4：1：0.6～0.8）．乳汁では脂肪の含有量が高く，プロジェステロンは脂肪に溶けやすいためである．機能性黄体が存在する場合，全乳では 5 ng/mL，脱脂乳では 1 ng/mL，血液では 1～2 ng/mL 以上を示す．

eCG-hCG 負荷試験では，雌性性腺が機能していれば，少なくとも Day 6 か Day 10 において機能性黄体が存在し，血液中プロジェステロン濃度が 1 ng/mL 以上を示す（図 1-9-23）．

◆ポイント

プロジェステロン濃度を基に，直腸検査や超音波検査で得られた所見（例えば黄体の有無や大きさなど）と照らし合わせることで，繁殖障害の診断や治療効果が理解しやすくなる．また，超音波画像診断装置にカラードプラ機能が装備されていれば，プロジェステロン濃度と血流面積との関係を基にした黄体の機能を学習できる（図 1-9-24）．

10. 雄の繁殖障害の診断と治療

◆目　的

　雄牛（羊，山羊も含む）の繁殖障害の診断と治療の概要を修得する．なお，実習前に教科書（文永堂出版『獣医繁殖学 第5版』第7章および第11章など）で雄の産業動物の繁殖障害の発生状況，原因，診断と治療法および精液検査法などについて学習しておくこと．

◆材料・器具

　雄牛または雄の羊や山羊，発情中の雌動物（性行動検査を行う場合），陰嚢周囲長計測用メジャー・縦横径計測用ノギス，超音波画像診断装置，サーモグラフィーカメラ，直腸検査用手袋，精液採取器具・器材（3.雄の繁殖機能検査に記載）．

1）カルテの書き方

　雄動物の繁殖障害診療カルテの例を以下に示す（図1-10-1）．カルテの順に従って，まずは個体情報とりん告の聞き取りを行い，それをもとに必要な視診，触診，超音波検査，精液検査，性行動検査などを行う．さらに，必要に応じて特殊検査を行う．個体情報と検査結果を総合的に考慮して所見と診断を記す．

2）精巣・精巣上体・精索の検査

　雄牛の繁殖障害の内訳で精巣の障害は多い．精巣の異常を調べるため，牛の後方から陰嚢の左右の大きさ，対称性，下垂程度を視診することは重要である（☞ 図1-3-4）．精巣・精巣上体・精索の触診により，精巣の有無（潜在精巣の確認），各器官の大きさと硬さ（充実度），左右対称性，疼痛の有無，熱感などを検査する．陰嚢の触診は温順な動物の場合は立位で実施可能だが，後肢で蹴られないように枠場保定などが必要である．腹腔内停留精巣は体表から触知できないが，停留部位によっては直腸検査で触知できる場合がある．鼠径部または腹部皮下に停留する精巣の場合は，体表から触知可能である（その場合は鎮静処置後に仰臥位保定して触診することが望ましい）．陰嚢周囲長の計測によって精巣容積を推定することができ，性成熟過程の若牛では精液量・精子数と正の相関性を示し，性成熟の指標となる．

　精巣や精巣上体の機能異常を判定するために精液検査を行う．精巣炎，精巣変性，精巣上体炎・精巣上体機能低下では精子活力・精子数の低下と奇形率の増加が観察される．

　陰嚢表面温度をサーモグラフィーカメラで撮影すると，正常な精巣では上部から下部へ温度が徐々に低下する像が得られ，この温度勾配の有無・程度は精巣機能の指標となる．精巣炎などで発熱が顕著な場合は陰嚢表面温度の上昇が観察できる．また，精巣の超音波検査では石灰沈着や腫瘍などの異常を検出することができる．

　特殊検査として，精液検査で無精子症や精子減少症がみられた場合は，精巣の一部組織をバイオプシーで採取し，組織学的検査を行うこともある．また，精巣の間質細胞（ライディッヒ細胞）から分泌されるホルモンの血中濃度を測定して精巣内分泌機能を検査する方法も実施されている．さらに，通常の精液検査では異常はないが，凍結精液を多くの雌牛に人工授精しても受胎率がきわめて低い雄牛において，精子頭部先体の受精能に関与するタンパク質の分布を免疫染色法で検査する方法も行われている．

個体情報	検査年月日		個体名・番号	
	動物種・品種・血統		生年月日	
	繁殖成績		健康状態・病歴	
			飼養管理	
視診・触診・超音波検査・サーモグラフィー検査	体型・姿勢・歩様		陰茎・包皮	
	陰嚢周囲長・縦横径		精索	
	陰嚢・精巣・精巣上体		精嚢腺	
			精管膨大部	
精液検査	精液量・色調・臭気・pH		精子数	
	精子活力		精子奇形率	
性行動検査	性欲・乗駕欲の程度		射精行動	
	副生殖腺液分泌		採精方法・技術	
特殊検査	内分泌検査		精子機能検査	
	精液生化学検査		精巣組織検査	
所見・診断			治療	

図 1-10-1 雄動物の繁殖障害診療カルテの例.

3）交尾障害の検査

雄牛の繁殖障害の内訳では交尾障害も多い．性行動検査では，発情している雌動物を用意して，雄の性欲・乗駕欲を検査する．交配・精液採取に使用している正常な雄牛は旺盛な交尾欲を示し，雌牛に接触してから乗駕するまでの時間は短い（5分以内）が，交尾欲が低下しているものでは時間がかかり（10分以上），30分以上たっても乗駕しない牛は交尾欲が欠如していると判定される．雌に関心を示す（性的興奮や求愛行動はみられる）が，乗駕行動を示さないものは運動器障害，副生殖腺の炎症などの乗駕の際に疼痛を伴う疾患が疑われる．

乗駕行動の直前には通常陰茎が勃起し，包皮口から露出するので，突出する陰茎の長さ，弯曲，炎症，腫瘤や外傷などを検査する．また，正常な場合は陰茎を腟内に挿入すると，直ちに両後肢で飛び上がる突き運動を行って射精に至る．突き運動はみられるが，射精のない場合は無精液症が疑われ，供用過度が原因になりうる．

4）副生殖腺の検査

牛の精囊腺および精管膨大部は直腸検査によって触診できる．

正常な状態（☞「3.4)内部生殖器検査」）に比べて，精囊腺炎では左右不対称，肥大，疼痛や癒着などが触知される．超音波検査では炎症部位の腫大を確認することができる．精囊腺炎の牛の精液を検査すると，色調が灰白色または淡黄緑色（膿様物を含む）から赤色（血液を含む）を示し，精子活力の低下，pHの上昇，塗抹標本では凝塊，白血球および頭部・頸部の遊離精子がみられる．精管膨大部炎では左右不対象，硬化，疼痛や癒着がみられる．

5）治　療

雄牛の繁殖障害の原因は明瞭でないことが多く，適切に治療を行って治癒させることは比較的困難である．原因が先天性・遺伝性と推察される場合には治療は行わずに淘汰する．

繁殖障害が後天的と推察される場合は，精液採取頻度の減少や飼養管理法の改善などを試みる．交尾障害で後肢の異常が疑われる場合はその治療を行う．交尾欲低下や軽度な精液異常ではヒト絨毛性性腺刺激ホルモン（hCG），GnRH製剤，あるいはテストステロン製剤などを投与して，改善を期待する．

炎症性疾患では抗菌剤や化学療法剤の使用によって病状が軽度になる場合があるが，すべての症例で回復するわけではない．

肥育牛の潜在精巣の場合は，腹腔内または皮下に停留する精巣を陰囊内精巣とともに摘出すればよい．腹腔内停留精巣は開腹手術を行って，精巣を探索し，その精索を結紮して精巣を摘出する．

◆参　考

①人工授精の普及している現状では種雄牛は希少かつ貴重な動物であり，大学での実習で使用することは困難なことが多い．雄牛の精液採取は凍結精液作成機関などで製作した動画を視聴するとよい．

②実習では成雄牛のかわりに去勢前の子牛や性成熟に達した雄の山羊・羊を使用して，カルテに記載の検査で実施可能なものを行うとよい．

③山羊や羊の精液を人工腟法で採取できない場合は，電気刺激法を用いるとよい．

◆習得すべき点

①雄牛または雄山羊・羊の生殖器の視診，触診，陰囊周囲長計測，超音波検査法を習得する．

②雄牛の精液採取や雄山羊・羊の自然交配・精液採取を観察し，雄反芻動物の性行動，乗駕行動と射精行動を理解する．

③雄子牛を用いて精嚢腺と精管膨大部の触診と超音波検査法を習得する．

④精液検査法を習得する．

牛

11
妊娠期の異常

11. 妊娠期の異常

1）流　産

◆目　的

　妊娠が正常に経過していることを確認するとともに，胎子の異常または喪失を検査し，流産発生時の処置を行う．

◆材　料

　妊娠牛および対照としての非妊娠牛，流産胎子（ホルマリン固定または凍結保存胎子）あるいは死亡新生子．

◆器具・器材

　腟鏡，腟鏡ライト，直腸検査用手袋，超音波画像診断装置，バット，定規，計量器（秤），解剖道具（ハサミ，メス，ピンセット），スケッチ用具，性ホルモン濃度（プロジェステロン，エストロンサルフェート）測定機器．

◆方　法

（1）妊娠牛と非妊娠牛

　①外陰部の視診，腟鏡検査による腟と外子宮口の視診を行うとともに，頸管粘液を採取し，妊娠牛と非妊娠牛の比較を行う．

　②直腸検査により胎子，子宮および子宮動脈の触診を行う．特に子宮動脈における妊娠時特有の震動を確認する．

　③超音波検査により胎子を確認する．

　④妊娠中期以降では，右側腹部において体表からの触診（掌による圧迫）により胎子の確認を行う．

　⑤血中または乳汁中性ホルモン（プロジェステロン，エストロンサルフェート）の測定により妊娠継続を確認する．

（2）流産胎子と新生子牛

　①胎子，胎膜および胎盤における異常を観察し，記録する．

表 1-11-1　牛の胎子の体長

妊娠月数	算　式	体長（cm）
第 1 月	－	1.5
第 2 月	2 × 4	8
第 3 月	3 × 5	15
第 4 月	4 × 6	24
第 5 月	5 × 7	35
第 6 月	6 × 8	48
第 7 月	7 × 9	63
第 8 月	8 × 10	80
第 9 月	9 × 10	90
第 10 月	10 × 10	100

（星　修三ら 1982）

表 1-11-2　牛の胎子の発育

月　齢	頭尾長（cm）	外部形態
1	1	頭と肢芽がわかる
2	6	肢がわかる
3	10	陰嚢（雄）と乳房の隆起（雌）が明瞭
4	20	目のまわりに最初の毛が出現，角芽も出現
5	30 〜 40	口のまわりに毛が見え，精巣は陰嚢内に位置する
6	40 〜 60	毛が尾端に出現
7	50 〜 70	毛が肢の近位部に出現
8	60 〜 80	全身に毛がみられるが短く，腹部ではまばらである
9	70 〜 90	外見は完全で，毛に十分おおわれる．切歯が生える

（Dyce KM et al. 1987 をもとに作成）

②胎子の性別，体長および重量を記録し，体長と外部形態から妊娠月数を推測する（表 1-11-1, 1-11-2）．

③流産の原因を調査する．病歴，観察所見，および必要に応じて病理解剖，微生物学的検査，有毒物質の検出，各種ホルモンの測定を実施する．

2）胎子の異常（胎子ミイラ変性）

◆目 的

牛における胎子ミイラ変性の発生率は 0.13 ～ 1.8％とされている．妊娠中の異常として，外陰部からの粘液の漏出や妊娠月数に比較して腹部膨満が減少していることにより飼主は気づく．妊娠中の異常を早期に発見し，速やかに胎子を排出し，母牛の生殖器の修復とともに発情周期の回復を図る．

◆材 料

大学の附属牧場や近郊農家でミイラ変性胎子の症例が発生した時に，随時実習を行う．

◆器具・器材

直腸検査用手袋，超音波画像診断装置，性ホルモン濃度（プロジェステロン，エストロンサルフェート）測定機器，帝王切開術用の手術器具．

◆試薬・薬剤

$PGF_{2\alpha}$製剤，エストラジオール，局所麻酔薬，鎮静薬，消毒薬．

◆診断のポイント

①妊娠中における陰門からの粘液の漏出と，腹部膨満の減少．血中または乳汁中性ホルモン濃度（プロジェステロン，エストロンサルフェート）が一定レベル以上であることの確認．

②直腸検査により波動感のない子宮内に胎子の骨格が触知される．

③ミイラ変性胎子は通常，$PGF_{2\alpha}$の投与により，投与後3日前後に排出される．子宮からの排出後に腟腔内に留まっている例もあることから，腟検査等で確認する必要がある．

④ $PGF_{2\alpha}$やエストラジオール投与による胎子の排出が困難な場合には，開腹手術により子宮切開を実施する（図 1-11-1）．

⑤子宮切開術後に，子宮修復と癒着防止のため，直腸からの触診を頻回実施して子宮を刺激することは，その後の繁殖機能回復にも効果がある．

3）胎子の異常（胎子浸漬）

◆目 的

牛における胎子浸漬の発生率は 0.09％とされている．妊娠中の異常として，外陰部からの粘液の漏出や妊娠月数に比較して腹部膨満が減少していることにより飼主は気づく．妊娠中の異常を早期に発見し，速やかに浸漬胎子を排出し，母牛の生殖器の修復とともに発情周期の回復を図る．

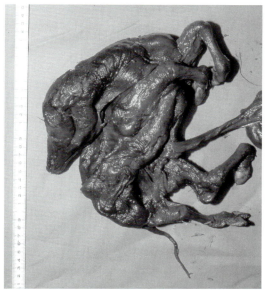

図 1-11-1　牛ミイラ変性胎子（獣医繁殖学教育協議会）．

牛

◆材　料

大学の附属牧場や近郊農家で胎子浸漬の症例が発生したときに，随時実習を行う．

◆器具・器材

直腸検査用手袋，超音波画像診断装置，性ホルモン濃度（プロジェステロン，エストロンサルフェート）測定機器，帝王切開術用の手術器具．

◆試薬・薬剤

$PGF_{2\alpha}$製剤，エストラジオール，局所麻酔薬，鎮静薬，消毒薬．

◆診断のポイント

①妊娠中における陰門からの粘液の漏出と，腹部膨満の減少．血中または乳汁中性ホルモン濃度（プロジェステロン，エストロンサルフェート）の測定による妊娠継続の確認．

②直腸検査により胎子の骨が触知され，超音波検査により子宮内に遊離したエコージェニックな骨片が観察される（図1-11-2）．

③$PGF_{2\alpha}$製剤投与により子宮は収縮するものの，子宮頸管の拡張が不十分なため浸漬胎子の骨片は排出されず，骨片が子宮内膜に刺入埋没することがある（図1-11-3）．そのため，胎子浸漬は子宮内膜

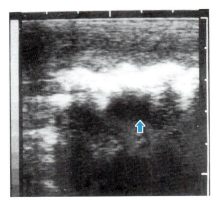

図1-11-2　牛の浸漬胎子の超音波画像．矢印の先に，エコージェニックな骨片が観察される（鹿児島大学，獣医繁殖学教育協議会）．

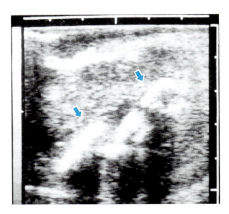

図1-11-3　別な角度から見た浸漬胎子の超音波画像．一部の骨片（矢印）は子宮内膜に刺入している（鹿児島大学，獣医繁殖学教育協議会）．

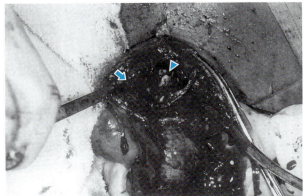

図1-11-4　開腹手術時の肥厚した子宮内膜（矢印）と刺入している骨片（矢頭）（鹿児島大学，獣医繁殖学教育協議会）．

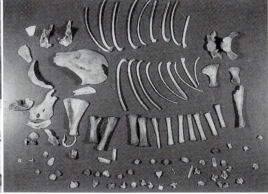

図1-11-5　開腹手術により子宮内から回収された骨片（鹿児島大学，獣医繁殖学教育協議会）．

の損傷を伴い，慢性の子宮内膜炎や周辺組織への癒着を生じ，予後不良の場合が多い．

④ $PGF_{2\alpha}$ やエストラジオール製剤投与による胎子骨片の排出が困難な場合には，開腹手術により子宮切開を実施する（図 1-11-4，図 1-11-5）．子宮内に骨片などの異物が残存すると，牛は無発情となる．

⑤ 子宮切開術後に，子宮修復と癒着防止のため，直腸からの触診を頻回実施して子宮を刺激することは，その後の繁殖機能回復にも効果がある．

4）母体の異常

（1）腟　脱

腟の一部または全部が陰門から一時的または長期にわたって脱出する状態をいう．

◆診　断

腟脱の程度を以下のように診断する．

第 1 度：腟が座ったときにのみ脱出し，起立時に自然環納する（図 1-11-6）．

第 2 度：腟が起立時にも持続的に脱出し，尿道がねじれて排尿が阻害される（図 1-11-7）．

第 3 度：腟と頸管のすべてが脱出し，妊娠牛では敗血症性流産が起こる危険性がある（図 1-11-8）．

第 4 度：腟（あるいは頸管も含む）の脱出が長期にわたり，重度の壊死が起こる．腟周囲組織と膀胱を含む隣接臓器が癒着し，腹膜炎が起こり，予後はよくない．

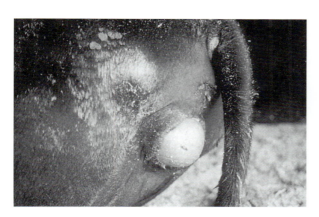

図 1-11-6　第 1 度の腟脱．伏臥時のみの脱出．

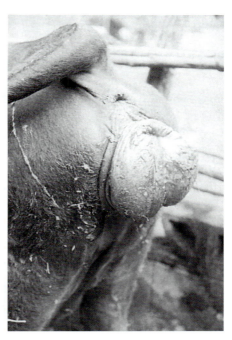

図 1-11-7　第 2 度の腟脱．起立時も還納せず，汚染され，炎症を生じる．

図 1-11-8　第 3 度の腟脱．外子宮口まですべて脱出し，直腸脱も併発．

牛

◆目 的

腟脱の程度（上記第1度〜第4度）を診断し，状況に応じた処置を行い，脱出した腟（あるいは頸管も含む）を還納する．

◆材 料

大学附属の牧場施設や近隣の農家において腟脱の症例が発生した際に，実習を行う．

◆器具・器材

手術器具，幅6〜10 mmの臍帯テープまたは運動靴用紐，大きなプラスチック製ボタン（コート用など），細い第一胃套管針またはレース編み用のかぎ針あるいは長さ10〜15 cmの長針．

◆薬 剤

局所麻酔薬，鎮静薬，消毒薬．

◆方 法

第1度で腟粘膜の損傷や炎症が少ない場合には，保存療法（前低後高板など）で治療する．それ以外においては，脱出を防止するため外科処置により腟を固定する．

①洗浄および消毒：外陰部と腟を洗浄し，消毒する．

②鎮静および麻酔：陰門周囲の局所麻酔，尾椎硬膜外麻酔，神経質な牛には鎮静剤を投与する．

③脱出部の還納：消毒した手指でていねいに還納する．その際，人為的な裂傷を防止するため，数本

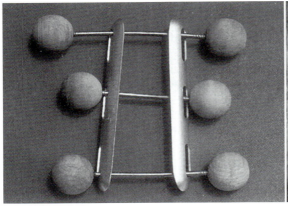

図1-11-9 陰門閉鎖器の例（ドイツ製）．

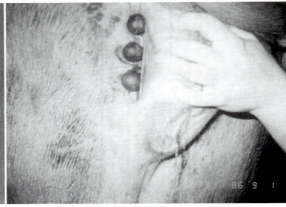

図1-11-10 陰門閉鎖器を適用した外陰部．

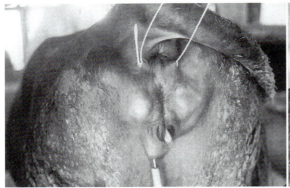

図1-11-11 陰門埋没巾着縫合の途中．

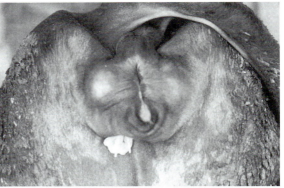

図1-11-12 陰門埋没巾着縫合の終了．

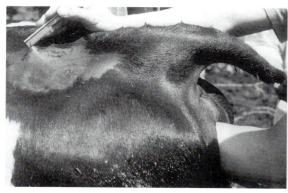 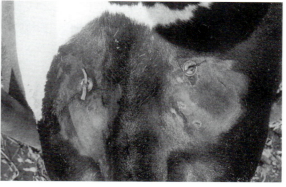

図 1-11-13　ボタン縫合の途中．腟から刺入した長針を貫通させるために，腰角部の皮膚を小切開．
図 1-11-14　ボタン縫合の終了．左右腰角部にボタンを装着．

まとめた指あるいは拳を用いて還納する．

④陰門の縫合：

・陰門縫合

　最も多用されている方法．テープ，丈夫なナイロン糸，鋼線などを左右陰唇を横断して穿通し，それらが食い込まないよう，ボタン，ゴム管，木片，金属片などで固定する（図 1-11-9，1-11-10）．最腹側の縫合を陰唇下交連から 3 指幅程度上に設けることで，排尿を確保する．

・埋没巾着縫合（Buhner 法）

　長針を用いて陰門周囲の皮下に 1 本のテープを巡らせ，陰唇下交連の上に 4 指幅程度の余裕をもって巾着状に締める（図 1-11-11，1-11-12）．

・ボタン縫合（Minchev 変法）

　末端にボタンをつけたテープを長針に通し，長針を手に包み，腟深部背側へ誘導し，直腸，血管および神経を避けて背側斜め上方に貫通させ，仙骨側方の皮膚上に引き出す．皮膚上に引き出したテープにもボタンをつける（図 1-11-13，1-11-14）．

　感染や癒着を防止するため，縫合材料は 10 〜 14 日で除去する．妊娠牛の埋没巾着縫合においては分娩前まで保持してもよい．

(2) 子宮捻転

　子宮捻転は，妊娠末期，とりわけ分娩の開口期（第 1 期）に多発する．陣痛に伴って母体が体勢を変える中で，起立する際に，腹腔内で懸垂されている非対称な両子宮角が胎子と胎水の急激な移動によって均衡を失い，その弾みでいずれかの方向に回転することで子宮捻転が発症すると推測される．

◆診　断

　腟検査により，腟内のらせん状のねじれから捻転方向と捻転の程度（90 〜 360°）が確認できる．また，消毒した手指を慎重に腟の奥へ進めることで，腟深部の狭窄と緊張および捻転方向に手指がねじれて進む感触を確認でき，これらによっても捻転の程度が判断できる．直腸検査では，捻転方向に一致した子宮の緊張感とらせん状のひだが触知できる．180°以上の捻転では，外陰部に捻転方向へのひだの形成と循環障害による腫脹が認められる．

◆目　的

　時間の経過とともに母子の生命を危うくする捻転子宮を整復し，胎子を娩出させる．

牛

◆材 料

子宮捻転整復のために大学附属の動物医療施設に搬入された際，または近隣の農家において子宮捻転の症例が発生した際に，実習を行う．

◆器具・器材

腟鏡，腟鏡ライト，直腸検査用手袋，長さ10mのロープ1本，2.5mのロープ2本，長さ4m程度の丸太，産道粘滑剤，助手（学生）5名，必要に応じて子宮捻転整復棒（図1-11-15），ケメラー胎子捻転器．

図1-11-15 子宮捻転整復棒．両端に輪のついた金属棒で，一側に取手がついている．図のように産科チェーンを装着し，両輪に胎子の両肢を入れて回転させる．

◆方 法

a．胎子回転法

狭窄した産道から子宮内に挿入した手指で，胎子の頭部または肢を確認する．胎子が生存していて十分な胎水があれば，術者の腕を軸として陣痛に合わせて胎子と子宮の回転を試みる．必要に応じて，子宮捻転整復棒やケメラー胎子捻転器を用いる．助手が母牛の腹部を挙上することで回転しやすくなる．

b．母体回転法

胎子を回転させず，母体を子宮の捻転方向へ急速に回転させることで捻転を整復する方法であり，本法の成功率は高い．1例として，長い細めの丸太とロープを利用した整復方法を記載する．10mのロープを体躯に巻き，5人のうち2人が尾側，他の2人が頭側のロープ端を引き，他の1人が子宮の捻転方向に頭部を捻り，母牛を倒す．母牛を起き上がらせないために5人のうち1人は頭部を保定し，1人は尾側のロープをそのまま引っ張る．2人は1本の丸太に前肢と後肢をしっかり固定し，丸太の両端を保持する．残りの1人による号令に合わせて丸太を保持する2人は母体を速やかに180°回転させる．この際，尾側でロープを引く者あるいは号令する者が胎子の肢を保持できる状況ならば保持した状態で母体の回転に臨むことで，捻転の解除を認識できる．また，母体回転中に胎子を回転させないために，図1-11-16のように母体腹部に板を置き，さらなる助手1人が体重をかけて押さえることも整復に有効である．回転の効果が不十分ならば，ゆっくり180°回転させてもとの状態に戻し，再度母体の回転を試みる．捻転が270°以上の場合，頸管を介した胎子の把握は困難である．母体を何度か回転させながら，捻転を徐々に解除する．胎水の流出は順調な整復の徴候である．捻転方向を誤認して反対に回転させた場合，子宮の緊張感とらせん状のひだが増強される．その場合は速やかに反対方向への回転を試みる（図1-11-16）．

適切に整復されれば，頸管が十分に開口し，胎子の娩出が容易であることが多いが，子宮筋の収縮が弱い場合は娩出の介助が必要である．

c．外科治療・帝王切開術

上述のa., b.の方法で整復が不可能な場合には，立位にて左側膁部切開を行い，腹腔内に直接手を入れて整復する．子宮頸管が十分に開いていない場合には，整復をせずに帝王切開術により胎子を取り出す必要がある．

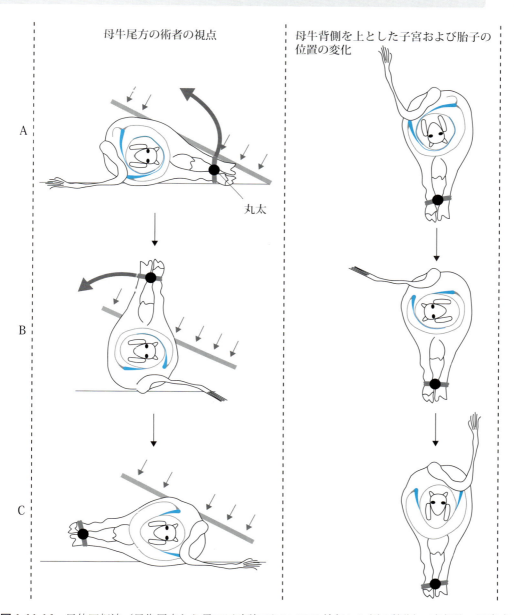

図 1-11-16　母体回転法（母牛尾方から見て反時計回りに 180°捻転した例の整復）．青部分：子宮広間膜，A：母体回転前（子宮捻転の状態），B：母体回転中，C：母体回転後（捻転の消失→整復・治癒）．（大澤健司氏原図）

12. 周産期の異常

1）難産の診断と処置

　難産とは，自力では自然分娩（正産または安産）できず，助産（難産処置）を必要するものをいう．よって，自然分娩が理解できていなければ診断困難である．難産の診断は，自然分娩の経過から逸脱した所見を得ることが基本であり，その発生原因と分娩経過を関連づけて行うことが重要である．そして，異常な分娩経過および所見に基づいて難産の処置法を選択する．

◆目　的
　正常分娩を理解し，難産（分娩異常）の診断と対処方法を学ぶ．

◆材　料
　成牛および子牛の異常分娩シミュレーション模型を使用する．または，生体または死亡胎子としては，分娩予定日の1週間前の妊娠牛，牛の骨盤標本，牛の死産胎子，死亡新生子，食肉処理場で得られた胎齢9〜10か月の胎子を使用する．

◆器具・機材
　尾保定ロープ，消毒薬（塩化ベンザルコニウムなどの逆性石鹸，消毒用エタノール，2〜5％ポビドンヨード液），粘滑剤，直腸検査用ポリエチレン手袋（以下，直検手袋），定規（2本1セット），体温計，温湯，バケツ，タオル．

◆方　法

（1）自然分娩の理解と観察

a．分娩予定日前から分娩開始までの毎日の観察

　①体温：毎日の体温測定を行う．
　②乳房，乳頭：充血，腫脹，開大の程度を観察する．乳頭を消毒用エタノールで消毒後，手搾りで乳汁を採取し観察する．搾乳後の乳頭は2〜5％ポビドンヨード液で消毒を行う．
　③尾根部の陥没：広仙結節靱帯（仙座靱帯）の弛緩を定規で計測する（図1-12-1）．
　④外陰部：充血，腫脹，開大の程度および付着粘液の性状を観察する．
　⑤直腸検査：胎子の状態を触診する．体温の0.5℃前後の低下，仙座靱帯の弛緩（3 cm以上）が観察されたら，妊娠牛を分娩房へ移動し，分娩開始日まで上記の計測・観察を継続する．

b．分娩第一期（開口期）の観察

　①牛の挙動，陣痛の間隔，持続時間，強さの観察を30分〜1時間間隔で行い，記録をとる．
　②産道の内診：外陰部を1〜3％逆性石鹸の温湯で洗浄し，余分な水分をタオルで拭き取り，外陰部および陰唇粘膜を消毒用エタノールで消毒す

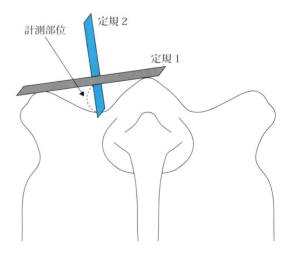

図1-12-1　広仙結節靱帯（仙座靱帯）の弛緩状態の計測法．（酪農学園大学）

る．2～5％ポビドンヨード液および消毒用エタノールで消毒した直検手袋を装着し，腟腔に手指を挿入し，外子宮口および子宮頸管の開大度合を内診する（胎膜を傷つけないように細心の注意を払う）．

③直腸検査の要領で，胎位および胎向を確認する．

④産道内に胎膜が内診された時間，第1破水が確認された時間を記録する．

c．分娩第二期（産出期）の観察

①牛の挙動，陣痛の間隔，持続時間，強さの観察を5～15分間隔で行い，腹圧および努責の観察を重点的に行う．

②外陰部から足胞が観察された時間，第2破水が観察された時間を記録する．

③産道の内診を行い，胎子の生存，胎位，胎向を確認する（後述）．

④胎子娩出の時間を記録する．

⑤胎子（新生子）の自発呼吸の確認，活力，性別，体重を記録する．

⑥子宮腔に手指を挿入し，残存胎子の有無を調べ，同時に，産道を検査する（裂傷の有無など）．

⑦母牛に新生子を近づけ，新生子を舐めるなどの母性行動を観察する．

⑧新生子に起立意志や哺乳意欲（およそ30分～1時間以内）が発現したら，初乳を飲ませる．

⑨母牛がホルスタイン乳用牛の場合，経口カルシウム剤を給与する．

d．分娩第三期（後産期）の観察

①後産期陣痛の間隔，持続時間，強さの観察を行う．

②胎子胎盤が排出された時間を記録，胎盤の形態を観察する．

（2）難産の診断

a．難産の原因

①胎子側の原因：母体骨盤腔と胎子の大きさの不均衡（過大胎子），胎子失位，胎子奇形，胎子死，双胎．

②母体側の原因：母体骨盤腔と胎子の大きさの不均衡（骨盤腔の狭小），子宮無力症，子宮捻転，子宮頸管および外陰部の弛緩不全，肉柱．

③その他の原因（分娩管理失宜および不適切な助産）：不良な分娩環境，早すぎる胎子牽引，不適切な介助（失位の未整復や過大子の過度の牽引など），遅すぎる介助（分娩異常の発見遅延）．

b．難産の診断

①分娩の経過時間に従った陣痛の間隔や強さ，破水の有無，足胞の出現など母体の観察を第一とし，難産かどうかを判断する（図1-12-2）．原因として，分娩開口期延長では陣痛微弱や子宮筋無力症，子宮捻転などが多く，産出期延長では，母体骨盤腔と胎子の大きさの不均衡，胎子失位などが多い．

②難産が疑われる場合，産道の内診によって難産の直接的な原因を診断する（図1-12-3）．

③産道の内診では，産道の拡張具合と胎子を入念に精査し，母体骨盤腔と胎子の大きさの不均衡，胎子失位，子宮捻転などがないか確認する．胎子が正常位かどうかは，両前肢（頭位）あるいは両後肢（尾位）を触知でき，前肢蹄底が下を向き前肢上部に頭部が存在すること（頭位上胎向）あるいは後肢蹄底が上を向き胎子背側が母体背側に向いていること（尾位上胎向）により診断する．

④異常分娩シミュレーション模型がある場合には，胎子失位を再現し確認する．下胎向や側頭位などの失位では，胎子姿勢の把握が困難な場合がある．その場合，前肢と後肢との屈曲の方向性が異なることを応用し，前肢（頭位）か後肢（尾位）かを鑑別する（図1-12-4）．肢の上方の関節が蹄底の方向に屈折すれば手根関節，すなわち前肢であり，逆に，関節が蹄底と反対方向に屈折すれば足根関節（飛節），すなわち後肢と診断する．死産胎子や死亡新生子が得られた場合には，それらで前・後肢の屈曲方向を

牛

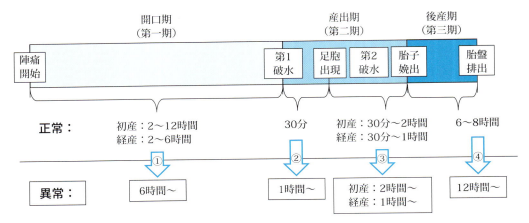

図 1-12-2　正常な分娩経過時間と難産の判断基準（目安）．①分娩第一期が6時間以上経過しても，腹圧や努責が認められず，破水しない．②第1破水後1時間経過しても足胞が外陰部より観察されない．③足胞が出現してから経産牛で1時間，初産牛で2時間経過しても胎子が娩出されない．④胎子娩出後，12時間経過しても胎盤が排出されない．初産牛の場合は経産牛よりも開口期および産出期の経過が長いので，経産牛より時間をおいてから診断を行う．

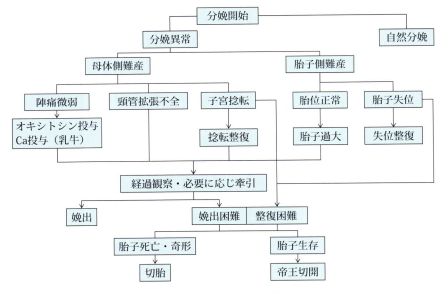

図 1-12-3　難産の診断と処置の手順．

確認する．

(3) 難産の処置

①分娩経過および難産の診断に基づいて処置を選択する（図1-12-3）．

②陣痛微弱の場合は，陣痛促進のためのオキシトシン投与を行う．また，経産乳用牛では低カルシウム血症に起因した原発性子宮筋無力症が認められることが多く，その場合はカルシウム製剤の点滴投与を行う．

③子宮捻転や胎子失位の場合は，捻転や失位の整復を試み，正常な産道および胎子姿勢に戻す．

④牽引介助を行う場合は，1～2人で15～30分程度，母体の陣痛に合わせて行う．母体の陣痛に合わせない牽引，母体が苦悶する強引な牽引，または30分以上の牽引介助は，母子ともに予後不良の

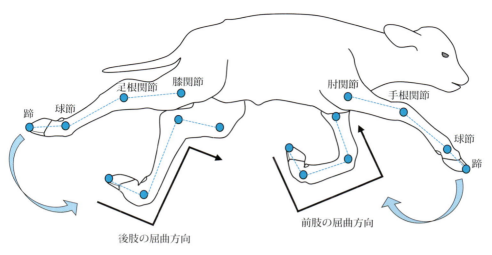

図 1-12-4　胎子の前肢（頭位），後肢（尾位）の鑑別法．

原因となる．
　⑤胎子の失位整復や牽引開始時には，タイマー付き時計などを使用し処置時間を計測する．
　⑥経腟分娩が困難と判断された場合には，帝王切開術または切胎術に切り替えるべきである．胎子が生存している場合には帝王切開術を，すでに死亡している場合には切胎術を選択する．

(4) 胎子生存確認
　①胎子の蹄を引くと反射的に蹄を引く動作をする．
　②胎子の蹄間をつまむ，あるいは蹄を開く（生存の場合は反射的に蹄を引っ込める）．
　③胎子の舌をつまむ（生存の場合は反射的に舌を引っ込める）．なお，胎子の歯は摩耗していないため鋭い．術者の指などの怪我に注意する．
　④眼球の圧迫（頭位）や肛門に指を入れた際の肛門括約筋収縮（尾位）など，胎子に疼痛を加えた際の反応を確認する．
　⑤胎子が仮死状態の場合には，これらの反応は弱くなる．

2）牽引摘出法

　助産の基本は産道内の胎子を正常位に戻したあとに牽引（助産）し摘出することである．母体に負担

 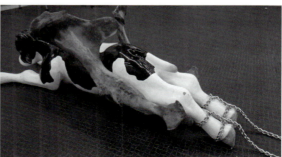

図 1-12-5　正常な胎位．左：正常頭位上胎向．右：正常尾位上胎向．

牛

が少ない助産を行うには，胎子の胎位，胎向，胎勢および生存を確認することから始まる．また，分娩の進行に伴う骨盤前縁（骨盤入口）の形態と産道を通過する胎子の姿勢を理解する．

胎子の正常な進入姿勢は頭位または尾位で，胎子の背中が上方となる上胎向である．そして，産道の

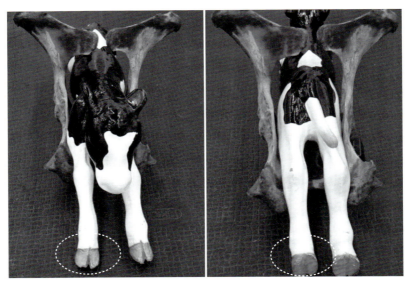

図 1-12-6　前肢あるいは後肢の確認．左：頭位では前肢の蹄底が下を向く．
右：尾位では後肢の蹄底が上を向く．

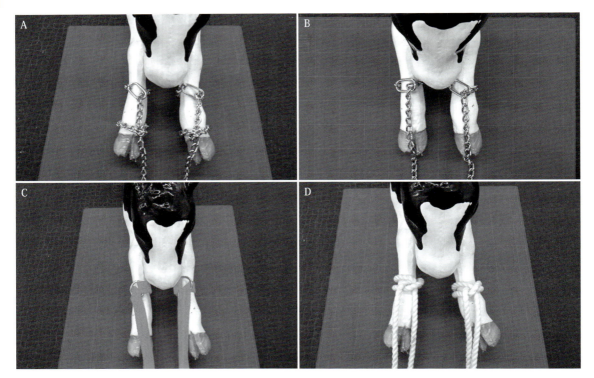

図 1-12-7　産科チェーン（A，B），産科ベルト（C），産科ロープ（D）の装着方法．A：ダブル掛け，B：シングル掛け，C：ベルト牽引，D：ロープ牽引．

中で最も重要な部位は骨盤入口となるため，ここを胎子が通過できれば娩出はスムーズに進む．胎子側の問題は頭部，肩部および腰部の産道通過である．頭位分娩の場合，胎子の両前肢は伸長し，その上に頭を乗せた状態で産道に進入するため，頭部と肩部の通過が完了すれば比較的容易に分娩は進行する（図1-12-5）．

（1）産道内の内診

産道内へ手指を挿入し診察する場合は，第一に外陰部を温湯で十分に洗浄し，ポビドンヨードの噴霧や0.02〜0.05％塩化ベンザルコニウム溶液で外陰部を消毒後，アルコール綿で清拭する．手指は逆性石鹸で消毒し，直腸検査用手袋を装着するが，手術用手袋や殺菌済ニトリル手袋を上から装着することで操作が容易となる．

（2）頭位分娩の牽引摘出法

頭位上胎向は正常産である．頭位であれば前膝関節の形状と可動で前肢と判断され，上胎向と仮定した場合，頭位か尾位かの判断は胎胞の肢端を触診し判断する．頭位では蹄底が下方に向き，尾位では蹄底が上方を向く（図1-12-6）．

①胎子生存確認（☞「1)．(4)胎子生存確認」）．

②母体を前低後高姿勢または右側横臥位にする．

③両前肢と頭部が産道にある場合，消毒済産科チェーンまたは産科ロープを用いて両前肢の球節の上部に装着する．なお，産科チェーンの場合は球節上と副蹄の下の2か所に装着すると胎子の損傷が少ない（図1-12-7）．副蹄の下に装着するとロープが抜けることがあるのでしっかりと装着することを心掛ける．また，肢に付着した胎膜を無理に引っ張ると子宮出血が生じ，子宮脱の危険があるので注意し

図 1-12-8　産科ロープ．左：球節の上に必ず装着．右：巻き結びを利用した産科ロープ．

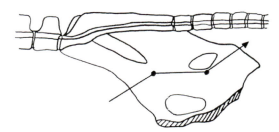

図 1-12-9　牛の骨盤軸（酪農学園大学，獣医繁殖学教育協議会）．

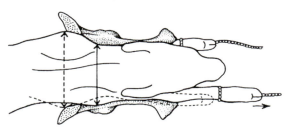

図 1-12-10　肩部の牽引法（Grunert E 1993を改変，獣医繁殖学教育協議会）．

牛

12 周産期の異常

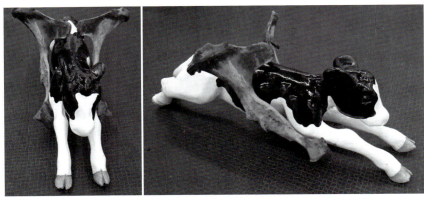

図 1-12-11　肩部の骨盤腔通過．頭位では陰門から前肢が約 15 cm 程度出た状態で肩部は骨盤腔を通過．

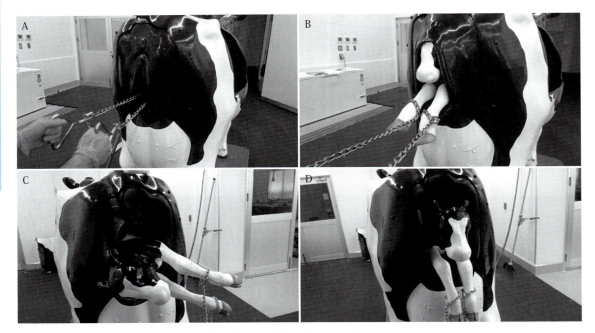

図 1-12-12　頭位上胎向（正常頭位）．

なければならない（図 1-12-8）．

④胎子の摘出は胎子の体が骨盤腔を通過する仮想線（骨盤軸）に沿って牽引する（図 1-12-9）．牛の骨盤軸は上下にくねっているので，まず上方へ，次いで水平に，最後は下方に牽引することで多くの症例は摘出できる．

⑤両前肢を一緒に牽引すると両肩が揃い，幅が広くなるため骨盤腔の通過が困難となることが多い．そこで，まず下側の前肢をやや上方に牽引しながら肩部を通過させる（図 1-12-10）．その後，上側のもう一方の前肢をやや上方に牽引しながら同側の肩部を通過させる．肩部の通過は，陰門から前肢が

注）ヒップロックとは，過大胎子の腰部が母体の骨盤に引っかかり通過できないことをいう．母体の骨盤腔は縦長の楕円形であるのに対し，胎子の腰部は横長の楕円形のため，これを回避するため，骨盤腔への進入に合わせて 90°回転させる．尾位分娩の場合も両後肢に続き，腰部の進入に合わせて，胎子を 90°回転し母体の骨盤腔を通過させる必要がある（図 1-12-13）．

132

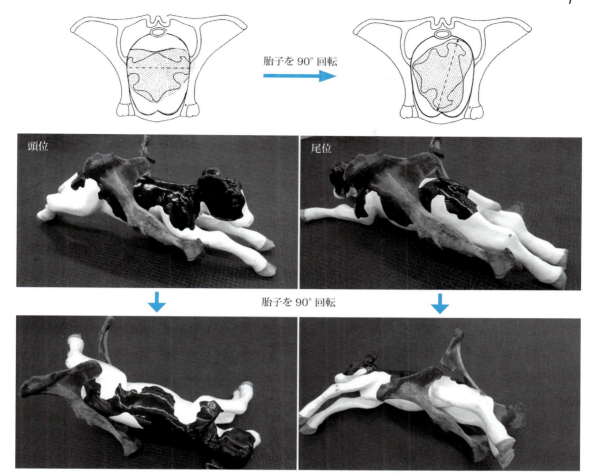

図 1-12-13 ヒップロック．牛の母体骨盤腔と胎子骨盤との関係（イラストは Schuijt G and Ball L 1980 を改変，獣医繁殖学教育協議会）．

15 cm 程度出ることで確認できる（図 1-12-11）．

⑥肩部の通過後，胸部までは水平に牽引する．腹部が通過したら，腰部の通過を助けるため胎子を 90°回転させて牽引する（図 1-12-12C）．胎子の回転を怠り，上胎向のまま強引に牽引すると腰部が骨盤腔を通過する途中で牽引が困難になることがある．この際，胎子を子宮腔に押し戻そうとしても腰部が骨盤腔に固定されて動かなくなる．これをヒップロック[注]という．

(3) 尾位分娩の牽引摘出法

尾位分娩は正常な胎子姿勢であるため必ず難産になるものではない．胎子の後肢蹄底は上方に向くが手指を挿入し両後肢であることを確認する．尾位であれば飛節の形状と可動で後肢と判断され，さらに手を奥に進めることで尾や股間を確認できる．尾位分娩では分娩に時間がかかると胎子の頭部が子宮腔内に留まり，かつ腹部は産道に位置するため，臍帯が早く切れて窒息死する恐れがある．尾位分娩であることが確認されたときは，腰が出てから 5 分以内に娩出させるべきである（図 1-12-14）．

①胎子生存確認（☞「1）．(4)胎子生存確認」）．
②母体を右横臥位にする．
③産科チェーンまたは産科コープを必ず両後肢の球節の上部に装着する．

牛

④陣痛に合わせて牽引は左右交互に行う．飛節が陰門の外に出たら，腰部の骨盤腔通過と判断され，速やかに牽引摘出を行う．尾位の場合，肩部や頭部の骨盤腔通過は頭位よりも比較的容易である．

（4）助産時の注意事項

①胎子の牽引は1～2人で行う．

②産道内に位置する胎子の頭部と産道の間に術者の手の平が入るか否かによって助産の困難さが推察できる．

③30分程度胎子を牽引しても摘出できなければ，経腟分娩は困難な可能性がある．

④難産は子宮の回復遅延や子宮内膜炎を誘発するので，分娩後2週間頃に子宮の検査を行う．

⑤帝王切開術は安全で確実な難産救助法の1つであり，早い段階で行うほど安全性が高い．助産の

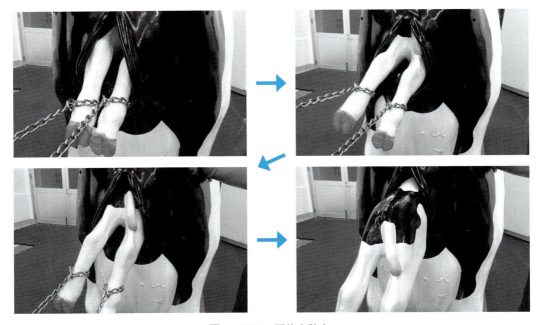

図1-12-14 尾位上胎向．

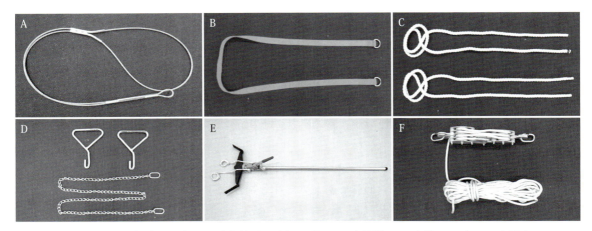

図1-12-15 胎子牽引用器具．A：助産器（ワイヤー式），B：産科帯，C：産科ロープ，D：産科チェーンとハンドル，E：カーフセーバー，F：滑車．

際には帝王切開術に踏み切るタイミングを常に考慮して行う．

⑥牽引に用いる器具を用意する（図1-12-15）．

3）胎子の失位の整復

胎子の失位には胎位，胎向および胎勢の異常があり，単独または複数の異常が重複する場合がある．胎子の失位が予想される場合はさまざまな胎勢を想定し，十分に確認することから始める．頭位であれば頭部と前肢，尾位であれば飛節と尾を触知するが，前肢，あるいは後肢，

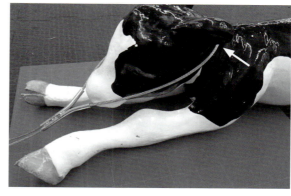

図 1-12-16 助産器（ワイヤー式）．ワイヤー部分を耳介基部後方にかけ（矢印），さらに胎子の口にかませる．

蹄底が上方を向くまで回転し，上胎向にする

図 1-12-17 尾位下胎向の整復．

2肢または1肢のみか，まれに前肢と後肢が同時に触知されることがある．また上胎向，下胎向，頭部屈折，四肢屈折など1つ1つ確認する必要がある．助産に当たっては潤滑剤や助産器具の準備が必要となる．

(1) 主な胎子失位の整復

a．側頭位（図1-12-18C）

両前肢は産道に進入するが，頭部が左または右側屈折し，鼻端が母体の下腹あるいは前方に向かっている状態．普通の大きさの胎子では整復しないと摘出できない．

①両前肢それぞれに産科チェーンまたは産科ロープを装着し，胎子を押し込む．

135

牛

②手指を産道に挿入し，胎子の下顎，眼窩，鼻端または耳をつかみ，頭部を回転させながら産道に誘導する．頭部を整復する際，胎子の歯で産道裂傷を生じる場合があるので，下顎を手でおおいながら整復する．産科チェーンまたは産科ロープを下顎，または助産器（ワイヤー式）を後頭基部（耳介基部の後方）にかけ（図 1-12-16），頭部を回転して産道へ牽引し摘出する．

b．胸頭位（図 1-12-18D）

頭部が伸長した両前肢の間に入り，下方へ屈折するもので，頭頂部は母体骨盤前縁に位置する．

①両前肢に産科チェーンまたは産科ロープを装着し，胎子を押し込む．

②手指で口端部をつかみ，胎子を押し込みながら頭部を持ち上げ，産道へ誘導する．困難な場合は，下顎や鼻鏡をつかみ胎子の体を押し込みながら頭部を持ち上げ産道に誘導する．

c．手根関節屈折（図 1-12-18E）

一方の前肢と頭部が陰門外に出ているが，他の 1 肢の手根関節は骨盤前縁部で屈折，または産道内で屈折している．まれに両前肢の手根関節屈折がある．

①胎子を押し込み，屈折した前肢の中手骨をつかみ，上方へやや引き上げ，次に球節から蹄へと手指を移動し，屈折部を整復する．その際，胎子の蹄尖で子宮壁や産道を損傷しないように蹄を手で包み手前に引く．

d．肩甲屈折（図 1-12-18F）

前肢が肩関節で屈折し後方に伸長し，体側または腹側に位置するもの．

①手が上腕に届くときは胎子を押し込みながら上腕を引き寄せ，いったん手根関節屈折としてから整復する．この操作が不成功のときは，肘関節下方にロープを回し，強く牽引して手根関節屈折とする．以上の操作が不可能なときは，多量の粘滑剤を注入して失位のまま牽引摘出できる場合がある．

e．飛節屈折（図 1-12-18G）

後肢の片方または両後肢が飛節で屈折する．

①手指を座骨弓に当て胎子を押し込みながら，屈折肢をつかんで上方に牽引する．そして，素早く手を下方に進めて球節以下を保持し胎子の下腹を通すように産道に引き出し，屈折部を整復する．その際，胎子の蹄尖で子宮壁や産道を損傷しないように蹄を手で包み牽引する．

②正常尾位の胎勢にしたのち，尾位分娩の手順に従って摘出する．

f．股関節屈折（図 1-12-18H）

後肢が股関節で屈折し前方に伸び，腹下または腹側に位置するもので，両後肢ともに失位する場合が多い．

①胎子を押し込み，後肢をつかみ挙上して飛節屈折とする．この手順で両後肢ともに整復する．

②飛節屈折の要領で整復し，正常尾位の胎勢にしたのち，尾位分娩の手順に従って摘出する．

g．側胎向

胎子が横向きになり，胎子背が母体右腹壁（右胎向）または左腹壁（左胎向）に位置する．頭位および尾位ともに上胎向になるように胎子を回転させ摘出する．

①頭位側胎向で胎子が生存しているときは，上側の肢を強く下方に牽引し，頭部が陰門外に出たら頭頸部を抱え回転し，頭位上胎向にして摘出する．

h．下胎向

胎子が仰臥位となり，背が母体の下腹壁に対向するもの．頭位下胎向では胎子の前肢蹄底は上向き，尾位下胎向では胎子の後肢蹄底は下向きとなる．上胎向になるように胎子を回転させる必要がある．

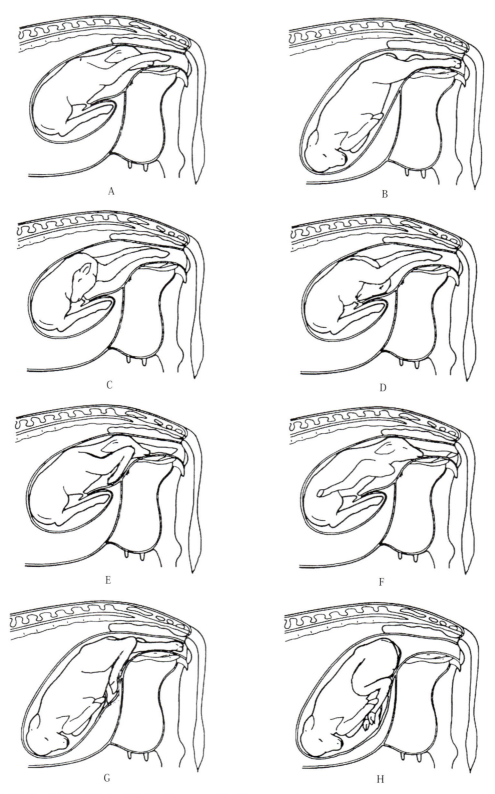

図 1-12-18　正常胎位および胎子失位．A：正常頭位，B：正常尾位，C：側頭位，D：胸頭位，E：手根関節屈折，F：肩甲屈折，G：飛節屈折，H：股関節屈折（Roberts SJ 1971 を改変，獣医繁殖学教育協議会）．

牛

①頭位下胎向では，多量の粘滑剤を注入し，肢にロープを装着し，頭部を引き上げ回転させる．下顎あるいは鼻鏡をつかんで産道へ牽引する．頭部が下垂する場合は助産器（ワイヤー式）を後頭基部（耳介基部の後方）にかけ，頭部を引き上げたのち胎子を回転し摘出する．

②尾位下胎向では，胎子の両後肢をまとめて回転し，上胎向にしてから牽引摘出する（図 1-12-17）．

4）帝王切開術

◆目　的

牛において産道を介して分娩ができない難産などの場合に適応となる帝王切開術の手技を習得する．

◆材　料

分娩予定 1 週間以内の妊娠牛．

◆器具・器材

開腹手術器具一式．

◆試薬・薬剤

局所麻酔薬（2％塩酸リドカインまたは 2％塩酸プロカイン），子宮弛緩薬（塩酸クレンブテロール製剤）．

◆方　法

①手術を実施する体位を決定し，動物の保定を行う．母牛の状態や難産の程度により，起立位では左側あるいは右側腟部切開が，横臥時には左側腟部，傍正中，正中切開から選択して実施する．ここでは牛で最も一般的に実施されている起立位保定による左側腟部切開術について説明する．

②牛を起立位で保定し，左側腟部の剃毛および消毒を行う．留置針などで静脈ラインを確保し，必要に応じて輸液を実施する．

③局所麻酔を実施する．麻酔方法は逆 L 字ブロック麻酔，傍腰椎麻酔，尾椎硬膜外麻酔などから選択して実施する．尾椎硬膜外麻酔にキシラジンを混じて投与してもよいが，手術中に横臥しないように投与量はなるべく少なくする必要がある．

④左側腟部を縦に切開，または腰角から胸骨方向へ斜めに切皮する（図 1-12-19）．外腹斜筋，内腹斜筋，腹横筋の順に筋層を切開し，腹膜を切開して腹腔内にアプローチする．なお，筋層の切開は胎子を取り出すための十分な広さを確保するため，筋の走行にかかわらず縦切開により行うと切開層を小さくすることができる．

⑤第一胃を頭側方向へ移動させて子宮を確認する．その際に子宮弛緩薬を静脈ラインから投与すると，その後の胎子の操作が容易となる．

⑥胎子の肢を牽引して子宮を創外へと引き出す．胎子が頭位の場合には後肢中足骨を，胎子が尾位の場合には前肢中手骨を保持して牽引する．その際に手指に過剰な力を入れると子宮を損傷させる可能性があるため，胎子の肢は掌で包むようにして，子宮

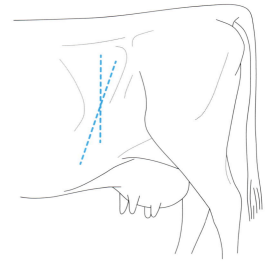

図 1-12-19　左腟部切開の切皮部位（Turner AS and McIlwraith CW 1982 を参考に作成，獣医繁殖学教育協議会）．

を軽く揺すりながら徐々に子宮を創外へと引き出す．

　⑦前肢の場合は蹄尖から肘関節の長さまで，後肢の場合は蹄尖から飛節の長さまで，子宮を大弯に沿って切開する．切開部位が短いと，胎子牽引時に子宮が斜めに裂ける場合があるため注意する．

　⑧産科チェーンや産科ロープを胎子の両前肢あるいは両後肢にかけ，頭側の斜め上方へと牽引して胎子を娩出する．その際に子宮は創外で保持し，子宮切開後の胎水が腹腔内へと流入しないように注意する．

　⑨子宮の縫合はモノフィラメントの合成吸収糸を用いた連続内反縫合で行う．縫合法はクッシング縫合，ユトレヒト縫合，レンベルト縫合のいずれかを選択する（図1-12-20）．いずれの縫合時も，子宮内膜を超えて子宮腔内に縫合糸が露出しないように注意し，胎盤を巻き込まないようにする．子宮壁が脆弱で裂開する可能性がある場合には，いずれかの縫合で二層縫合を行う．

　⑩腹壁および皮膚を常法に従い閉鎖する．

◆補　足

　①左側膁部切開では第一胃により腸管の突出が防がれるが，直前まで採食をしていると第一胃容量が大きく胎子を創外へ引き出すのが難しい場合がある．一方，右側膁部切開は過大子や胎膜水腫など子宮が膨大している場合には，子宮が右腹壁へ接近するため胎子引出しは容易になる．しかし，胎子娩出後の怒責により腸管が創外へと突出して腹壁の縫合が困難になることがある．

　②正中切開や傍正中切開を実施するためには仰臥位に保定する必要があるが，子宮の取扱いは容易に行える利点がある．

　③難産介助を試みるがうまく娩出できなかったあとに帝王切開術を選択した際には，胎子が汚染されている可能性があるため，なるべく羊水が腹腔内に入らないように注意する．

　④胎子娩出後の胎盤は，無理な牽引により剥離すると出血がひどくなるため，余剰な部分のみを切除

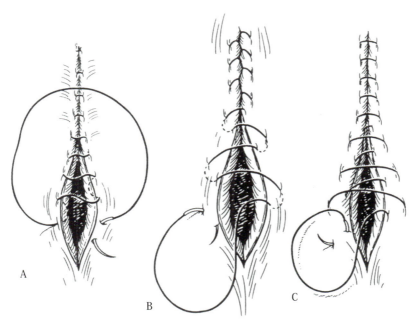

図1-12-20　子宮壁の閉鎖法．A：クッシング縫合，B：ユトレヒト縫合，C：レンベルト縫合（Baird AN 1999）．

牛

して取り除くにとどめる．

⑤帝王切開術の実施前にPGF$_{2α}$製剤の投与を行うと胎子胎盤は排出されやすくなる．

5）切胎術

◆目　的

牛において産道を介して胎子の娩出ができない（胎子の過大，失位，奇形など）が，すでに胎子は死亡している場合の難産などで適応となる切胎術の手技を習得する．

◆材　料

死亡した新生子または死産胎子（凍結して保存する）．

◆器具・器材

牛子宮の模型（実習用ファントム），胎子牽引用器具（☞図1-12-15），切胎用器具（図1-12-21）．

◆方　法

切胎を行う術者の他，術者を補助する助手を決める．術者は切胎器の胎子への固定や，牽引器具（産科チェーン，産科ロープ，産科鉤など）の装着を行う．助手は術者の指示に従い，切胎器の線鋸の操作を行う．助手は術者の指示があると切胎器の線鋸のハンドルを両手で操作するが，指示があるまではハンドルは片手で保持して誤って操作しないようにする．指示がないのに誤って線鋸を引くと，術者や子宮に重大な損傷を与えるので注意する．切断後に胎子の一部を産道より摘出する際には，骨の切断面が鋭利になっていることがあるので，片手で切断面を保護しながらゆっくりと摘出する．以下に，胎子が正常頭位の場合の実施手順を述べる（図1-12-22）．

①子牛を実習用ファントム内に正常頭位で設置する．

②チゲーゼン切胎器に線鋸を導縄器で通し，両端に専用のハンドルを付ける．

③前肢の切断．片側の前肢ごとに1肢ずつ行う．術者は前肢の球節上部に産科チェーンをかけ，切

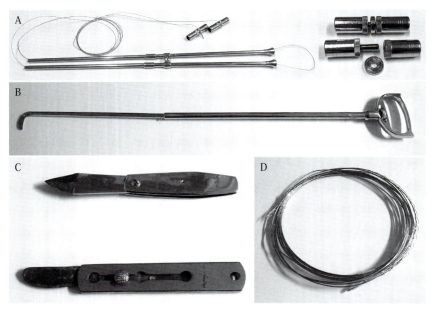

図1-12-21　切胎用器具．A：チゲーゼン切胎器（右はハンドル部分の拡大），B：長切胎刀，C：陰刃刀，D：線鋸．その他に産科チェーンや産科鉤などが必要となる．

胎器に固定し，線鋸を手根関節にかけたら，助手に切断の合図を行う．助手は切断開始の合図があると，線鋸のハンドルを左右交互に後方に引き，切断されたら中手骨以下を摘出する．反対側の前肢も同様の手順により手根関節で切断する．

④頭頸部の切断．頭部または下顎に産科チェーンをかけるか，ショットラー複鈎あるいはハルムス眼鈎を眼窩にかけ，頭部を切胎器に固定し，頸部基部に線鋸をかけて切断する．

⑤胸部の切断．両前肢に産科チェーンをかけて切胎器に固定し，両肩甲骨のやや腹側側で胸部が輪切りになるように線鋸をかけ，切胎器の先端を肩甲部に固定する．胸部の中央まで輪切りになるように横断し，半分まで来たら切断を中止する．前肢にかけた産科チェーンを外し，線鋸は胸部切断場所に残したまま，切胎器の先端を頸部基部に移動し，前肢の産科チェーンを再び切胎器に固定して縦方向に胸部から頸部基部まで縦断して摘出する．その後，胸部の残り部分に線鋸をかけ，切胎器の先端を再び肩甲部に固定し，残りの前肢にかけた産科チェーンを切胎器に固定し，胸部の半分を横断して摘出する．

⑥内臓の除去．胸腔内および腹腔内の臓器を剥離して摘出する．

⑦腹部の切断．腹部に切胎器を固定して腹部が輪切りになるように線鋸をかけて横断する．

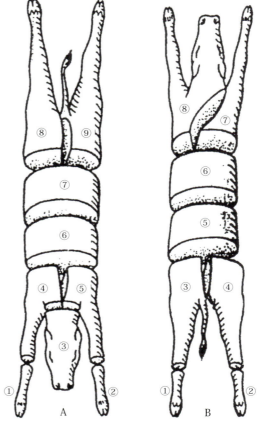

図1-12-22 切胎部位の1例．A：頭位切胎部位，B：尾位切胎部位（Hannover方式の図を改変，獣医繁殖学教育協議会）．

⑧骨盤および後肢の切断．切胎器から線鋸を取り外し，産科ロープ導子で線鋸を股関節をまたぐように通し，再び切胎器に線鋸を装着する．ショットラー複鈎を両側の腸骨にかけて切胎器に固定し，骨盤正中部分に切胎器の先端を当てて骨盤部を切断したのち，両後肢を片方ずつ摘出する．

◆補　足

切断時に子宮や子宮頸管，腟などを損傷すると，細菌感染によりその後の繁殖供用が難しくなるため，切胎術後は母体産道の損傷などを確認し，必要に応じて抗菌剤の子宮内または全身投与を行う．

6）新生子の処置

出生直後の新生子牛の観察としては，①呼吸の安定，②臍帯の消毒，③体温維持，④初乳の給与までを確認する必要がある．出生後の新生子牛は，子宮内環境から自身の呼吸器，循環器，消化器を用いて生存を始めるため，周囲の環境へと適応する必要があり，それに伴うさまざまな生理変化が起こる．特に，難産などにより低酸素状態で出生した子牛では，適切な処置を行わないと死亡することもある．ここでは，重度の難産で娩出された新生子牛の処置について示す．

牛

(1) 新生子の診断

　新生子牛が正常であれば，出生後直ちに自発呼吸を開始し，数分以内には自力で胸骨座位となり，30分程度で起立を試みる．さらに，出生後60分程度で自力起立できるようになり，同時に哺乳欲を示して母牛の乳房を探す．一方，出生時に重度の難産などで自発呼吸の開始遅延，呼吸様式の異常，活力の減退，吸入欲の減退がみられる際には何らかの異常が疑われ，必要とされる蘇生処置を行うためにも病態を正確に評価する必要がある．

　新生子牛の病態評価には，医療領域でも利用されているAPGARスコアを子牛用に改変して利用されるのが一般的である．APGARスコアは心拍数，呼吸数，チアノーゼの有無，刺激に対する反応性，活動性の5項目について，出生後5分以内に0〜2点で判定を行い10点満点で評価する（表1-12-1）．通常は7点以上で正常と判定され，6点以下では何らかの蘇生処置が必要とされる．APGARスコアの判定は蘇生処置の要否を決定するだけでなく，蘇生処置の有効性を判断するためにも利用できる．

(2) 新生子の蘇生法

　APGARスコアが6点以下の場合には救急での蘇生処置が必要となる．蘇生処置は新生子蘇生のABCDに従い処置を行う．すなわち，A：気道（airway）の確保，B：呼吸（breathing）の開始，C：循環（circulation）状態の把握，D：薬剤（drug）の投与を，順に評価しながら処置を実施するのが一般的である．

　難産などで経過の長い分娩では，通常よりも多くの羊水が気道内に残存していることがあるため，頭を低く体を持ち上げて逆さづりにして，気道内の羊水を排出しやすくし，口腔内の羊水を乾いた布などで取り除く．それでも羊水の除去が十分でない場合には，子牛用人工呼吸器などを用いて羊水を強制排除して気道を確保する．羊水除去が完了しても呼吸が十分でない場合には，新生子牛の後頭部へ冷水をかけて呼吸中枢を刺激することで，呼吸が開始されることがある．伏臥位の方が両側の胸腔が広がりやすいため胸骨座位にするとともに，乾いた布などで胸郭を拭きながらマッサージを行うと，呼吸中枢が刺激されて呼吸の安定を促す．浅速呼吸など空気の取込みが不十分な場合には，人工呼吸器などにより過剰圧にならないように胸腔の拡張に注意をしながら，気道内へと酸素を供給する．上記の処置を行っても自発呼吸が認められない場合には，塩酸ドキサプラムを1〜2 mg/kgで静脈内投与して呼吸状態を確認する．次いで，心拍数や脈圧を確認して循環機能を評価する．心拍数が60回/分以下の場合や，手指により血圧が確認できない場合には，エピネフリンを0.01〜0.03 mg/kgで静脈内投与し，5分ごとに状態を確認しながら必要に応じて追加投与する．呼吸不全や循環不全のまま酸素不足が続くと，糖の分解により乳酸濃度が増加して代謝性アシドーシスとなるため，重炭酸の投与や循環血液増量のための生理食塩液の投与を行う必要がある．

(3) 臍帯の消毒

　出産時に多くの新生子では臍帯は自然に離断し，臍帯の構造物である臍静脈，臍動脈，尿膜管は子牛

表1-12-1　新生子牛のAPGARスコアによる病態評価

		スコア	
	0	1	2
心拍数	なし	100回/分未満	100回/分以上
呼吸数	なし	浅速・不規則	深い・規則的
歯肉の色調	蒼白〜暗紫色	紫色	桃色
刺激に対する反応性	反射なし	鈍い	鋭い
活気	横臥・沈うつ	伏臥・ときどき頭や四肢を動かす	頻繁に頭や四肢を動かす

の体内へと引き戻される．しかし，出生後2〜3日は臍帯が乾燥しておらず，細菌が付着して増殖しやすく，細菌が感染した際には上行性に感染が進行しやすい．そのため，出生直後および体外に露出している臍帯遺残物が乾燥して紐状になり内腔が閉鎖するまでは，定期的に消毒を実施することが望ましい．出生後の臍帯の消毒にはヨード剤やクロルヘキシジンが使われており，乳房炎軟膏の臍帯への注入を行うこともある．

（4）体温の維持

新生子牛では正常体温の範囲はかなり狭く，体温を維持するのが難しい．熱の喪失を防ぐためには速やかな体表の乾燥が必要であり，母牛と同居時にはリッキング（母牛が子牛を舐めること）により体表の乾燥が促進される．一方，母子を分離させる際には子牛の体を布などで拭き取る必要がある．熱生産の不足と喪失により低体温となった際には，赤外線ヒーターや保温マットの使用は体温の上昇に効果的である．また，熱の喪失を防ぐために乾燥した布でくるむことや，子牛用ジャケットの装着は有効で，牛舎の隙間からの風をふさいで気温の低下や気流を阻害することも必要である．胎子の体内で貯蔵されたグリコーゲンは，出生直後から激しい糖新生により消費されて4〜6時間後には激減するため，早期に初乳給与が行われない際には臨床的に低血糖となり熱産生に障害をきたすことがあり，エネルギー源としてのブドウ糖の投与が有効となる．

（5）初乳の給与

牛では胎盤の構造から母体と胎子の間に結合織や絨毛膜が隔壁として存在し，分子量の大きな蛋白質は胎盤を通過できないためため，初乳摂取前の新生子牛は免疫学的に無防備な状態で生まれてくる．そのため，病原微生物を防ぐために分娩後の早期に初乳から免疫グロブリンを摂取させる必要がある．効率的に子牛を感染から防御するために有効な量の免疫グロブリンを吸収できるのは出生後4〜6時間とされており，一般的には出生後2時間以内に初乳の給与を行い，12時間以内に体重の8％を摂取させる必要がある．新生子の初乳給与方法には，自然哺乳と人工哺乳があり，人工哺乳はさらに哺乳瓶からの自発的な哺乳と器具を用いた強制的な哺乳に分けられる．吸乳欲の低下した子牛では，嚥下障害により誤嚥を起こす可能性があるため，無理な給与は控えるべきである．吸乳欲を全く示さない子牛では，食道カテーテルにより初乳の給与が行われる．食道カテーテルは食道の損傷，チューブ内に残余したミルクによる誤嚥などの事故が起こる可能性があるため，慎重に行う必要がある．

7）胎盤停滞

牛の胎盤は胎子娩出後4〜8時間で排出されるが，12時間以上にわたり胎膜，胎盤，胎水などの妊娠産物が子宮内へと滞留した状態を胎盤停滞といい，牛では胎盤が多胎盤（宮阜性胎盤）であることから発生頻度が高い．

胎盤停滞の処置として必要なことは，子宮内に停滞した胎盤を排出することと，子宮内における感染を防ぐことである．また，全身症状が認められる場合には，その治療も合わせて行う．

（1）胎盤の牽引除去

胎盤が腟内や陰門から垂れ下がっている場合，手で軽く引っ張り胎盤の剥離を促す．剥離が進まない場合は無理な牽引は行わず，2〜3日後に再び試みる．陰門から垂れ下がった胎盤が地面に接すると細菌感染が起こる可能性があるため，余分な部分は切除する．

（2）子宮内への抗菌剤投与

子宮内の感染予防には，子宮内局所あるいは全身への薬剤投与が行われ，生理食塩液にて希釈したオ

牛

キシテトラサイクリンなどの抗菌剤や，ポビドンヨードを子宮内に投与する．

（3）薬剤投与による胎盤排出促進

子宮収縮作用を持つ $PGF_{2\alpha}$ 製剤，オキシトシン，エストロジェン，カルシウムなどが投与される．

8）子宮脱

子宮脱は，分娩後数分から数時間以内に子宮の一部または全部が反転し，陰門から脱出した状態をいう．分娩における過剰な陣痛や努責により発生する他，助産における無理な牽引による産道の損傷が誘因となり発生する．子宮脱に対する処置としては，脱出した部分は子宮の粘膜面になるため，次回の妊娠に備えるためにも損傷および感染を最小限にとどめ，できるだけ速やかに整復する必要がある．発見時に全身状態が悪く，衰弱，ショック状態，過剰な出血がみられる場合には，抗菌剤を混じた輸液などにより全身状態の改善を図りながら処置を行う必要がある．

整復は，伏臥あるいは横臥時には起立させずに両後肢を保定し，後躯を浮かせた姿勢で行う．一方，牛が起立している場合には，枠場に傾斜をつけたり，カウリフトで牽引したりして後躯を高くすることで，子宮の還納処置が容易となる．子宮の整復を開始する前には，大量の温水で子宮粘膜を洗浄し，付着した異物を完全に洗い流す．付着した胎盤の剥離はできる範囲で行い，剥離困難な場合には遊離部分だけを部分切除する．子宮の還納は，子宮頸部から始めて子宮体，子宮角と順に行う．脱出後に時間が経過し，子宮に浮腫が起こり還納することが困難な場合には，ショ糖を大量に振りかけることで浸透圧により組織液が漏出して収縮し，整復が容易となる．子宮角まで腕が届かず反転させにくい場合には，先端が鈍性の筒状の器具などを用いて，子宮角を押し返すようにする．また，子宮の整復後に子宮角まで完全に反転させるため，温めた生理食塩液を 5 〜 10 L を注入することも有効である．分娩直後で後産陣痛が過強な場合には，尾椎硬膜外麻酔やクレンブテロールの投与を行うと，子宮が弛緩して還納が容易となる．一方，努責が強くなく容易に還納できた際には，オキシトシン製剤を投与することで子宮の収縮が促進される．

9）分娩後の観察

分娩時に難産で助産を実施した際には，子宮頸管や腟の裂傷や外陰部の挫傷が生じることがある．また，双子妊娠時に第 1 子の娩出から数時間後に第 2 子の分娩が始まることがあり，その際には確認が遅れて新生子の処置を行えずに新生子死を招くことがあるため，分娩が終わったあとには産道および子宮内残存胎子の確認を実施する．

分娩が終わってから生殖器が正常な状態に回復するまでの期間を産褥期と呼び，母牛では生理機能が大きく変化するため疾病の発生が多くみられる時期でもある．胎子娩出直後から数時間の後産期には，胎盤停滞や子宮脱の発生が認められることがあるため，外陰部からの異物の下垂などに注意を払う必要がある．乳牛では，泌乳開始から数日間は周産期疾病の発生率が非常に高く，特に乳熱やケトーシス，乳房炎，産褥性子宮炎などの発生が認められるため，牛の起立状態や姿勢，採食状況などには注意する必要がある．

馬

第2章

馬

1．生殖器の構造

1）生殖器の観察（雄）

◆目　的
　生殖器を観察し，構造を理解する．
◆材　料
　①去勢手術により摘出された精巣および精巣上体など．
　②雄の病理解剖などにより得られた精巣，精巣上体，精管，膀胱，尿道，副生殖腺，陰茎など．
◆器具・機材
　ディスポーザブル手袋，必要に応じて肉眼解剖用具．
◆方　法
　①肉眼解剖，臓器の触診により，性腺および生殖器を確認する．
　②精巣，精巣上体，精索，精管，精管膨大部，尿道，精嚢（腺），前立腺，尿道球腺，陰茎，亀頭の位置関係，形態，構造の確認．

2）生殖器の観察（雌）

◆目　的
　雌馬の生殖腺，生殖道，外部生殖器を観察し，触診による卵巣や子宮の大きさ，形，軟度を理解する．
◆材　料
　①病理解剖などにより得られた一連の生殖器臓器．
　②食肉処理場などから得られた雌馬生殖器材料など．
　③可能であれば，雌馬の直腸検査用のシミュレーター（外国製品）を活用する．

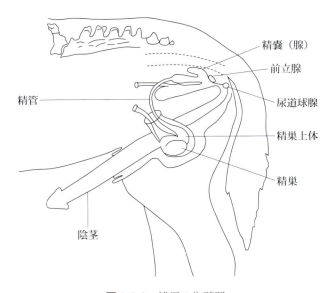

図 1-1-1　雄馬の生殖器．

④生体の雌馬の繁殖検査を見学する．

◆器具・機材

ディスポーザブル手袋，必要に応じて肉眼解剖用具，馬の子宮洗浄管，馬用人工授精シース管など．

◆方　法

①肉眼解剖，臓器の触診．

②雌馬卵巣，卵管，子宮・子宮広間膜，子宮頸部，腟，外陰部を観察する．

③卵巣の排卵窩を確認する．

④雌生殖器全体像，子宮頸管，子宮体を切開し，子宮体への移行の構造を確認する．さらに子宮角まで切開し，双角子宮であることを確認する．卵巣には割面をいれて内部構造を確認するとともに，排卵窩の位置や黄体との位置関係を確認する．

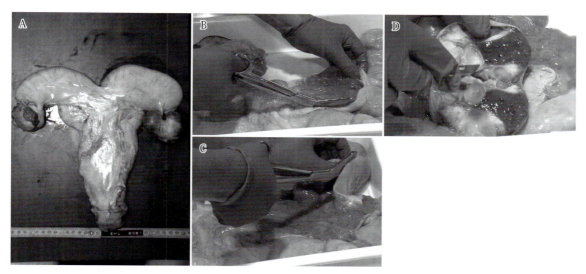

図 1-1-2　A：子宮および卵巣（馬），B：子宮体部を切開する，C：子宮角を切開する，D：卵巣に割面を入れる．

馬

2．雌の発情周期における繁殖機能検査および発情同期化・排卵同期化

1）発情行動および発情徴候の観察

◆目　的
発情期に特有の発情徴候および黄体期における拒絶行動を観察する．

◆方　法
①雄を制御することは難しいため，自由に行動する雄に雌を近づける方が簡単である．
②はじめに短時間，顔を合わせてお互いを認識させたのち，雄に雌の臀部を嗅がせる．
③雌の反応（尾の挙上，腰をおとす，排尿，ウィンキングもしくは攻撃）を観察する（図2-2-1）．

◆ポイント
①発情期は約1週間と長い．
②排卵後であっても半日～1日程度は発情徴候が持続することに注意する．

◆補　足
①人馬の安全確保が最重要である．ハンドラーは馬の取扱い経験が豊富な者が行う．
②仮に雌が発情期であっても，驚いたり怖がったりして蹴る場合があることを留意する．
③おとなしい雌では，黄体期であっても拒絶行動をとらない場合がある．
④子付の雌（特に分娩後初回発情）では，発情期であっても雄を許容しない場合がある．

スコア	所　見
0	許容する徴候を示さず，攻撃行動をとる（蹴る，耳を絞る）
1	攻撃行動を示さない
2	いくらかの関心を示す．あて馬に近づき，ウィンキング，尾の挙上をわずかに示す
3	より関心を示す．尾の挙上，腰を落とす，排尿
4	強い関心．あて馬に腰を向け，ウィンキング，排尿を持続する

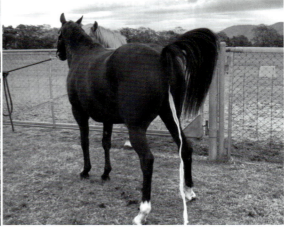

図2-2-1　雌の発情徴候および黄体期における拒絶行動．左はスコア0：雄を許容せず，尻っぱねしている．右はスコア4：尾をあげ，腰を落として排尿している．

2）外陰部・腟検査

◆目　的
　正常な馬の発情周期の判定や妊娠診断の一助，または繁殖障害の診断や分娩後の産道の損傷確認などを目的に行われる．

◆器具・器材
　馬用腟鏡（図2-2-2），ライト．

◆方　法
　①外陰部の弛緩状態，指で押し開いた状態での陰唇粘膜の色を観察する．
　②外陰部を洗浄・清拭する．
　③滅菌（もしくは消毒）した腟鏡を挿入して，腟粘膜組織，外子宮口の様子を観察する（図2-2-3, 2-2-4）．

◆ポイント
　①発情期であっても腟粘液や粘膜組織はそれほど顕著でない場合もあり，主に外子宮口を確認する．
　②発情期の外子宮口は開くというより弛緩している．必要に応じて指を挿入して弛緩を確認する．

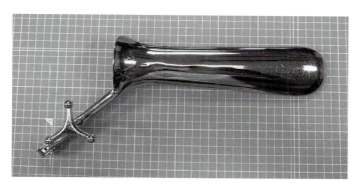

図 2-2-2　馬の腟鏡．

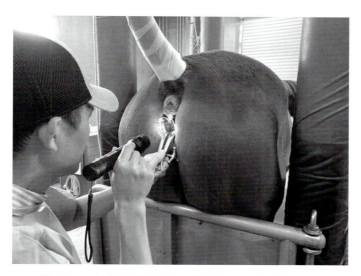

図 2-2-3　腟鏡を腟に挿入し観察している様子．

馬

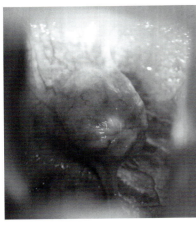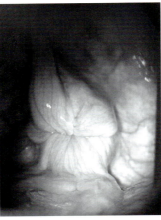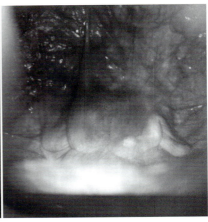

図 2-2-4 外子宮口および子宮頸腟部の所見. 左:閉鎖した外子宮口, 中央:やや弛緩した子宮頸腟部, 右:完全に弛緩した子宮頸腟部.

③分娩後には胎子通過による産道（特に子宮頸管）の損傷を確認することがあるが, 目視ではわかりづらいため, 指で触診する.

◆補　足

①腟内に尿が残存している場合があるが, これは低受胎性の原因となりうる.

②交配経験のない雌（現場では「あがり馬」と呼称する）には腟弁がある. その多くは腟鏡の挿入を妨げないが, 完全閉鎖している場合には特別な対処が必要な場合もある.

③現在, スタンプスメア法は馬の臨床において一般的ではない.

3）直腸検査

◆目　的

直腸壁を介して子宮と卵巣を触診して, 発情周期の時期を知るとともに, 繁殖障害の原因を探る.

◆器具・器材

直腸検査用手袋, 潤滑剤.

◆方　法

①直腸内の宿糞を完全に除去する.

②手をできるだけ奥に挿入し, 直腸下を4本指で軽く圧迫しながら手前に引くことで, 子宮角分岐部をとらえる.

③子宮角分岐部から右もしくは左の子宮角を先端に向かって辿り, 子宮の太さ, 収縮性（tone）, 膨隆部などを調べる.

④子宮角の先端からさらに先にある卵巣を手中に収め, 卵胞の有無, 大きさ, 波動感, 排卵窩の開き具合を調べる.

◆子宮の所見

発情期における子宮は非常に柔軟であり, 直腸を介してその感触がわからないほどである. 一方, 発情休止期にはソーセージ様でやや硬く, 簡単に触知することができる（表 2-2-1）.

◆卵巣の所見

卵巣静止時（非繁殖季節など）には卵巣は親指大ほどの大きさであるが, 排卵直前の成熟卵胞は直径

図 2-2-5　直腸検査の様子．左：枠場，右：馬房．

表 2-2-1　発情周期および休止期における卵巣と子宮の直腸検査所見

	発情周期の把握	
	発情期	発情休止期
卵巣	・波動感ある卵胞を触知 ・排卵窩が開く ・触診痛を示す場合がある	・波動感のある卵胞がない ・黄体の存在は触診で判断できない
子宮	・軟らかい	・ソーセージ様でやや硬い

4～6 cmほどに達する．馬の卵巣は皮質と髄質が逆転しているため，卵胞の触知が難しいといわれるが，中程度まで発育した卵胞は十分触知できる．しかし，黄体の有無を判別することは困難である（表2-2-1）．

◆ポイント
　①馬を適切に保定することが重要であり，必要に応じて鎮静処置を行う．
　②検査者の安全のためには枠場を用いることが望ましいが，馬によっては慣れた馬房の方が安全な場合もある（図2-2-5）．
　③はじめはやみくもに卵巣を探しても見つけられないことが多いため，子宮角を辿って卵巣を探索するとよい．
　④馬は双角子宮であり，子宮角は牛と異なり子宮角先端は頭背側に向かっている．
　⑤子宮は腹腔内に落ち込んでいるため，背丈の低い検査者は台を用いることで，肛門よりやや高い位置で腕を挿入する．
　⑥経験豊富な獣医師であれば排卵窩の開きを触知できるが，初級者にはきわめて難しい．
　⑦黄体の存在を触診で判別することは不可能である．

◆補　足
　①検査者は直腸に損傷を与えないよう，手指の爪を短く切り，指輪は外す．
　②直腸出血に注意する．直腸を穿孔すると，腹膜炎から死亡する場合がある．
　③子宮を触知する練習として，子宮洗浄時に膨満した子宮を触知したり，超音波ガイド下で検査を行うとよい．
　④分娩後初回発情時には，子宮が大きく沈んでいるため触知が難しい．

馬

4）超音波検査

◆目　的

直腸にプローブを挿入し，子宮と卵巣を描出する．排卵時期を推定するとともに，黄体の有無を判定できるようになる．また，子宮内膜シストや貯留液といった子宮内の異常や卵胞の異常所見を判断できるようになる．

◆器具・器材

超音波画像診断装置（直検用リニア型プローブ）．

◆方　法

①直腸内の宿糞を完全に除去する．
②プローブを用いず，腕を挿入し，子宮卵巣の位置を把握する．必要に応じて触感を確かめる．
③プローブを挿入し，子宮および卵巣を適切に描出する．

◆子宮の所見

発情期の子宮内膜は浮腫を呈し，超音波画像として車軸状を示す（図2-2-6右）．この子宮内膜の浮腫は排卵1～2日前にピークを示す．発情休止期は均質で層状の画像を呈する（図2-2-6左）．

子宮における無エコーは液体を示唆する．子宮内貯留液，子宮内膜シスト，受胎産物（胚胞）の鑑別が必要となる．発情期には正常馬であっても若干の貯留液（発情粘液）が認められることがある．

◆卵巣の所見

発情初期，数個の卵胞が中程度まで発育し，選抜された後は主席卵胞のみが3～5mm/日ほどの速度で発育，軽種では40～45mmほどで排卵に至る（図2-2-7）．排卵前の徴候として，形が正球形から不整に変形したり，卵胞壁が肥厚したり，感触が軟らかくなるといった点があげられる．排卵後にはエコージェニックな出血体が確認され，黄体が形成される．排卵から出血体の形成までタイムラグがあるため，前日まで存在した主席卵胞が消失していれば排卵と判断してよい．

◆ポイント

①発情期には子宮内膜が浮腫を呈し，排卵直前に低下する．

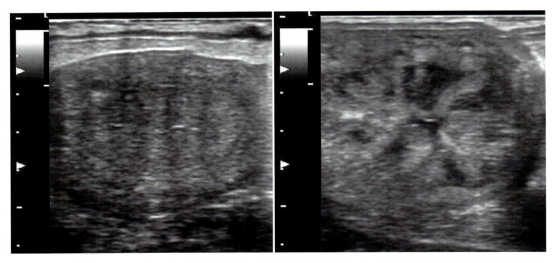

図2-2-6　子宮角のエコー像．左：発情休止期の均質で層状の画像，右：発情期の車軸状を呈した浮腫像．

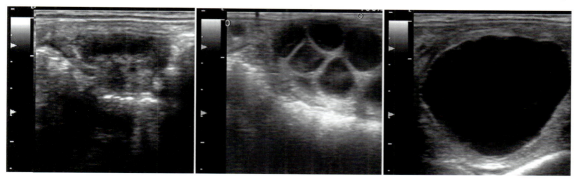

図 2-2-7 卵胞の超音波画像. 左：機能していない卵巣, 中央：複数の卵胞の発育, 右：選抜された卵胞.

②子宮内膜の炎症時には発情期と同様の浮腫像を呈する.
③排卵予測（交配適期の判定）は卵胞サイズのみで判断せず, 形や卵胞膜の超音波画像, 感触, 子宮浮腫などから総合的に判断する.

◆補　足

子宮は骨盤腔内で子宮広間膜によって吊られているため, プローブを上から下に押し当てるのではなく, 頭側から尾側にひっかけるように押し当てることでプローブは子宮と接着しやすくなり, クリアな画像が得られる.

5）ホルモン測定

◆目　的

発情周期に伴う卵巣ホルモンの動態を理解し, ホルモン値から発情状態を推定できるようになる.

◆材　料

雌馬の血液.

◆器具・器材

採血器材, 遠心分離機, ホルモン測定器もしくは測定試薬.

◆方　法

発情周期を把握するにはプロジェステロンを測定する. 馬の発情周期は卵胞期（発情期）1週間と黄体期2週間で構成されているため（図2-2-8）, 1週間ごとの測定を3回繰り返すことで, 卵巣が機能しているかを推定することができる（表2-2-2）. 1回の測定で「発情周期が正常か否か」は判断できない.

◆ポイント

①一般に, プロジェステロン 1.0 ng/mL 以上で黄体組織の存在が示唆される.
②プロジェステロンの分子構造には動物種差がないため, ヒト用の測定器が利用できる.
③さまざまな測定器, ELISAキットが市販され

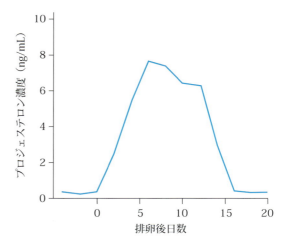

図 2-2-8 発情周期におけるプロジェステロン濃度の推移の一例.

表 2-2-2　1週間ごとのプロジェステロン値と推定される状態

値の推移	低→低→低	低→低→高 低→高→低 高→低→高	高→高→低 高→低→低 低→高→高	高→高→高
推定される状態	卵巣静止	正常な周期	正常な周期	黄体遺残 妊娠

◆補　足

①エストラジオール（卵胞ホルモン）は卵胞期において排卵に向けて上昇するが，一般の測定器ではその変化を検知することは難しく，「発情しているか否か」の検知には利用できない．

②ウマ FSH およびウマ LH は研究において測定されているが，臨床応用されていない．

6）発情同期化法，排卵同期化法

◆目　的

発情を同期化させるための方法，定時に排卵を誘起する方法を理解する．

◆材　料

発情検査可能な雌馬（臨床例）．

◆方　法

（1）発情誘起

$PGF_{2\alpha}$製剤の筋肉内投与により発情を誘起する．天然体のジノプロスト 5〜10 mg，類縁体のクロプロステノール 0.1〜0.15 mg の投与量（牛への$PGF_{2\alpha}$製剤投与量の 1/5〜3/5 量）で馬の黄体退行に十分に作用するが，ジノプロスト投与では明らかな発汗が認められる．排卵後 5 日以内での$PGF_{2\alpha}$製剤投与による発情誘起の効果は低いため，排卵 6 日後以降の投与が推奨される．$PGF_{2\alpha}$製剤投与後

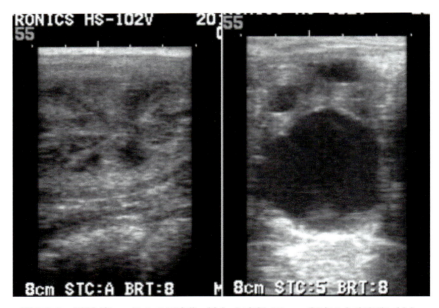

図 2-2-9　浮腫グレード 3 の子宮像（左）と直径 35 mm 程度の主席卵胞（右）．

排卵までの日数は卵胞のステージや品種，個体差により幅が広い．

（2）排卵誘起

　馬の排卵誘起にはヒト絨毛性性腺刺激ホルモン（hCG）を 1,500 ～ 3,000 単位静脈注射することが効果的である．排卵誘起のタイミングは以下の通りである．

　① hCG 製剤投与のタイミングとしては，子宮の浮腫グレードが 0 ～ 5 のうち 3（子宮全体の明らかな浮腫像）以上で主席卵胞の直径が 35 mm 以上であることが望ましい（図 2-2-9，表 2-2-3）．

　② hCG は，複数回の投与により効果が減弱するため，1 シーズンで 2 回までの使用が推奨されている．

　③推奨される投与量は静脈投与として 1,500 ～ 3,000 単位である．

　④正常な発情が見られ，少なくとも 35 mm の卵胞が存在する場合，hCG 製剤の静脈投与からおおよそ 36 ～ 48 時間に排卵が起こる．一方で，排卵の多く（75％）が hCG 製剤投与後 24 ～ 48 時間で起こるという報告もある．主席卵胞の大きさだけではなく，子宮の浮腫グレードも把握したうえで排卵誘起製剤を投与することが望ましい．

表 2-2-3　子宮内膜の浮腫グレード

0：浮腫なし，黄体期に認められる典型的な左右両角の子宮均一エコー像
1：部分的にわずかに認められる浮腫像
2：子宮角に認められるやや進んだ浮腫像
3：明らかに子宮全体に認められる浮腫像
4：最大級の明瞭な浮腫で，子宮角全体，子宮体部でより強く認められ，ごく少量の液が子宮腔内に映ることもある浮腫．明瞭な車軸状ないしオレンジスライス像として認められる
5：イレギュラーな過度な浮腫像．肥厚した子宮内膜ひだといくつかのエコーフリー像，管腔には少量の貯留液を認める

(Samper J et al.)

馬

3．雄の繁殖機能検査

1）性行動の観察

　雄馬の性行動は性的興奮，求愛，陰茎の勃起と突出，乗駕，陰茎の挿入，射精，降駕，性的無反応に分けられる．雄を発情した雌に試情させると，陰茎を徐々に勃起させ，雌の尿を嗅いだ後，10〜30秒間のフレーメンを2〜3回繰り返す．フレーメンは，頸を伸ばし頭を垂直方向に上げて上唇をまくり上げる行動である．次いで，雌の尻や背，頸のあたりの皮膚を軽く噛み，しきりにいなないた後，顎を雌の背にのせ，前肢で雌の腰角の前方を抱え込むように乗駕して（図2-3-1），陰茎を挿入する．射精時には雄馬は尾根部を律動させて尾を上下に細かく数回振る（尾打ち）ので，この行動をもって射精したと判断する．射精にとって陰茎に加わる知覚刺激が重要であるが，雄馬の場合は陰茎に加わる圧覚が温度より重要な条件となる．射精後は速やかに降駕し，性的無反応となる．なお，雌馬への性的興奮は示すものの，陰茎の勃起が十分に起こらない性的不能（交尾欲減退〜欠如症／交尾不能症）を示すことがある（図2-3-2）．

2）一般臨床検査

　牛に準ずる．

3）外部生殖器検査

　精巣は下垂状態，左右の大きさ，陰嚢の表面を観察する．また，触診で硬結感，熱感，疼痛の有無を調べる．陰茎と包皮の異常，包皮口あるいは包皮腔の狭窄，陰茎の浮腫，発疹の有無を調べる．

4）乗駕試験

　「1)性行動の観察」に含まれる．

図2-3-1　発情中の雌馬に乗駕する種雄馬．

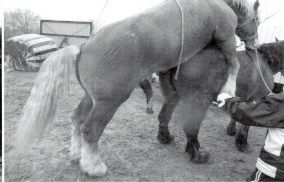

図2-3-2　交尾欲減退〜欠如症を示す種雄馬．

5）精液採取

◆目　的

精液性状の検査や人工授精用の精液を準備するために，馬用人工腟を用いて精液を採取する．

◆器具・器材

馬用人工腟（外筒，内筒，採取嚢；図2-3-3，図2-3-4），安全靴，ヘルメット，湯．

◆試薬・薬剤

潤滑剤（KYゼリー）．

◆方　法

①雄馬を発情馬（または前もってエストロジェン投与によって発情を誘起した雌馬）に近づけ，十分に性的に興奮させて，陰茎を勃起させる．

②乗駕させたのち，陰茎を人工腟に誘導して射精させる．このとき，人工腟は利き手に持ち，反対の手は陰茎を下から支える．

③射精を確認したのち，人工腟を陰茎から抜去する．

④採取嚢内の精液をガーゼなどを用いて濾過し，保温した遮光瓶に保存する．

◆ポイント

射精は尾打ちや陰茎を下から支える手に感じる脈動により確認することができる．採取者は雄馬の後肢の動きと雌馬から降りる動きに細心の注意を払い，安全第一に努める必要がある．

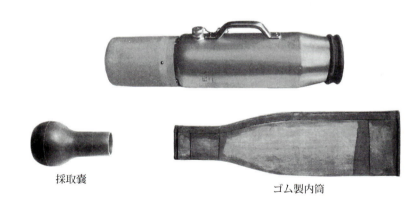

図 2-3-3　馬用人工腟（改良型）．

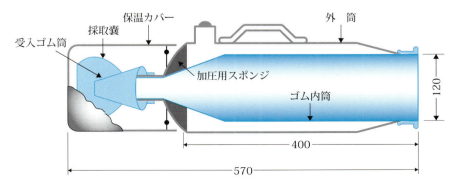

図 2-3-4　馬用人工腟の各部の大きさ（mm）．

馬

◆補　足

　雄馬は陰茎に加わる刺激として圧覚が重要なので，陰茎の大きさに合わせて人工腟に入れる湯の量を調節する．なお，人工腟の温度が 40 〜 42℃になるように準備する．

6）精液検査

　牛に準じる．

4．人 工 授 精

1）精液の希釈と保存

（1）希　釈

　精子は，採取後急速に運動性が低下するので，人工授精や凍結保存に供する場合は直ちに希釈液を加えて運動性および受精能を保持する必要がある．希釈液は，糖とスキムミルクを主体としたものを自作できる他，海外の市販品を使用することもできる．表2-4-1は希釈液の1例である．

（2）保　存

ａ．液状精液

　採取した精液を数時間以内に人工授精に用いる場合は，30℃に加温した希釈液で2〜3倍に希釈し，使用時まで保存する．なお，簡便な保存法として，精液と等量の5％グルコース液により希釈した液状精液があり，これを用いて数時間以内に人工授精が行われている．輸送などで長時間保存する場合，精液を遠心後，スキムミルクなどを添加した保存液に置き換えたのちに冷蔵保存し，36時間以内に人工授精に用いる．いずれも注入する精子数は10〜20億程度になるように調製する．

ｂ．凍結精液

　凍結精液作製法には，ペレット法とストロー法があるが，現在はストロー法が主体である．作製法の詳細は牛に準じ，馬の精子に適した組成の希釈液を調製して使用する．

2）人工授精

◆器具・器材

　各種注入器，50 mL シリンジ，保温容器，ストローカッター．

　注入器には，液状精液の場合，シース管，豚用精液注入器などが使用できるが，シリンジに接続できて十分な長さがあれば何でもよい．海外には馬用のカテーテルも存在する．凍結精液をストローから直接注入する場合，牛用の精液注入器を使用するか，あるいは複数本のストローを注入できる仕組みのものや深部注入用のものがある．

表 2-4-1　馬精液の希釈液の組成の一例

組　成	HBS/L	SM/L
ドライスキムミルク（g）	—	55.75
グルコース（g）	50.0	27.64
無水クエン酸ナトリウム（g）	0.6	0.3
ラクトース（g）	3.0	1.5
ラフィノース（g）	3.0	1.5
クエン酸カリウム（g）	0.82	0.42
HEPES（g）	7.14	10.0
チカルシリン（g）	—	10.0
pH	7.0	7.0
浸透圧（mOsm）	300〜310	300〜310

HBS：HEPES 緩衝‐糖希釈液，遠心分離に用いる．SM：スキムミルク希釈液，冷却および凍結に用いる．　　　　　　　　　（Palmer E 1984）

馬

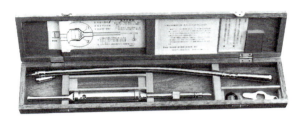

図 2-4-1　馬用精液注入器.

図 2-4-2　豚用精液注入器.

◆試薬・薬剤

消毒液，消毒用アルコール．

◆方　法

授精対象の雌馬が授精適期にあることを，外部発情徴候，発情行動および直腸検査や超音波検査により確認する．

(1) 液状精液

①外陰部を洗浄，消毒する．
②注入器に液状精液を吸引した 50 mL シリンジを接続する．
③滅菌した直腸検査用手袋を装着し，注入器先端を包むようにして持ち，腟内に手を挿入する．
④外子宮口を認識し，注入器を挿入して子宮体まで進め，シリンジ内の精液を注入する．

(2) 凍結精液

①凍結精液のストローを 35〜38℃の湯に 30 秒程度浸して精液を融解する．
②融解後に希釈液に入れる形式のものは液状精液に準じる．
③ストローから直接注入する形式のものは、注入器にストローを装着し，液状精液同様の手順で子宮体，あるいは深部注入の場合は排卵が予想される側の子宮角先端に注入する．深部注入の際は，注入器が子宮体に到達後，手を直腸に入れ替えて直腸を介して注入器を子宮角先端へ誘導する必要がある．

◆ポイント

授精を一度で終わらせるため，卵胞の大きさ，触感，子宮の車軸状所見，触感，外子宮口の形状などから授精適期を見きわめる．必要に応じて排卵促進剤を投与する．

馬の子宮頸内部は縦ひだなので注入器を通過させる際にひっかかりにくいが，抵抗感があるときは先端の向きを修正し，スムーズに挿入する．

◆補　足

競走馬登録の関係上，人工繁殖できる馬の使途は限定される．

5．胚移植と体外受精

◆目　的

競技や観光などの用途に利用しながら子馬を生産するためには，妊娠，泌乳に約1.5年を要するため，本来の用途を中止しなければならない．また，高齢繁殖雌馬や，蹄疾患を有する雌馬は，早期胚死滅や流産の発生率が増す．これらの問題を解決するためには，代理の母馬（レシピエント）を利用した，受精卵移植（胚移植）が効果的と考えられる．サラブレッド生産国となっているわが国では，軽種馬血統登録において，生殖補助技術の使用が許されていないため国内では発展していない技術となっているが，今後は乗用馬生産において技術の普及，定着が期待されている．

◆材　料

黄体期7～9日にある妊娠雌馬に対する処置．非妊娠馬を用いて実習可能．と畜の雌性生殖器材料を用いて操作することは実習として有用．

◆器具・機材

馬子宮灌流用バルーンカテーテル，Y字チューブ，径70 μmフィルターカップ，専用灌流液あるいは乳酸リンゲル液，他．

◆方　法

メデトミジン3 μg/kgで鎮静後，バルーンカテーテルを腟側から子宮頸管を通じて子宮体部尾側にセットし，40～50 mLのエアーを送り込む（図2-5-1）．回収液1.5 L（小格馬）～6 L（重種馬）を子宮内へ注入．子宮を直腸越しに軽くマッサージして液体を3回灌流する．灌流液はすべてフィルターカップを通し，実体顕微鏡で胚を確認．回収した胚（図2-5-2，＜800 μm）を段階洗浄後0.25 mLストローへ封入し，牛用胚移植器具により子宮体に移植する（牛のように子宮角に移植する必要なし）．移植時は，レシピエント馬子宮頸管への刺激を最小限にする必要がある．

1）体外受精

欧米や南米において，体外受精（顕微授精）による生産は多数報告されており，一部は商業ベースとして提供されている．

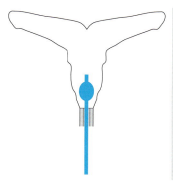

図2-5-1　バルーンカテーテル挿入の模式図．

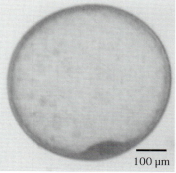

図2-5-2　回収された馬胚（胚盤胞，直径550 μm）．

図2-5-3　牛用胚移植器具を用いた馬（ポニー）への胚移植の様子．

馬

6．妊娠診断

1）直腸検査

◆目　的
　直腸検査により妊娠を推定することができるようになる．

◆器具・器材
　直腸検査用手袋，潤滑剤．

◆方　法
　直腸検査の方法は前述の「発情周期の把握」に準じる．

◆妊娠期の子宮の所見
　妊娠初期の子宮はソーセージ状に硬く緊縮している．妊娠4週頃には直腸壁を介して妊娠子宮角の基部の膨隆をわずかながら触知できるようになる．妊娠中期には子宮体から子宮角全域にわたって胎水が充満し，波動感のある感触が得られる．妊娠後半には胎子の頭部（中期には頭位と尾位が半々であるが，後期には頭位で固定される）および盛んな胎動も触知できる．

◆ポイント
　①直腸検査により妊娠が判定できるのは4週頃であるが，実際にはこの時期の診断は難しい．
　②直腸検査以外でも妊娠の「推定」が可能である．発情が回帰する時期（交配後おおよそ3週）に発情徴候を示さず，腟鏡により子宮外口が閉鎖している場合には妊娠している可能性がある．

◆補　足
　①妊娠期の子宮頸管は強く閉鎖することで子宮内と外界のバリアとなる．そのため腟検査によって閉鎖した子宮外口を観察できるが，腟検査のみで妊娠の有無を判定することはできない．
　②妊娠中期以降には子宮が膨満し，卵巣も頭側へ押しやられるため触知が困難となる．経験豊富な技術者であれば，非妊娠期に子宮および卵巣が触知できないことをもって妊娠を推定することもある．
　③スタンプスメア法による妊娠判定は一般的ではない．

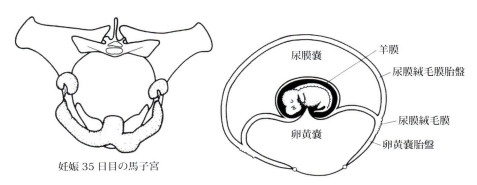

図 2-6-1　妊娠35日目の馬の子宮，胎子および胎膜の模式図（津曲茂久氏作図）．

2）超音波検査

◆目　的
　妊娠の経過に伴う胎子発育像を理解し，妊娠の有無のみならず異常妊娠を検知できるようになる．
◆器具・器材
　超音波画像診断装置，潤滑剤，直腸検査用手袋．
◆方　法
　妊娠初期には経直腸で，妊娠中期（20週頃）以降には経腹壁で胎子を描出できるようになる．
(1) 経直腸アプローチ
　「本章 2.4）超音波検査」を参照のこと．
(2) 経腹壁アプローチ
　①雌馬を適切に保定する．
　②雌馬の腹壁正中にアルコール，超音波ゼリーを塗布する．必要に応じて冬毛を剃毛する．
　③プローブを正中に当て，乳房直近から剣状軟骨部まで観察する．
◆胚胞，胚の超音波画像
　超音波検査における正常な所見を図2-6-2，2-6-3および表2-6-1に示す．受精卵（胚）は排卵後6日頃に卵管から子宮に進入する．その後，子宮角と体部を前後・左右と遊走する．この時点では直径5 mm以下ときわめて小さいが，その後大きくなり，16日には24 mmほどに達する．3週には胚胞の底部に米粒大の胎芽が出現し．4週には胚（胎子）が赤道上（胚胞の中央）に位置して心拍が確認できるようになる．5週にはさらに移動したのち，6週から臍帯が形成され始め，頭部と体部がわかるようになる．7週には四肢が観察できる．

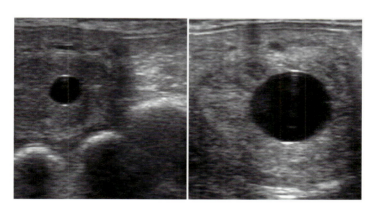

図 2-6-2　胚胞の超音波画像．左：胎齢13日，右：胎齢15日の胚胞．

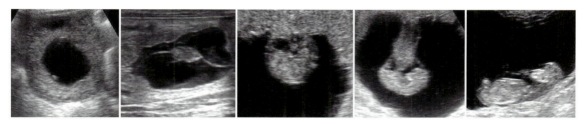

図 2-6-3　胚の発育．左から順に胎齢3，4，5，6，7週．

馬

6 妊娠診断

表 2-6-1 経直腸リニア型プローブ（深度 10 cm）での観察項目

胎齢	エコー所見
2 週目	胚胞を確認できる
3 週目	胎芽が描出される
4 週目	胚（胎子）は胚胞の中央に位置し，心拍が確認できる
8, 9 週目	性別診断の適期
10 週目〜	子宮の膨大に伴って胎子が沈み込み，描出できなくなる
15 週目〜	胎子の発育により再び描出できるようになる．頭部か臀部がおよそ半々の比率で描出され，臀部であれば性別鑑定できる．胎盤が発達し始める

◆性別診断

　主な診断適期は妊娠 8〜9 週と 15〜16 週頃である．前者では生殖結節の位置によって判別し，後者は明瞭な陰茎もしくは陰核と乳房を描出することができる（図 2-6-4）．

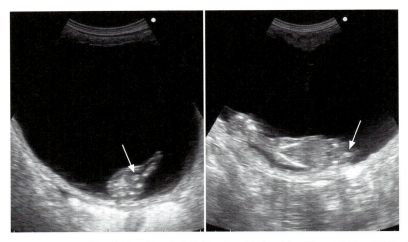

図 2-6-4　左：胎齢 8 週の雄．後肢の間に生殖結節．右：胎齢 8 週の雌．両後肢の尾側に生殖結節．

◆異常妊娠の所見

　妊娠初期の胚発育にはほぼ個体差がなく，一般的な発育像（図 2-6-3）より遅れている場合には胚死滅を疑う．

　流産原因として一般的な上向感染性胎盤炎は外陰部から細菌が子宮頸管を経由し，子宮頸管周囲に病巣を広げる．子宮胎盤厚（combined thickness of uterus and placenta, CTUP）の増加（> 15 mm）は感染性胎盤炎を示唆していると考えられる（図 2-6-5）．また，胎子の徐脈，羊水中の高エコー粒子は胎子の異常を示唆する．

◆ポイント

　①早期診断は胚胞が十分に発育することと遅れた排卵による受胎を見逃さないため，排卵後 13 日頃以降に行う．

　②流死産原因となる多胎妊娠を見逃さないため，一般的には排卵後 13〜18 日に 2 回確認する．

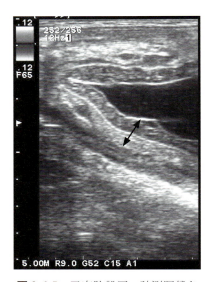

図 2-6-5　子宮胎盤厚．計測距離を両矢印で示す．

③妊娠診断時は子宮内膜シストと胚胞との鑑別に留意する．
④子宮角分岐部は構造上沈み込んでいるため，胚胞を見落としやすいので注意する．
⑤妊娠後半は胎盤が発達し，子宮壁と明瞭に区別できる胎盤が観察できるが，初期には両者の区別ができないため，子宮と胎盤を合わせた厚みを測定する（図 2-6-5）．
◆補　足
経腹壁アプローチは馬に侵襲がないものの，慣れていない馬では後肢で蹴られる危険があるので注意する．

3）ホルモン測定

◆目　的
妊娠馬に特有のホルモン動態を理解し，ホルモン測定による妊娠診断，異常妊娠の推定ができるようになる．

◆材　料
雌馬の血液．

◆器具・器材
採血器材，遠心分離機，各ホルモン測定系（自動測定器や ELISA キットなど）．

◆方　法
血清もしくは血漿を用いて，子宮内膜杯が分泌する eCG もしくは胎子胎盤が分泌代謝するエストロジェン，プロジェスチンを測定する．

◆正常妊娠馬における各ホルモンの推移（図 2-6-6）
① eCG：40 日頃に胚が子宮内膜に着床すると，着床部周囲に子宮内膜杯が形成され，eCG が分泌される．これが母体血中で検出できるが，測定系が一般的ではないことから，臨床現場では用いられていない．
②エストロジェン：胎子性腺の発達に伴って妊娠中期に上昇し，分娩前に低下する．
③プロジェスチン：馬において，妊娠に必須のプロジェスチンは産生母地が一次黄体，二次（副）黄体，胎盤と推移する．胎盤へ移行後は低く安定した値を維持し，分娩前に上昇する．

◆妊娠の有無の推定
1 回の測定で確実な判定ができるのは妊娠中期におけるエストロジェンである．一方で，プロジェス

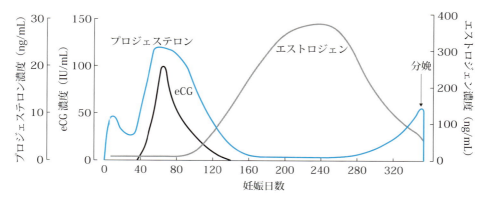

図 2-6-6　妊娠雌馬におけるホルモン動態．

馬

チンは黄体機能を示唆しているに過ぎず，1回の測定では一般的な黄体期との区別ができず，複数回の測定で継続して高値を示したとしても，持続性黄体との区別ができないため，判定結果は「妊娠しているかもしれない」という推定に留まる．

◆異常妊娠の診断

妊娠中期（30週）以降，エストロジェンおよびプロジェスチンは安定して推移する．この時期にエストロジェンの低下もしくはプロジェスチンの上昇を認めた場合には異常妊娠が示唆される．詳細な機序は明らかとなっていないが，エストロジェンの低下は胎子胎盤の活性の低下を，プロジェスチンの上昇は胎子のストレス反応（胎子はコルチゾール合成経路が成熟しておらず，プロジェスチンとして検出される）を示唆していると考えられている．

◆ポイント

①直腸検査ができない小型馬や直腸検査技術を持つ獣医師がいない地域においては，血液から妊娠の有無を推定する方法が求められる．

②経済価値の高い馬において，妊娠期の損耗を防ぐためには異常妊娠の早期診断が重要である．実際，乳房腫脹（premature udder development）や陰部からの滲出液（vaginal discharge）といった流産徴候より先にホルモン値に異常を示す例があることが報告されている．現実的に定期モニタリングは困難であるが，飼養者が異常を感じた場合や流産が続いた症例などに対して，超音波検査の補助診断として，先んじた検査としての可能性が期待される．

◆補　足

①プロジェステロン類の総称をプロジェスチン，エストラジオール類の総称をエストロジェンという．臨床現場ではそれぞれプロジェステロン，エストラジオールもしくはエストロンを測定することが一般的であるが，実際にはイムノアッセイ系が持つ交差反応性から類似ホルモンも含めて検出している．実際，質量分析装置による妊娠後期におけるプロジェステロン自体の濃度はきわめて低いことが知られている．

②測定系（使用する抗体）によって値が大きく異なるため，臨床診断においてはそれぞれの測定系における基準値を確認する必要がある．

③胎盤とは本来胎子組織と母体組織を合わせたものをいう．上皮絨毛型胎盤の馬においては出産時に娩出される胎膜は一般的に胎盤と呼ばれているが，母体胎盤（子宮内膜）を伴わないため，正確には尿膜絨毛膜（chorioallantois）である．

7．分娩の観察

◆目　的

95％の馬の分娩に介助に必要ないと記載されているが，家畜の中で最も妊娠期間が長い馬を生産するうえで，分娩による事故は大きな損失となる．分娩の事故を軽減するには，あらかじめの準備が重要である．

◆材　料

妊娠馬（実際の分娩，ビデオ記録など）．

◆方　法

①雪国の生産（1～3月）では，分娩予定日1か月前からの常歩運動が難産予防に有用である．

②寝起きしやすい，広い，清潔な環境で分娩させる．

③分娩日の予測は，分娩予定日のみから判断せず，毎日の乳房の腫脹，乳ヤニの乳頭付着の観察を行う．乳中pH，乳中Brix値の測定は分娩予知に有効である．

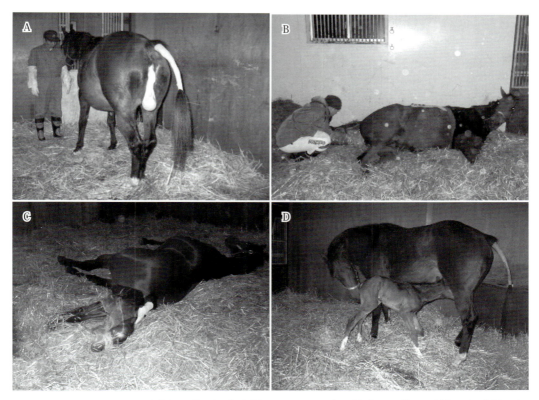

図 2-7-1　馬の分娩．A：分娩第1期（1次破水）が終了し，白い羊膜とわずかに外部から確認できる前肢（足胞）が認められる．B：清潔なグローブをし，外陰部から産道内の前肢と頭を確認する．母馬が伏臥状態の際は，危険であるためタイミングを選んで検査する．問題がなければ馬に任せる．C：自然な分娩の際には羊膜に包まれて娩出される．一般に新生子の胸郭が産道を通過すると呼吸が開始する．新生子の反応が少ない際は，羊膜を破り呼吸を促す．D：通常新生子は1時間前後で起立し，2時間程度で初乳を吸乳する．寒冷地ではタオルで濡れた体を拭くなどの人的サポートも効果的であるが，母性の誘発には臭い刺激が重要な役割を担うため，母馬が子馬の肛門付近の臭いを嗅ぐ姿勢を保つことが有効である．

馬

④破水のときに足砲（羊膜）を外陰部に確認することで分娩第1期の終了と第2期の開始を認識する．

⑤母馬は寝起きしながら娩出は進行する．横臥した際に静かに内診により前肢と頭を清潔な手で確認する．

⑥異常がなければさらに馬に任せる．無理に胎子を牽引しない．

⑦介助が必要な場合は，最初は一人で後方にまっすぐに，胸まで出たら徐々に飛節方向に引っ張る．

⑧娩出後，臍動脈の拍動がおさまるまで臍帯を切らない．切れたあとに臍を消毒する．

⑨初乳から免疫を獲得するため，新生子馬が起立し，初乳を飲むことを確認する．

⑩娩出後2～3時間に初乳を搾乳し，新生子に強制的に吸飲させることもある．

⑪子馬に浣腸して胎便の排出を促す．

8. 妊娠の人為的コントロール

◆目　的

　馬には減胎処置を実施する機会が多いことを理解する．世界共通に行われている基本的な方法は用手破砕法（manual crush）である．

　馬の分娩誘起は，牛や人での実施数ほど安定した成績が認められないことから，一般的には実施されない．胎子の生存，心拍数，乳中 pH/Brix 値，子宮頸管の弛緩状態，母体血中ホルモン濃度などの分娩徴候を総合的に検討して分娩誘起を行うことがある．

◆背　景

　生産の現場では品種により 10 ～ 30% の双胎が確認されその都度減胎が行われる．双胎子 2 つのうち一方に対して，用手破砕法（manual crush）による減胎が最も頻繁に行われている．それ以降は，2 つの胚が重なること（Day 17 ～）などの理由から，別の方法で減胎または妊娠中絶を実施する．

　管理上のミスによる望まない受胎や，双胎の減胎が困難な場合に，妊娠 35 日より前の早い段階での処置を選択し，再度交配を可能にする方法として，$PGF_{2\alpha}$ 製剤の投与による効率的な妊娠中絶が可能である．

◆方　法

　人工流産は 35 日よりも前に実施することが繁殖管理上，好都合である．妊娠 37 日には胎子と子宮内膜の間に子宮内膜杯が形成され着床するため，eCG の分泌が開始され，その影響が数か月間持続するためである．それ以降でも $PGF_{2\alpha}$ 製剤投与による妊娠中絶は可能であるが，妊娠後半期には難産などのリスクを伴う．

　用手破砕法による減胎は最も安全で確実な方法である．その他，経腟超音波ガイド吸引法（yolk sac aspiration 法），経直腸胎子頸椎脱臼法（cranio-cervical dislocation 法），経腹壁穿刺・塩化カリウム（KCl）心臓注入法，などが実施されている．

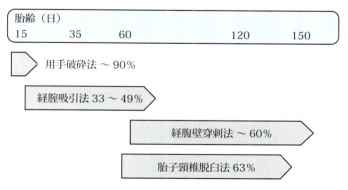

図 2-8-1　報告されている主な減胎法とその成功率．

9. 雌の繁殖障害・生殖器疾患の診断と治療

1）カルテの書き方

◆目　的
　繁殖診療は繁殖シーズン中に集中して行われる．検診は数日続くことも多く，頻繁に過去の記録を参照するため，数日から1シーズン分を1ページに収めたカルテが用いられる．フォーマットは診療施設によってさまざまであるが，初診からの所見・治療経過がわかりやすく，また継続診療時に理解しやすいことが重要である．カルテの特徴を理解し，その記載法を習得する．

◆材　料
　空胎雌馬，雌馬生殖器．

◆器具・器材
　繁殖診療カルテ，筆記具，直腸検査用手袋，腟鏡，腟鏡用ライト．

◆方　法
　①履歴：はじめに，飼養者から患馬の一般情報（馬名，品種，年齢，産歴，分娩日および分娩状況，発情徴候，交配日（授精日），受胎状況など）や飼養者が気づいた異常所見などを聞き取る．
　②繁殖検査：外陰部検査および直腸検査を行う．
　③その他：必要に応じて栄養状態（ボディコンディションスコアや被毛の長さや光沢）を記録し，飼養管理状況（給餌内容，放牧時間，群の構成など）を確認する．

◆ポイント
　①個体識別：一般的には飼養者が馬名を告げるが，理解していない従業員の場合もある．獣医師も馬の特徴に注意して個体識別する．品種，毛色，旋毛，白斑（顔面，体幹，四肢）に注目して確認する．国内生産サラブレッドにおいては2007年生産馬からマイクロチップの挿入が義務づけられている．海外生産馬では口唇や肩部に烙印が入っていることもある．
　②腟所見の記載：腟鏡を用いて観察し，粘膜色，子宮外口の弛緩を記録する．
　③卵巣所見の記載：卵胞および黄体の大きさと数，排卵窩の状態などを図に書く．毎回，両側を記録することを習慣づけることで，見落としを防ぐことができる．
　④子宮所見の記載：子宮の大きさ，子宮内膜シストの数や位置を図に書く．浮腫，貯留液の有無，超音波所見についてはスコアで記録することもある．

◆補　足
　参考として日高地方で実際軽種馬診療に用いられているカルテを図2-9-1に示す．

2）診　断

◆目　的
　繁殖障害の診断手順を理解する．

◆器具・器材
　各種検査器材．

馬

繁殖牝馬記録カルテ

牧場名：

馬名：		母父：		種馬 1：
年齢：	分娩・空胎・あがり*	毛色：	産歴：	種馬 2：
胎盤停滞：なし・あり（　時間）		胚死滅歴：		流産歴：
分娩状況：正常・異常（　　　）		胚死滅発生：あり（　　　）		ライトコントロール：あり・なし
／　　　分娩（予定日 ／　）		産前BCS　（　／　）		

メモ

（　／　）　　　　　　　　　　　（　／　）

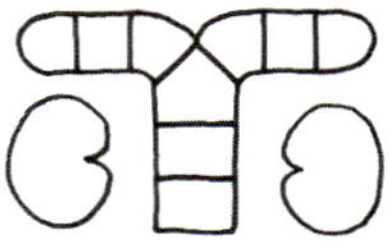

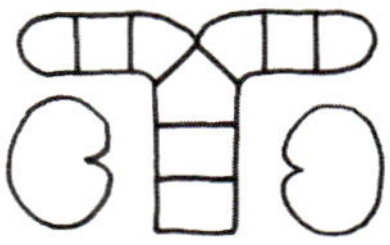

月日	診	状況	US	卵巣所見 左	卵巣所見 右	子宮浮腫	子宮他所見	UL	CSL	薬剤	BCS	スケジュール
／												
／												
／												
／												
／												
／												
／												
／												
／												
／												
／												
／												
／												
／												

*未経産（競馬から引退して繁殖に初めて供用される個体）.
略語：US：エコー検査 /PC：妊娠鑑定 /UL：子宮洗浄 /CSL：陰部縫合 /cyt：細胞診 /bct：培養
Mc：マイシリン /N：ネオポリ /GM：ゲンタマイシン /PIP：ピペラシリン /OXY：オキシトシン

図 2-9-1　日高地方で使用されているカルテ例.

9 雌の繁殖障害・生殖器疾患の診断と治療

馬

◆方　法

①畜主からりん告を取る（☞「1)カルテの書き方」）.

②問題点を確認する．繁殖診療における主な問題点に以下のものがあげられる．問題がその馬のみではなく群全体の問題である可能性についても留意する.

- ・発情がこない（春になっても卵巣が機能しない）
- ・卵胞があるが，中程度以上に成長しない
- ・受胎しにくい
- ・流産を繰り返す
- ・常に卵巣が小さい

③受胎性を低下させている原因部位を推定する．以下に異常状態と原因の例を示す.

- ・卵巣静止　→栄養状態，日照時間，内分泌異常，染色体異常，遺伝子異常
- ・低受胎性　→陰唇から頸管にかけての構造異常，子宮内感染，子宮内膜の線維化，卵管閉塞，交配時期の誤り，代謝疾患

④必要に応じた検査を行う．以下に主な繁殖障害の原因と検査法および治療法の例を列挙する.

- ・卵巣静止　→栄養状態（ボディコンディションスコアや給餌内容）の確認，ライトコントロールの確認，過去に一度も発情を示しておらず夏から秋にも卵巣委縮が続いていれば染色体検査
- ・感染性子宮内膜炎　→細胞診，細菌培養，バイオプシー
- ・子宮頸管裂傷　→分娩によって損傷することがあるため，分娩状況を確認．触診，内視鏡検査
- ・外陰部の形態異常　→外部の汚れが入りやすい構造であれば陰唇縫合を検討

◆ポイント

①低受胎性の原因として最も身近なものは子宮内膜炎である.

②「問題点の推定→検査→診断」という一連の検証を繰り返す.

③繁殖障害がなくても受胎率は100%ではないため，繁殖障害の診断，原因特定は難しいことが多い.

◆補　足

①臨床現場においては，検査に要する費用や時間を勘案した結果，検査を行わずに診断的治療を選択することも多い.

②繁殖時期が限られる馬においては，3回の交配で不受胎であった雌畜に使用されるリピートブリーダーという表現は一般的ではない．低受胎性の雌馬は厳密な定義はないものの「プロブレムメア」（problem mare）と呼ばれる.

3）子宮内膜細胞診，子宮内膜バイオプシー

◆目　的

細胞診（cytology），培養検査（culture），組織生検（biopsy）の違いを理解し，目的に応じて検査方法を選択できるようになる．細胞診においてはスワブとサイトブラシ，子宮灌流法の違いを理解する．また，それらの手技を身につける.

◆器具・器材

ダブルガードの子宮内膜スワブあるいはサイトブラシ（図2-9-2），生理食塩液，子宮洗浄用カテーテル，子宮内膜バイオプシー鉗子（図2-9-3）.

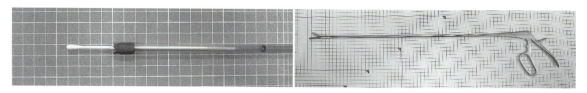

図 2-9-2　ダブルガードの子宮内膜用スワブ．　　　　図 2-9-3　子宮内膜バイオプシー鉗子．

◆子宮内膜細胞診
(1) 採　材
　一般に，発情期に行う．採材方法はスワブ，ブラシ，子宮灌流液の 3 通りがある．
　①スワブ：子宮頸管ではなく子宮内の材料を正確に得るため，ダブルガードの専用スワブを用いる．外套に覆われたスワブを子宮頸管に挿入し，先端が子宮内に入ったら外套から内套，さらにスワブを出し，子宮内膜にこすりつける（最低でも 15 秒以上）．スワブを内套および外套に収納してから抜く．
　②サイトブラシ：スワブと同様にダブルガードの製品を子宮頸管から挿入し，子宮内膜を掻くように採材する．ブラシはスワブよりも効率的に検体を採取できる．
　③子宮灌流：ピペットやカテーテルを子宮頸管に挿入し，生理食塩液を子宮内に注入する．子宮をゆすって撹拌したのち，回収する．50 〜 100 mL 注入して数 mL 回収（low dose lavage）できればよいが，子宮内膜炎に罹患した子宮は下垂していて灌流液を回収しづらいため，500 〜 1,000 mL 注入することもある．この際は遠心分離操作が必要となる．

(2) 染　色
　スワブやブラシは乾かないうちにスライドガラス上で回転させ塗布する．灌流液については遠心分離し，沈渣をスワブに拭ってスライドガラスに塗布する．ディフクイックやヘマカラー，ギムザ，メチレンブルーなどで染色する．

(3) 評　価
　光学顕微鏡にて観察する．一般的には上皮細胞が最も多い．上皮細胞は発情期には立方体〜円柱状である．好中球は子宮内膜炎罹患馬の主要な炎症細胞である．炎症度の評価方法はさまざまであるが，代表的な方法として 400 倍率で 10 視野観察し，好中球数 / 上皮細胞数の％を算出する．一般的に上皮細胞 40 個当たり好中球 1 個以上（約 2％）を炎症の指標とする．高倍率 10 視野で計測し，好中球数 1 個未満を正常，1 〜 2 個を軽度，3 〜 5 個を中程度，6 個以上を重度炎症とする区分もある．

◆子宮内膜バイオプシー
　①採材：バイオプシー鉗子を子宮頸管から子宮内に挿入する．鉗子を把持しない方の腕を直腸に挿入し，指先で子宮壁を鉗子の先端（バスケット）に押し当てて採材する．採材部位は任意であるが，子宮体もしくは子宮角基部の背側がアプローチしやすい．組織はただちに固定液に入れ，定法に従ってパラフィン切片を作成，染色する．
　②評価：最も重要な評価項目は子宮内膜の病理所見である．特に子宮腺周囲の線維化は子宮内膜の瘢痕組織の程度を表し，腺の数とネスト（巣）形成の程度によって評価される．低倍率においてネストが 2 〜 4 個で中程度，5 個以上で重度（カテゴリー 3）とされる．さらに腺を囲むリングの数は軽度（1 〜 3），中程度（4 〜 10），重度（> 10）に分類される．これらは Kenney のグレード分類により 3 つに区分され，出産率と関連している（表 2-9-1）．カテゴリー Ⅰ は正常な子宮内膜，カテゴリー Ⅲ は病理組織変化が著しいもの，カテゴリー Ⅱ は Ⅰ と Ⅲ の中間であり，Ⅰ に近い馬を Ⅱ A，Ⅲ に近い馬を Ⅱ B と細分する（詳

表 2-9-1 Kenney グレードと期待される生産率

カテゴリー	病理組織変化の程度	期待される生産率
I	変化なし（正常）	80〜90%
ⅡA	軽度	50〜80%
ⅡB	中程度	10〜50%
Ⅲ	重度	10%未満

(Kenney RM and Doig PA 1986 をもとに作成)

細は原著を参照のこと）．

◆ポイント

①細胞診の目的は炎症反応（炎症細胞）の評価であり，培養検査は細菌の同定や薬剤感受性検査，バイオプシーは子宮内膜の組織学的評価である．

②細胞診の採材方法は大きく3種類ある．スワブが最も古典的な方法であり安価である．サイトブラシはスワブよりも組織をしっかり採取できるため，診断精度が高い．一方，スワブやサイトブラシは子宮内の局所を採材しているに過ぎない．子宮角深部や子宮全体を評価するためには生理食塩液を注入し，その灌流液を評価するのが好ましい（診断的子宮洗浄）．

③子宮内膜バイオプシーは高齢馬や原因不明の低受胎性の原因究明を目的として行われる．細胞診が表在性の炎症を評価するのに対して，バイオプシーは深層における線維化，腺の膨張，リンパ液のうっ滞，子宮腺の密集を評価できる．子宮腺周囲線維症は加齢に伴って進行し，不可逆的である．

4）子宮内への薬液投与，子宮洗浄

◆目 的

子宮疾患の診断および治療のために子宮洗浄，薬液投与を行う．

◆器具・器材

子宮洗浄管（図2-9-4），ゴムチューブ，チューブに連結できる漏斗やイルリガートル，滅菌生理食塩液（38℃程度に加温するのが望ましい），500 mL 程度の容器（回収液を受けるもの）．

◆方 法

①直腸内の宿糞を取り除く．

②外陰部を十分な水でよく洗浄消毒する．

③洗浄管を腟内に洗浄し，滅菌生理食塩液で腟内を洗浄する．

④洗浄管を子宮頸管から子宮内に挿入する．

⑤生理食塩液を注入する（軽種馬で1〜3L，重種馬で3〜5L程度）（図2-9-5）．

⑥子宮内に十分注入したら（馬が若干痛がる素振りを示す），排液する．この際，容器に受けて洗浄液の白濁を観察する．回収液を細胞診や細菌培養に用いることもある．

図 2-9-4 子宮洗浄管．

図 2-9-5 子宮洗浄の様子．

⑦排液がきれいになるまで注入，排液を繰り返す

◆ポイント

①重度の子宮内膜炎症例では大量の生理食塩液が必要であり，前記の器材が有効である.

②陰部の汚れを子宮内に入れないよう留意する.

◆補　足

①子宮洗浄管は国内製造品であり，海外では一般的ではない.

②１人で実施する場合にはバルーンカテーテルを内子宮腔に留置するとよい.

③子宮洗浄管およびゴムチューブは滅菌することが望ましいが，複数頭の処置が続く場合には十分な洗浄と消毒液に浸漬することで対応してもよい.

④洗浄後，子宮内に抗菌剤を注入することもある.

5）ボディコンディションスコア（BCS）

◆目　的

受胎性には雌馬の栄養状態が良好である必要があり，成馬で一般的な９点法について理解する.

◆方　法

頸部，肩部，肋部，背部，臀部，尾根部における脂肪の蓄積量を肉眼および触診により評価する.

◆ポイント

①体重計がない施設において，栄養状態の把握に利用される.

②交配期には十分な栄養状態である 5.5 ～ 6.0 が望ましいとされている.

③本スコアシステムは広く認知されており，繁殖学分野の研究においても活用されている.

◆補　足

① 0.5 刻み，0.25 刻みで評価する場合や 5 ＋，5 －といった評価をする場合もある.

表 2-9-2　馬のボディコンディションスコア（BCS）

BCS	状　態	評価ポイント
1	削　痩	極度に痩せており，脊椎の突起や肋骨，股関節結節，座骨結節は顕著に突出している.
2	非常に痩せている	痩せており，脊椎の突起や肋骨，股関節結節，座骨結節などが突出している.
3	痩せている	肋骨をわずかな脂肪がおおう．脊椎の突起や肋骨は容易に識別できる．尾根は突出しているが，個々の椎骨は識別できない．股関節結節は丸みを帯びるが容易に見分けられる．座骨結節は見分けられない.
4	少し痩せている	背に沿って脊椎の突起が触知できる．肋骨がわずかに識別できる．尾根の周囲には脂肪が触知できる.
5	普　通	背中央は平らで，肋骨は見分けられないが触れると簡単にわかる．尾根周囲の脂肪はスポンジ状.
6	少し肉付きがよい	背中央はわずかな凹みがある．肋骨の上の脂肪はスポンジ状．尾根周囲の脂肪は柔軟.
7	肉付きがよい	背中央は凹む．個々の肋骨は触知できるが，肋間は脂肪で占められている．尾根周囲の脂肪は柔軟.
8	肥　満	肋骨の触知は困難．尾根周囲の脂肪は柔軟．き甲周辺は脂肪で充満．肩後方は脂肪が蓄積し平坦.
9	極度の肥満	背中央は明瞭に凹む．肋周囲を脂肪がおおう．尾根周辺，き甲，肩後方および頸部筋肉は脂肪で膨らむ.

馬

6）染色体検査・遺伝子検査

◆目　的
　染色体異常を疑う症例，検査方法の概要について理解する．

◆材　料
　抗凝固剤（ヘパリン，EDTA，ACD など）入り採血管で採取した全血．

◆対象となる馬
　染色体異常にはさまざまな表現型があるが，繁殖雌馬で問題となるケースは卵巣がきわめて小さく（卵胞発育が全く認められない），発情を示さない場合である．多くの場合，外見は正常雌であるが，体形が矮小，陰核が大きい，陰唇が大きく癒合しているといった外観を示す例もある．

◆方　法
　①染色体検査：核型（カリオタイプ）分析は白血球を細胞培養し，細胞分裂 M 期で停止させてから，スライドガラス上に播種，染色することにより，染色体を顕微鏡下で観察する．これにより染色体の数と形態を観察でき，X モノソミーや XY 性転換，トリソミーなどを診断できる．G バンド分染法により各染色体に特徴的なバンドパターンが示され，染色体の同定が容易となる．これにより染色体の数的異常を診断できる．蛍光 *in situ* ハイブリダイゼーション（FISH）法は染色体上における特定の遺伝子の位置を直接知ることができ，転座や逆位，欠失などの構造異常の確認に有用である．
　②遺伝子検査：性染色体の検査においては，アメロゲニン遺伝子（X, Y 染色体に存在）と SRY 遺伝子（Y 染色体性決定領域遺伝子）の PCR 分析を併用することで，Y 染色体および SRY 遺伝子の有無を確認することができる．

◆ポイント
　先天性の染色体異常にはさまざまなタイプがあり，その表現型もさまざまである．

◆補　足
　① SRY 遺伝子は Y 染色体上にあり，胎子期の性決定に重要な遺伝子である．雄（62 ＋ XY）でありながら *SRY* が欠損した場合には，雌の外見を呈し（雌の内生殖器および外生殖器），不妊となる．
　②近年は前述のような染色体検査法の他に，比較ゲノムハイブリダイゼーション（CGH）アレイ法や一塩基多型（SNP）アレイ法といったマイクロアレイ染色体検査法も用いられるようになった．いずれも染色体ゲノムのコピー数変化を評価できるが，転座や逆位のような構造異常を検出できない点に留意が必要である．

7）ホルモン測定による検査

◆目　的
　馬の繁殖障害を診断する際に用いられるホルモン検査について理解する．

◆材　料
　血清もしくは血漿．

◆器具・器材
　各ホルモンの測定系および器材．

◆診断に用いられる主なホルモン
　馬の卵巣腫瘍で一般的な顆粒膜細胞腫の診断のため，抗ミュラー管ホルモン（AMH），インヒビン B，

テストステロンなどが測定される.

プロジェステロン測定により黄体組織の存在を確かめることができる.不鮮明な黄体様組織,無排卵卵胞の黄体化など,超音波検査における判断が曖昧な場合に有用である.

性腺刺激ホルモン(FSH,LH),GnRH の測定は現在のところ臨床現場で一般的ではない.

◆方　法

ステロイドホルモンであるプロジェステロン,エストラジオール,テストステロンは分子構造に動物種差がないため,一般に人の医療で用いられている測定機器や RIA,EIA などさまざまな方法によって測定することができる.

一方,タンパク質ホルモンである AMH やインヒビンについては動物種差があるため,医療用の自動測定器,ELISA キットが必ずしも馬で利用できるとは限らないので,その測定系における妥当性を確認する必要がある.AMH については人用の測定機器が応用できるものがあるが,馬インヒビンについては人用の測定機器が使用できず,研究用 ELISA を用いることになる.

◆ポイント

①非妊娠馬においては特に問題とならないが,妊娠馬においてはプロジェステロンやエストラジオール以外にデヒドロプロジェステロン,アロプレグネノロンいったプロジェスチン(プロジェステロン類の総称)やエストロン,エクイリン,エクイレニンといったエストロジェン(エストラジオール類の総称)も分泌されるため,測定系に用いる抗体の交差反応性によって値は大きく異なりうる.そのため,妊娠馬の測定実績がある施設で測定するべきである.

②プロジェステロンは黄体組織の有無を推定するために用いられ,黄体組織が存在する場合には PGF$_{2\alpha}$ 製剤投与が選択肢にあがる.

◆補　足

各種ホルモンの ELISA キットが海外で市販されているが,一般に高額である.

8)卵巣腫瘍の摘出

◆目　的

卵巣異常において,卵巣摘出が適応となる顆粒膜細胞腫の診断法および摘出法について理解する.

◆顆粒膜細胞腫の徴候・診断方法

①臨床徴候:無発情,持続性発情,雄馬様行動.

②超音波検査:典型的には病巣が多胞性に腫大(蜂の巣状)を呈し,良性腫瘍とされている.対側卵巣は委縮する.罹患卵巣が単一卵胞であったり,実質性である場合もある.

③内分泌検査:AMH,異常なホルモン分泌の亢進がみられる.インヒビン,テストステロンなどを測定する.

◆卵巣摘出術

全身麻酔下仰臥位にて傍正中切開にてアプローチする方法が一般的であるが,近年は立位鎮静下で膁部から腹腔鏡を用いてアプローチする,侵襲の少ない方法も報告されている.

◆ポイント

①顆粒膜細胞腫は馬の卵巣腫瘍で最も一般的である.

②卵巣摘出手術は全身麻酔下もしくは立位鎮静鎮痛下で行われる.

馬

◆補　足

　①顆粒膜細胞腫は一般的に不可逆性と考えられている．罹患卵巣を摘出することで，対側卵巣の機能は正常化するが，翌シーズンの受胎を目指すことが一般的である．

　②ホルモン産生細胞である内卵胞膜細胞，顆粒層細胞の増殖様式によって，テストステロン，エストラジオール，インヒビン，AMHなどが異常分泌を呈し，その分泌状態により，無発情，持続性発情，雄馬様行動などを示す．

10. 雄の繁殖障害の診断と治療

1）診　断

雄牛に準じる.

2）包皮と陰茎と陰嚢の疾患

外傷や吸血昆虫による刺傷により炎症が起こり，感染を併発することもある．包皮や陰茎では，媾疹や媾疫も炎症の原因となる．包皮および陰茎は洗浄し，抗菌剤の塗布を行う．適切な処置を怠ると潰瘍，瘢痕形成，癒着などによる疼痛，狭窄などのために交尾拒否あるいは勃起不能となる．また，雌による蹴りの当たり方により陰茎海綿体の破裂を起こすこともある．破裂により水腫や血腫が起こり，二次感染による膿瘍を形成しやすい．外反した陰茎，包皮の粘膜は切除し，癒着防止のためにときどき陰茎の動きを誘発する．陰嚢の炎症は，陰嚢腔内に影響が及ぶと，陰嚢水腫や陰嚢血腫を継発する．炎症および感染に対する治療を行うが，精巣と癒着が起こると精巣萎縮や造精機能障害へと進行する可能性がある．また，陰嚢水腫は炎症以外にも腹腔鞘状突起の閉鎖不全や陰嚢ヘルニアからの継発，精索捻転などに起因する循環障害によっても発生し，この場合，貯留液の抜去や利尿剤の投与により治療される．

まれではあるが腫瘍が発生し，陰茎では主にウイルスによる乳頭腫が知られている．出血，不快感，疼痛があると交尾に影響を与えることがある．病変は自然に消退するが，外科処置により除去することもある．陰嚢では線維素乳頭腫，黒色腫などが発生し，治療は腫瘍に対する一般的な方法が選択される．

3）精巣の疾患

先天性疾患は予後不良，あるいは遺伝性の形質の伝播防止のため繁殖に供用すべきではない．

精巣炎は，感染と炎症に対する処置を行う．精巣捻転は，外科処置により整復する．精巣の変性は原因により，温度感作のように対処できるものもあれば，石灰沈着のように不可逆的なもの，あるいは内分泌的原因のように原因次第では対処可能なものもある．

精巣腫瘍は，腫瘍組織を含む精巣の摘出が治療として選択される．

11. 妊娠期の異常

1）流　産

◆目　的

　馬における胎子喪失理由について理解する．また，獣医師として流産時に牧場への指導ポイントについて理解する．

◆器具・器材

　流産胎子，後産を梱包する器材，消毒薬．

◆方　法

　①流産に直面した場合，まずは流産馬，胎子，馬房を消毒する．

　②流産胎子および悪露を袋に入れて搬出する．

　③雌馬は続発発生を防ぐため妊娠馬厩舎から隔離する．

　④家畜保健衛生所に馬鼻肺炎の検査を依頼し，事後対応について指示を仰ぐ．

◆ポイント

　①馬が流産した場合に最も留意するのは，馬鼻肺炎ウイルスによる流産である．流産胎子および悪露に多量のウイルスを含み，伝播力が非常に強いため同居妊娠馬に流産が続発する恐れがある．

　②馬鼻肺炎ウイルスの診断には時間を要するため，現場ではこれを疑って対応する必要がある．

　③胎盤（後産）も病理検査に必要であるため，検査施設に提供する．

◆補　足

　①北海道日高家畜保健衛生所が調査した2002頭の流産症例の原因内訳は，原因不明57％，非感染性25％，感染性18％であった．非感染性，感染性原因の内訳を図2-11-1に示す．

　②ウイルス性はすべて馬鼻肺炎ウイルス感染症である．

　③細菌性および真菌性のほとんどが陰部から上向性に感染が広がった胎盤炎である．

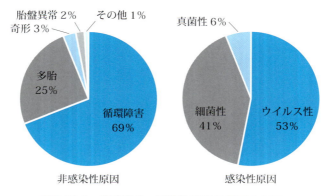

図2-11-1　非感染性，感染性流産の原因の内訳．

2）母体の異常

◆目　的

妊娠馬における代表的な流産徴候である早期乳房腫脹（early udder development）と陰部滲出液（vaginal discharge）について理解する．

◆早期乳房腫脹（図 2-11-2）

通常の妊娠馬において，乳房は分娩の 4 ～ 2 週間前から腫脹し始める．早期乳房腫脹は明確な定義がないものの，これより早い時期に乳房が腫脹することを指し，その原因として差し迫った流産，胎子死（双胎のうち一方のみの場合もある），胎盤剥離，胎盤炎などが知られている．

◆陰部滲出液（図 2-11-3）

陰部滲出液は，多くが上向性感染性胎盤炎の徴候であり，胎盤の炎症性滲出液が子宮頸管を介して陰部から排出している．

◆ポイント

①前記所見が認められた際はホルモン検査や超音波検査により異常原因を推定し，治療を行う．

②腹部が異常に大きい，予定日を大きく遅延，疝痛，妊娠中に手術を受けた病歴，全身性炎症疾患（輸送熱やフレグモーネなど）などの馬はハイリスクメアとして，モニタリングが推奨される．

◆補　足

流産徴候が認められた際の主な治療薬を以下に述べる．

①プロジェスチン製剤：プロジェスチンは子宮収縮を抑制する作用により妊娠維持に貢献する．アルトレノゲストという合成プロジェスチンが一般的である．

②スルファメトキサゾール・トリメトプリム（ST）合剤：感染性胎盤炎に対して用いられる．ST合剤は子宮胎盤を通過することが知られており，また安価で経口投与（混餌）できるため，多用される．

③抗炎症剤：フルニキシンが用いられるが，連日投与は高額となるのであまり一般的ではない．

④切迫流・早産治療剤：リトドリン塩酸塩が軽種馬生産で用いられる．

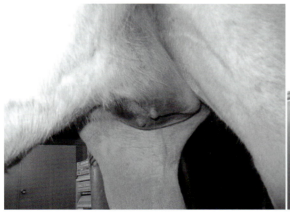

図 2-11-2　乳房が腫脹する．

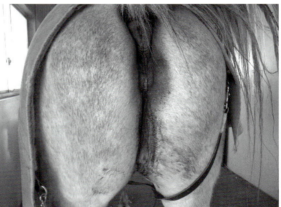

図 2-11-3　陰部からの滲出液が認められる．

馬

3）双胎，多胎への対応

◆目　的
流産率が高い多胎妊娠について，適切な処置を理解する．

◆方　法
①子宮への負担を考慮して消炎剤を投与する．馬は適切に保定し，必要に応じて鎮静処置を行う．
②破砕処置する胚胞を選択する．一般的に，胎齢に対して小さい胚胞は胚死滅のリスクが高いため，小さい方を選択するが，遅れた排卵によるものであることもあるため，慣れないうちは術者の操作しやすい側を選択することも重要である．
③破砕処置する胚胞を子宮角先端まで超音波プローブを用いて移動させる．プローブで胚胞を子宮角先端に向けて圧迫するとプチっという感触とともに，胚胞が崩壊する．超音波画像上，明瞭な胚胞は消失し，内容液が漏出した膜が観察できる．残存するもう一方の胚胞を確認する．

◆ポイント
①馬は元来2排卵しやすいうえに排卵促進剤を用いるため，多胎妊娠となる可能性が高い．
②最も安全で基本となる処置の実施時期は排卵後13〜16日である．
③胚胞は比較的容易に移動できるが，2つ並んだ胚胞を分けることは技術を要する．
④処置が難しい場合には，胚の移動を期待して時間をおいて再度試みる．
⑤2つの胚胞には4〜5日相当の大きさの違いがある場合があるため，小さな胚胞の見逃しに留意する．
⑥超音波検査では子宮角先端から反対側の子宮角先端まで通して描出する技術が必要である．特に子宮角基部は描出が難しく，また子宮体尾側は見落としやすいので注意する．
⑦黄体の数を確認する．黄体が複数ある場合には多胎妊娠が示唆される．胚胞が1つしか確認できない場合には2〜3日後に再検査することが推奨される．
⑧胚胞が固着する排卵後16日以降は，胚胞の移動が困難となる．特に2胚胞が並んでいる場合，一方のみを破砕処置することが難しくなる．
⑨着床が完了する排卵後40日以降において，確実な多胎妊娠処置方法はない．詳細は「8．妊娠の人為的コントロール」の節を参照のこと．

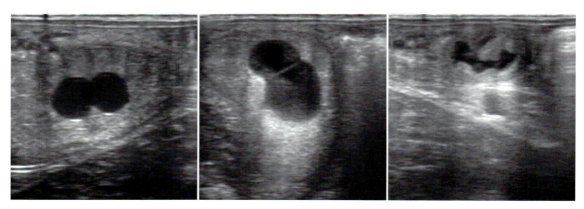

図 2-11-4　超音波画像．左：同じサイズの双胎妊娠，中：サイズの異なる2つの胚胞，右：処置後の崩壊した胚胞．

12. 周産期の異常

1）妊娠の診断と異常

◆目　的
　早産，胎盤炎を理解する．診断方法を理解する．胎盤早期剥離を理解する．対処方法を理解する．

◆方　法
　妊娠後期の異常を検査する方法として，①乳房腫脹や外陰部の汚れなどの流産徴候を観察する他，②胎動を触診や超音波画像診断装置によって検査する，③超音波画像診断装置により，子宮胎盤厚（combined thickness of uterus and placenta，CTUP）や羊膜水，尿膜水の増加，濁りを描出する，④プロジェステロンやエストラジオール濃度を測定し正常例と比較する，などの方法が知られている．③を実施する場合は，リニア超音波プローブを子宮頸管のすぐ内側に当てて子宮胎盤における異常な波打ち

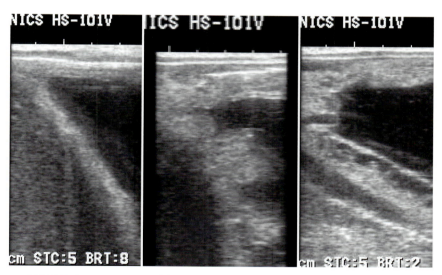

図 2-12-1　超音波検査による CTUP 測定．正常例の CTUP（均等に 1 cm 以下の厚さ）（左），子宮胎盤肥厚例（表面が波打っており，CTUP は 1 cm 以上）（中）および子宮胎盤剥離（右）などを描出する．

図 2-12-2　正常な分娩（左）と胎盤早期剥離時の「赤い袋（red bag）」（右）．

馬

画像や肥厚画像を検査する．

また，胎盤早期剥離は，正常分娩に認められる足胞が見られずに「赤い袋」（図 2-12-2 右）をもって異常分娩と考えるが，まれに膀胱脱との類症鑑別が必要である．本来の破膜部となる胎盤の星状部（陰門から露出している赤い胎盤の中心にある白い星状の部分）を手やハサミで切開し，羊膜を露出させ，自然娩出を待たずに牽引することが推奨される．

2）胎子牽引摘出法

問題がなければ，馬の自然な分娩の際に胎子を牽引するべきではない．『Horse Breeding』著者のロスデールによれば，「分娩が始まった際は，やや暗い広い馬房で，時間をかけて分娩を見守ることがよい」ことが記載されている．狭い産道を通過するためには，胎子は「頭位上胎向」でなければ娩出が困難であるが，馬の自然分娩においては，娩出直前においても頭部から後肢までねじれている状態が自然に解消されながら上胎向として娩出される．これが，早すぎる胎子の牽引を否定する最も説得力のある説明となっている．また，馬の破水から胎子娩出はヒトとは異なって 20 分程度であり，短時間で産道が弛緩，拡張するため，オキシトシンによる子宮平滑筋の収縮と，リラキシンやエストロジェンなどによる恥骨結合の弛緩，産道の拡張が最大限に達した状態で娩出されることが合目的である．産後わずか 1 週間で発情が回帰し，1 年 1 産を目指す馬には，外部から牽引されることは「不自然な力の負荷」に相当し，問題がなければ，自然な分娩が推奨される．

しかし，牽引が必要な場合も少なくない．以下の場合が考えられる．

①母馬の陣痛が弱いケースは頻繁に遭遇する．McCue は，統計解析により破水後 30 分経過すると難産による問題のリスク比率が上昇することから，30 分程度経過した場合には何かしらの介助が必要であることを示唆している．

②大きな胎子が産まれることは，生産現場でしばしば遭遇する事象である．このような場合にも，胎子牽引，いわゆる分娩介助が必要となる．経験的に大きい子馬を分娩する馬には単独者による牽引は必要かもしれない．重種馬に多い．

③尾位である場合には，牽引が必要である．胎子の血流が子宮内で確保されている状態が好ましいものの，尾位での娩出には，胎子の臍帯根部が骨盤内で圧迫され虚血により死亡する．尾位の特徴である，蹄底が上を向き，頭部が触知できず，飛節が触知できる場合は，馬の陣痛に合わせてある程度一気に牽引することが可能である．筆者の経験では，軽種馬よりも重種馬に尾位が多いと考えられる．胎位は妊娠 8 か月以降，自然に整復しないと報告されていることから，出産前のエコー検査（眼球の描出）の導入が必要と思われる．

④難産と診断され，胎向，胎勢が整復された状態であれば，複数人での牽引が必要となる．難産となる時間が経過すると，母

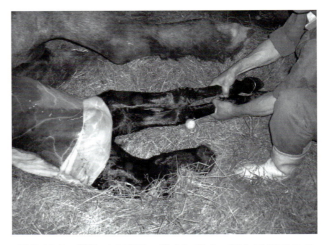

図 2-12-3　単独での牽引．後方に引き，新生子が肩まで出たところで飛節から後肢蹄の方向に牽引する．

馬

馬の陣痛が弱まることが多い．また，胎子の整復には子宮弛緩薬や鎮静薬を利用するため，必然的に人為的な牽引が必要である．

器具・機材として，最初は娩出に時間がかかる際に産科ロープ，産科チェーン，牽引用ロープを利用する．牛の牽引に利用されるショットラー腹鈎，ハルムス眼鈎の利用は，全身麻酔・後肢つり上げ法が困難である場合の最終判断としての利用と考えられるが，後述する整復を実施するためには，胎子を子宮内に戻す必要がある．

◆方　法
　①単独での牽引（図2-12-3）．
　②複数人での牽引．

3）胎子失位の整復

◆目　的

馬の分娩の95％以上は，正常な分娩として胎子が娩出されるが，まれに難産となり新生子生死に関わる事象となる．馬における難産への対処には，経験が必要である．特に分娩時の胎子過大，胎位・胎向・胎勢の異常などの失位に起因する難産に対しては，正確かつ迅速な判断が求められる．

飼養者が「動物病院への移送が必要」と判断した場合には，難産の可能性が高いことを念頭におき，①落ち着いて状況を把握するとともに，②失位の有無を確認し，③胎子の整復を試み，場合によっては④整復に全身麻酔が必要か，を選択する必要がある．

◆方　法

母馬が横臥時に胎子を子宮に推退することは難しい．胎子整復は，基本的に母馬が起立している状態で行う．この際に，鎮静薬と子宮弛緩薬の使用が胎子を推退させるうえで有用であり，枠場で尻尾を吊って対応した方が整復しやすい．一方，枠場内で馬が伏臥することは避けなければならないため，適切な状況判断と対応が必要となる．馬房での横臥では整復はきわめて難しい．また，失位は，胎子の奇形や重度の腱拘縮によることも多い．

前記のような状況から，後肢をホイストやトラクターなどで吊り上げる，「後肢吊り上げ法」による産道から胎子失位を整復する方法（control vaginal delivery，CVD）が，娩出を可能とする有効な方法である．

適切な技術を持つ外科医が揃う二次診療施設へ搬入できる場合は帝王切開を選択するが，胎子の救命率は高くない．

◆失位の種類とその対策

胎子の失位とその対策については，日本中央競馬会「JRA育成牧場管理指針 生産編 第3版」にわかりやすくまとまっているため，以下に紹介する（図2-12-4）．失位を整復しないままの牽引は，難産を助長するとともに，胎子および母体の損傷を誘発する．

4）新生子の蘇生

◆目　的

馬の新生子に対する分娩時の対応や，虚弱子に対する対応，免疫移行不全例に対する対応など，経済価値の高い馬では分娩監視を入念に行う．娩出の対応はもとより，出生直後の新生子の健康状態をAPGARスコアにより評価することがある．

馬

頭位

   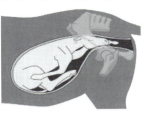

A：頭位上胎向（正常）．胎位の99％は頭位である．後肢は娩出直前までねじれていることが正常であるため，早すぎる助産は禁物である．

B：縦腹位．一見，頭部および前肢が正常であるものの，産道から娩出されない状態である．CVDや帝王切開の適応となる．

C：腕間節屈折．しばしば遭遇する難産である．軽度のものから，先天性屈腱拘縮による失位も考えられる．

D：肩甲屈折．CVDによる子宮への推退でも，屈曲した肩関節を前方に牽引できなければ，帝王切開の適応となる．

尾位

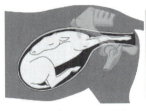   

E：側頭位．CVDにより，頭部と口角にロープをかける，などの方法で頭部整復を試みるが，困難な場合が多い．

F：胸頭位．胎子を十分に推退して下顎にロープをかけて牽引し頭部を伸展する．

G：頂上交叉位．子宮内への推退により整復可能である．一肢の牽引は禁忌である．

H：尾位．いわゆる逆子である．分娩の約1％に発生する．重種馬ではその率は高まるかもしれない．牽引により娩出可能な場合が多いが，臍帯根部が骨盤により圧迫される時間が長いと胎子死となるため，速やかな対応が必要である．

横位

 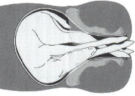 

I：飛節屈折．CVDによる屈曲した飛節の整復の際に産道を傷つけやすい．帝王切開が好ましい．

J：横腹位．CVDによる整復後に後肢牽引を試みるが非常に困難である．帝王切開が選択される．

K：横背位．整復が不可能であり，胎子が生存している場合，帝王切開が好ましい．

図 2-12-4　失位の種類とその対策（日本中央競馬会「JRA 育成牧場管理指針 生産編 第3版」）．

◆材　料

　主に北海道の生産現場で2〜5月に起こりうる新生子への蘇生．

◆方　法

　①出生直後に一過性に呼吸を開始しない新生子に対しては，胸部を圧迫して羊水を排出させると呼吸を始める．

　②酸素吸入は，難産や胎盤早期剥離などの際に実施することが推奨される．

　③新生子不適応症候群（ダミーフォール）を示す子馬には，近年ロープスクイーズ法（図2-12-5）

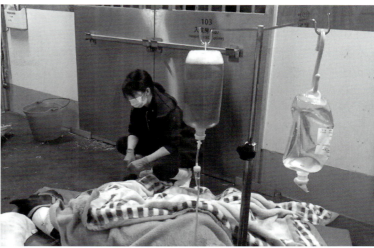

図 2-12-5　新生子不適応症候群の馬へのロープスクイーズ法の実施.
図 2-12-6　移行免疫不全症に対するユニバーサルドナー血漿の輸液と保温.

による処置の他，ジヒドロテストステロン変換酵素阻害剤を経口投与する．
　④ユニバーサルドナーと呼ばれる全血液型適合と診断されている馬の全血（溶血性貧血症などに適用）あるいは血漿（移行免疫不全症などに適用）を輸血する（図 2-12-6）.

5）胎盤停滞

◆目　的

　胎盤の排出をもって分娩が終了する．馬では胎盤停滞が，重篤な全身性疾患に発展することを理解し，対処方法を理解する．

◆材　料

　分娩直後の雌馬．分娩直後のすべての雌馬は，胎盤がぶら下がった状態で認められる．

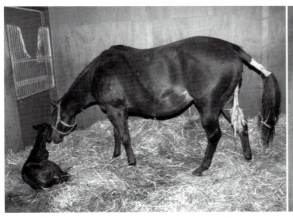
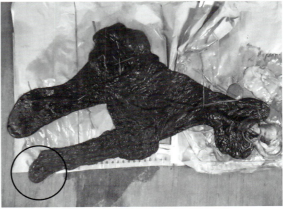

図 2-12-7　分娩後に，下垂した胎盤（胎膜）に結びを入れて，踏まないようにする.
図 2-12-8　排出された胎盤の絨毛膜面を外側にして，剥離した部位（特に非妊角の先端：黒丸で囲った部位）を検査する.

馬

◆方　法

①胎盤（後産）は後肢で踏まないように結びを入れ地面に着かないようにする（図2-12-7）．

②排出された胎盤の絨毛膜面を外側に反転させて，F字または逆F字の状態となっているか（絨毛膜が剥離していないか）をチェックする．非妊娠角先端の絨毛が剥離することが多い（図2-12-8の黒丸）．

6）分娩後の異常

◆目　的

馬の分娩前後にはさまざまな疾病が発生する．一次診療獣医師が適切な診断，治療，あるいは予後判断することが重要である．

母馬の分娩後の代表的な異常である産褥性子宮炎，子宮動脈破裂（子宮広間膜血腫），子宮穿孔について理解する．

◆対処方法

(1) 産褥性子宮炎

産褥性子宮炎は，馬においては生命を脅かす重篤な疾患に発展する疾患である．胎盤停滞が長期にわたり持続すると，しばしば母馬は発熱を示す．特に重種馬は蹄葉炎へと進行することが多い．産後に胎盤停滞が発症する，しないにかかわらず，母馬の体温測定を毎日実施し発熱が認められた場合には，一般臨床検査，跛行診断，蹄の検査，抗菌剤，非ステロイド性抗炎症薬（NSAIDs）の投与を実施する．子宮洗浄は一般的に分娩後初回発情時に実施されることが多いが，産褥性子宮炎の治療のためには分娩翌日から実施して子宮内の炎症産物を取り除くことが得策である．

(2) 子宮動脈破裂（子宮広間膜血腫）

子宮動脈が外腸骨動脈から分岐する血流量の多い部位において動脈が破裂することが多く，子宮広間膜内に血腫が形成される．子宮動脈を分娩直後に結紮することは不可能となっており，血腫が破裂し腹腔内出血となると死に至る．血圧の低下による出血の停止を待つしかないと理解される．対症療法としては，馬房内で鎮静処置により安静を保つ以外に急性期を乗り越える方法がない．粘膜の色調，血液検査，四肢の温感から，全身循環の悪化状態を見ながら，低速補液治療を状況により実施する．出血が停止したのちも，子宮広間膜内に形成されたバレーボール大にもなる大型血腫は脆弱であり，交配により破裂する可能性が高く，分娩後2か月間以上，交配は禁忌である．

(3) 子宮穿孔

胎子は子宮内で子宮壁を穿孔するほどの蹴傷を与えることはない．これはさまざまな鎮静効果が胎子に働き，特にプロジェスチン様物質による鎮静効果が働いていると説明されている．子宮穿孔が起こる原因としては，分娩時の胎子の後肢による穿孔の可能性が考えられる．また，難産や胎子整復，切胎は子宮穿孔を誘発する場合もある．重種馬の子宮穿孔の診断は触診では難しい．腹水を採取して出血や白血球数の増加から穿孔を疑う．早期診断により全身麻酔による開腹手術が可能であれば，治癒率は比較的高いといわれるが，診断が遅れると重度腹膜炎およびエンドトキシンショックを発症し予後不良となる．

豚

第3章

豚

1．生殖器の構造

1）生殖器の観察（雌，雄）

◆目　的
　生殖器を解剖学的および臨床学的に観察し，記録する．
◆材　料
　新鮮な経産豚または未経産豚の雌性生殖器．
◆器具・器材
　牛に準じる．
◆方　法
　牛に準じる．
　雌豚では特に子宮（外貌および内部構造）と卵巣の形状が牛と大きく異なるので，違いを意識して観察する（図 3-1-1）．

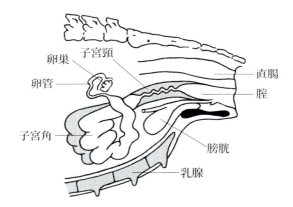

図 3-1-1　雌豚の生殖器．黒色部分は骨盤を示す（菱沼　貢氏 原図）．

2．雌の発情周期における繁殖機能検査および発情同期化・排卵同期化

1）発情行動および発情徴候の観察

◆目　的

自然交配あるいは人工授精を実施するためには，各個体の発情徴候を正確に観察することが必要である．ここでは，個体および繁殖母豚群における発情行動および発情徴候を観察し，記録することにより発情発見の要領を習得する．

◆材　料

性成熟後の繁殖雌豚（経産豚または未経産豚）．

◆器具・器材

牛に準じる．

◆方　法

（1）発情行動の観察

まず，ストールに単飼されている，あるいはペンに群飼されている繁殖雌豚の活動量の増加（落ち着きがなくなる），特有の声で鳴く，食欲が低下する，柵を噛む，少量の尿を頻回排泄するなどの行動を時間に沿って記録する．また，雄豚を豚房の中に入れた場合には耳を上げる，乗駕（マウンティング），被乗駕（スタンディング）などの行動も記録する．

特徴的な発情行動が認められた場合には，実習者が後ろから腰部を圧迫してスタンディングを確認する．この検査に対して，発情が認められる場合には，雌豚が静止して耳を立て，尾を上げて雄を許容する姿勢を示す不動反応（immobility response, standing heat reflex）を観察する（図 3-2-1）．

図 3-2-1　豚の不動反応．

 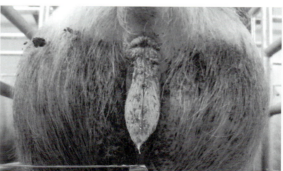

図 3-2-2　豚の非発情期および発情期の外陰部の所見．左：非発情期の外陰部．退色し収縮している．右：発情期の外陰部．腫脹・充血し，陰門から乳白色の粘液が漏出している．

豚

(2) 発情徴候の観察

豚は発情の2～3日前から外陰部の充血と腫脹が認められるようになり，発情開始直前にピークとなる（図3-2-2）．また，外陰部からの粘液は，発情前には水様性透明であり，発情期には乳白色で粘稠性を増す．

2）直腸検査

◆目　的

他の大型の家畜と同様に，直腸検査は経産豚で比較的容易に実施することができる．また，体重150 kg以上の未経産豚においても直腸検査は可能である．直腸壁を介して，手指で内部生殖器の状態や異常が触診できる他，妊娠診断ができる（☞「5.1）直腸検査」）．

◆器具・器材

直腸検査用手袋，粘滑剤あるいは石鹸，水，生殖器所見記録用紙（カルテ），筆記用具，餌．

◆準　備

①直腸を傷つけないように，術者の爪を短く

図 3-2-3　豚の直腸検査．

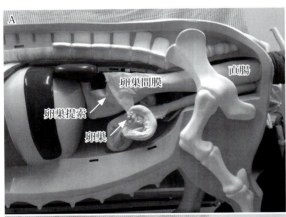

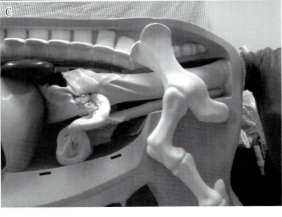

図 3-2-4　雌豚の直腸検査（卵巣診断）を行う際の手順．A：直腸内に入れた手により，腎臓後部辺りの卵巣提索を確認する．B：卵巣提索を指の第1～第2関節辺りにかけ，ゆっくりと手前に引く．C：吊り上がってきた卵巣を掌内に収めて触知する．

切る.

②豚を枠場に入れ，必要に応じて少量給餌して不動化する（図3-2-3）.

③直腸検査用手袋を装着し，その表面に粘滑剤を塗布するか，水を付けた石鹸をよく泡立てておき，滑りやすくする.

④手を直腸内に挿入し，直腸内に存在する宿糞を除去する．検査中に腸の蠕動が起こった場合には，触診しているものを離し，蠕動が収まるのを待つ.

◆方　法

①触診は，子宮頸，子宮，卵巣の順に行うのが定法であるが，豚においては子宮頸の深部〜子宮角の触診は解剖学的に困難であり，通常は行わない．異常が認められた場合にはその所見をカルテに記載する.

②手の先が骨盤腔の前端（恥骨）に達した辺りに手の平で下方を軽く圧迫すると骨盤腔底部の正中部を縦に走行する細長い子宮頸に触れる．発情前期から発情期にかけては太さと硬度が増すため容易に触知できる.

③子宮と卵巣は左右の子宮間膜とそれに続く卵巣間膜によって腹腔に吊り下げられている（図3-2-4A）．腎臓後部辺りにある卵巣提索に指をかけて（図3-2-4B）卵巣を吊り上げ，掌内に納めて触知する（図3-2-4C）．なお，豚は触診する側の卵巣と逆側の手を入れて触知することが一般的であるため，片方の卵巣診断が終了したら，反対側の手に新たな手袋を装着して逆側の卵巣診断を行う.

3）超音波検査

◆目　的

「第1章2.5)超音波検査」を参照のこと.

◆器具・器材

「第1章2.5)超音波検査」を参照のこと.

卵巣の観察には周波数が7.5 MHzの経直腸用電子リニアプローブを用いる．子宮および妊娠時の胚あるいは胎子および胎子付属物の観察には，周波数が3.5 MHzの体表用電子コンベックスプローブを用いる.

◆方法（卵巣診断を目的とした経直腸検査）（図3-2-5）

①前述の「2)直腸検査」の手順に則り，卵巣を引き出しておく.

②一度手を直腸から出し，プローブを掌中に包み込むようにして保持し，直腸内に挿入する.

③プローブを保持した手の指先で卵巣の位置を確認し，卵巣の全体を観察するようにプローブを少しずつ移動させながら検査する．片側の卵巣診断が終了したら，手を引き出し，同様の手順で逆側の手を用いて反対側の卵巣診断を行う.

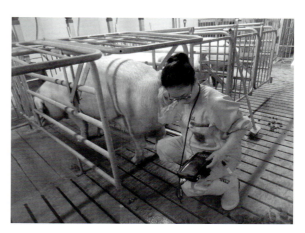

図3-2-5　豚の経直腸超音波検査.

豚

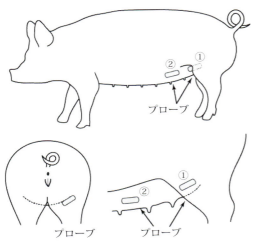
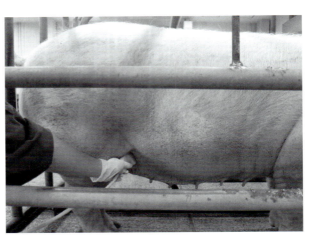

図 3-2-6　豚の経体表超音波検査.

◆方法（子宮の観察を目的とした経体表検査）（図3-2-6）
　①体表用プローブの表面にエコーゼリーを塗布し，左あるいは右の最後乳頭から2番目付近，すなわち前膝の直前で下腹部の皮膚に密着させる（図3-2-6①）
　②膀胱を基点として頭側にある子宮を描出し，子宮全体を観察するようにプローブの位置や角度を少しずつ変更しながら検査する．

4）発情同期化・排卵同期化法

◆目　的
　一般の生産現場では，繁殖管理の効率化のために発情同期化が行われる場合がある．また，胚移植や凍結精液による人工授精を行う場合には，ドナーやレシピエントの発情および排卵時期の同調，あるいは胚回収や胚移植の日程を調節する．

◆方　法
(1) 初回発情前の未経産豚への発情・排卵同期化
　6か月以上かつ体重85 kg以上の初回発情前の豚に対し，ウマ絨毛性性腺刺激ホルモン（eCG）500〜1,000 IUの筋肉内投与，あるいはeCG 400 IUとヒト絨毛性性腺刺激ホルモン（hCG）200 IUの合剤を筋肉内投与することで，発情を同期化して発現させることができる．

(2) 離乳後の経産豚への発情・排卵同期化
　一般的に，3〜4週間の授乳を行った経産豚では，離乳後5日前後に発情が集中して発現する．このことを利用して，複数の母豚の離乳日を揃えることにより発情同期化を行うことができる．離乳後24時間以内にeCG 500〜750 IUを筋肉内投与し，その72〜80時間後にhCG 500 IUを筋肉内投与することで，hCG投与後36〜44時間に排卵を同期化することができる．ただし，適正な授乳期間の範囲を超えた授乳期間の設定や，授乳期間中の過度の削痩は，離乳後発情回帰までの日数を延長させ，発情同期化効果は低下する．また，初産豚は経産豚に比べて離乳後発情回帰日数は延長するため，注意が必要である．

（3）経口合成プロジェステロン製剤を利用した発情同期化

　黄体ホルモン（プロジェステロン）に類似した生理活性を持つ合成ホルモン剤（アルトレノゲスト）を継続して経口投与することにより，豚の発情周期を延長させることができる．15 〜 20 mg/ 日 / 頭を 14 日間か 18 日間投与することが一般的であり，アルトレノゲスト最終投与日の 4 〜 8 日目に高い割合で発情が集中して発現する．現在日本で本薬剤は市販されていない．

3. 雄の繁殖機能検査

1）性行動の観察

◆目　的

雌豚と同居している雄豚の性行動を観察する．

◆材　料

雄豚．

◆器具・機材

筆記用具．

◆方　法

①雄豚が発情の近い雌豚をどのように発見するか観察する．
②発情雌豚を見つけた雄豚はどのような求愛行動を取るか観察する（図 3-3-1）．
③発情雌豚への乗駕から射精までの過程を観察する．
④群の頭数，密度，雌雄の比率，年齢構成，交配方法などを観察，繁殖成績を調査する．

2）精液採取

◆目　的

豚の液状精液を生産するために，温度感作や細菌などの汚染を防ぎ，品質の高い精液を採取する方法および採取器具を観察し，記録する．

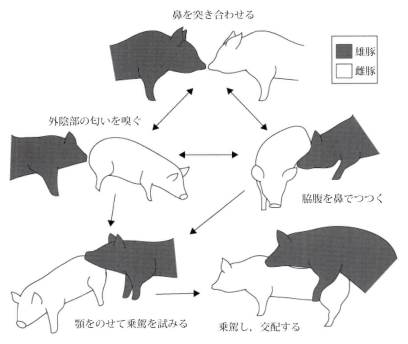

図 3-3-1　雄豚の求愛行動および乗駕行動（野口倫子氏 原図）．

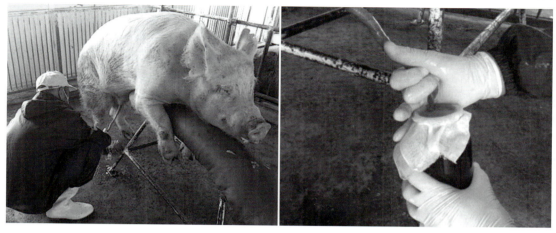

図 3-3-2　手圧法による種雄豚の精液搾取の様子.

◆材　料

　雄豚.

◆器具・機材

　擬雌台，精液採取用ボトル（精液採取用保温器），滅菌ガーゼ，滅菌生理食塩液，ディスポーザルグローブ，バケツ，タオル，豚用人工腟など.

◆方　法

・用手法（手圧法）

　①雄豚を擬雌台に誘導し，乗駕を促す．擬雌台に乗駕し，突き運動が確認されたら，皮膚越しに陰茎をしごいて包皮憩室に溜まっている尿を排出させる．

　②包皮周辺を濡れタオルで清拭する．

　③雄豚の陰茎が露出するのを待って，採取者はディスポーザブルグローブを着用した手で，軽く握った掌の中に陰茎のらせん状部を誘導する．陰茎が十分に勃起したら，らせん状部が回転しない程度に力を入れて握り，徐々に手前に導いて陰茎が完全に伸びるようにする．なるべく親指，人差し指，中指の3本で握る方が衛生的に採取できる．

　④陰茎を完全に伸ばした状態になったら，陰茎を根元から先端に向かって洗浄する．この際，陰茎を握っている手指（グローブ）もよく洗う．洗浄後は余分な水分を滅菌ガーゼなどで拭きとる．

　⑤陰茎を伸ばした状態で数秒〜20秒ほど保持していると射精を開始するので，最初に少量射出される透明な液を捨て，その後に射出される精液を，精液中に含まれる膠様物を除去するため採取口に滅菌ガーゼを二重に装着した精液採取用ボトルに採取する（図3-3-2）．豚用人工腟を用いてもよい．乗駕時間は個体差があるが，おおむね3〜10分程度である．

　⑥勃起が弱くなり，雄豚は自ら擬雌台を降りようとするので，採取を終了し，直ちに採取ボトルに蓋をし，雑菌が混入するのを防止する．

3）精液検査

◆目　的

　人工授精に適する精液であることを確認するため肉眼検査と顕微鏡検査の方法を修得する．

豚

3 雄の繁殖機能検査

◆材　料

新鮮，液状保存または凍結保存精液．

◆器具・機材

生物顕微鏡，pH試験紙，精子活力検査盤，スライド加温器，カバーガラス，スライドガラス，マイクロピペット，チップ，遠沈管，恒温槽，トーマ血球計算盤，シャーレ．

◆方　法

牛の項に準ずる．豚精液検査用として，精液濁度から密度を推定して精子濃度を求められる精子密度計やタブレット端末のカメラを利用して精子数や運動性を解析する機器が利用可能である．

4．人工授精

1）精液の希釈と保存

◆目　的

　精子の生存性を損なわないよう精子の代謝を可逆的に抑制して，生存時間を延長する保存方法（液状保存法）を実習する．

◆材　料

　新鮮精液，希釈保存液．

◆器具・機材

　メスシリンダー，恒温水槽，共栓付き遠沈管，温度計，精液保存用冷蔵庫．

◆方　法

　①修正モデナ液（表3-4-1）や種々の市販の豚液状精液保存液を使用する．作製した修正モデナ液は濾過滅菌し，すぐに使用しない場合は小分けにして冷凍保存する．市販の精液保存液を使用する場合は，用法に従い調整，保存する．

　②精液と希釈液の温度を同一にする．精液検査をしている間，精液と希釈保存液を同じ恒温水槽（30～35℃に設定）に入れ，温度を同一にしておくとよい．

　③希釈保存液を精液にゆっくりと加える．

　④希釈後，希釈による影響を確認するため，再度精子活力を検査する．

　⑤希釈精液は発泡スチロールの容器に入れ，15～17℃の精液保存用冷蔵庫に保存する．発泡スチロールの容器には希釈精液と同一温度の温水を入れておき，希釈精液の温度が15～17℃へゆっくりと下降するようにする．

　⑥良好な状態で保存された場合の保存可能期間は7日前後である．

　⑦使用するに当たっては精液検査を再度行い，精液活力が70 +++以上であることを確認する．低温で保存した精子は仮死状態にあるため，37℃で15～30分間，恒温水槽で培養し，運動性を回復させた後に活力検査を行う．

表 3-4-1　修正モデナ液の組成

成　分	濃　度
グルコース	27.5 g/L
クエン酸3ナトリウム2水和物	6.9 g/L
クエン酸（無水）	2.9 g/L
エチレンジアミン4酢酸2ナトリウム（EDTA・2Na）	2.35 g/L
トリス（ヒドロキシメチルアミノメタン）	5.65 g/L
炭酸水素ナトリウム	1.0 g/L
ゲンタマイシン	0.06～0.12 g/L
ポリミキシンB	0.1 g/L

（日本家畜人工授精師協会：家畜人工授精講習会テキスト 家畜人工授精編，2015）

豚

2）人工授精

◆目　的

人工授精の主な手順を実習し理解する．ここでは，最も一般的な人工授精法である液状保存精液を用いた子宮頸管内授精法について述べる．

◆材　料

発情期雌豚，新鮮希釈，液状保存または凍結融解精液．

◆器具・機材

豚人工授精用精液注入器．

◆方　法

①通常，15〜17℃で保存された液状保存精液を3〜4日以内に用いる．また，新鮮精液や凍結保存精液を融解して用いてもよい．

②精液は，あらかじめ35℃程度に加温する．

③飼育ストールかケージ内で給餌をするなどして授精される雌豚を不動化する．

④外陰部をタオルで清拭し，外陰部内外をアルコール綿で消毒する．

⑤注入器を持つ手の反対の手指で陰唇を開き，精液注入器（カテーテル）をやや上向きにして10〜15 cm 腟内に挿入する（図3-4-1A）．次いで，カテーテルを水平にして20〜25 cm 挿入すると子宮頸管に到達する．

⑥スパイラル式カテーテルの場合は反時計回りにねじりながら挿入し（図3-4-1B），スポンジ式カテーテルの場合は頸管入口（外子宮口）に押し当てる．

⑦精液は2〜3分の時間をかけて30〜70 mL の所定量を注入し（図3-4-1C），精液の逆流漏出を防ぐため注入後も1〜2分間は注入器を挿入した状態で維持し，その後に抜去する．

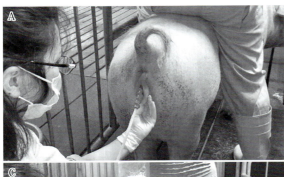

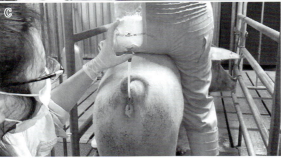

図3-4-1　豚の人工授精の例．

5．妊娠診断

1）直腸検査

◆目　的

母豚の直腸内に手指を挿入し，子宮動脈の特異的な振動および肥大（外腸骨動脈よりも太くなる）を触知することによって妊娠と判定する．

◆材　料

交配後 30 日以降の母豚．

◆器具・器材

直腸検査用手袋，粘滑剤あるいは石鹸，水．

◆方　法

①豚を枠場に入れ，必要に応じて少量給餌して不動化する．

②手袋を装着し，その表面に粘滑剤を塗布するか，水を付けた石鹸をよく泡立てておき，滑りやすくする．

③手を直腸内に挿入し，直腸内に存在する宿糞を除去する．検査中に腸の蠕動が起こった場合には，触診しているものを離し，蠕動が収まるのを待つ．

④骨盤腔の前端（恥骨）に達した辺りで，直腸内に入れた手で直腸壁を介して子宮動脈を触診する．子宮動脈が外腸骨動脈と交差する直前が触診部位であり（図 3-5-1），右あるいは左子宮動脈はそれぞれ左手あるいは右手で検査する．妊娠している場合には，指で軽く子宮動脈を圧迫することで自然妊娠特異的震動（砂流感）が感知される．必要に応じて両側の子宮動脈について行い，どちらかに震動が触知された場合は妊娠陽性とする．子宮動脈の震動による方法は，交配後 30 日以降で実用的に応用できる（的中率 97 〜 100％）が，子宮動脈の肥大による方法は交配後 6 週以降にならないと困難である．

2）超音波検査

◆目　的

超音波検査による妊娠診断法は，超音波ドップラー法，超音波エコー法（A モード法）および超音波

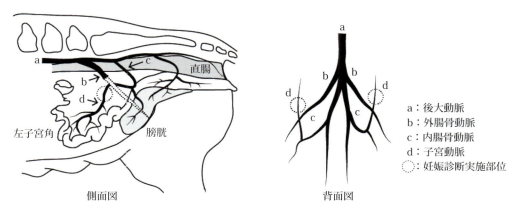

図 3-5-1　豚の直腸検査による妊娠診断部位．

豚

画像診断法（Bモード法）などがあり，直接的に胎子や胎嚢の存在を確認することで妊娠と判定する．ここでは，最も早期に確実な診断ができ，操作が容易であり，母体や胎子に対しても無侵襲で繰り返し使用できる理想的な診断法といえる超音波画像診断法について述べる．

◆材　料

交配後25日以降の母豚．

◆器具・器材

超音波画像診断装置，体表用3.5 MHzコンベックス式プローブ，エコーゼリー．

◆方　法

①豚を枠場に入れ，必要に応じて少量給餌して不動化する．

②体表用探触子の表面にエコーゼリーを塗布し，左あるいは右の最後乳頭から2番目付近，すなわち前膝の直前で下腹部の皮膚に密着させる（☞「2.3」超音波検査」，図3-2-6①）．

③膀胱を基点として頭側にある子宮領域を描出し，子宮全体を観察するようにプローブの位置や角度を少しずつ変更しながら検査する．

◆画像解析（図3-5-2）

交配後18日を過ぎた頃より，子宮内部に胎嚢がエコーフリー領域として認められるが，この時期での妊娠診断的中率はその後の胚の早期死滅などにより50%程度に過ぎない．この胎嚢内の胎水が経日

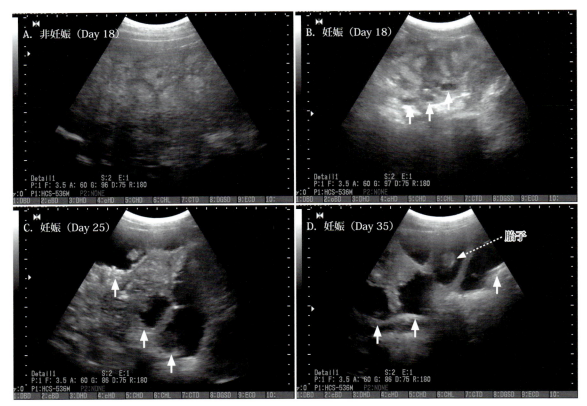

図3-5-2　非妊娠および妊娠子宮の超音波画像．A：Day 18（Day 0＝最終交配日）の非妊娠子宮．B：Day 18の妊娠子宮．部分的に子宮内部にエコーフリー像（矢印）が確認される．C：Day 25の妊娠子宮．エコーフリーの拡張した子宮内腔が確認される．D：Day 35の妊娠子宮．エコーフリーの拡張した子宮内腔とともに，高輝度（エコージェニック）に描出された胎子が確認される．

的に増加するに伴い，子宮腔は拡張し，交配後22日以降では的中率がほぼ100%になるため，実際に野外応用する場合にはこの時期から始めることが推奨される．交配後25〜30日より，拡張した子宮腔に胎芽および羊膜が観察され，また交配後40日頃より胎子の動きも観察されるので生死判定が可能である．

6．分娩の観察

◆目 的
　分娩の経過に伴う，一般状態および分娩徴候の変化を観察，記録する．
◆材 料
　分娩予定日の1週間前の妊娠豚．
◆器具・器材
　乾いた清潔なタオル，水分吸着剤．
◆方 法
　①分娩予定日の2週間前頃から乳房は膨らみ始める．
　②分娩予定日の1～2週間前頃から外陰部が腫脹する．
　③分娩予定日の1～2日前から乳房が急速に腫脹・発赤し，分娩の1日以内には乳汁を搾れる．
　④分娩の1日以内には，母豚の行動に落ち着きがなくなり，巣作り行動（鼻で床面をこする，前脚で床面をかく，柵を噛むなど）が活発になる．
　⑤開口期は2～6時間を要し，通常は15～20分間隔で子豚が娩出される．胎位は，頭位と尾位ま

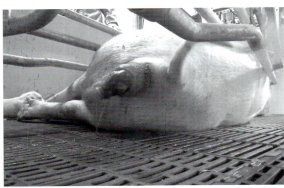

図3-6-1　豚胎子の分娩胎位．左：頭位，右：尾位．

ちまちである（図3-6-1）．
　⑥一般的な産出時間は2～3時間であり，最終胎子産出後約4時間以内に胎盤がまとめて排出されることが多い（図3-6-2）．

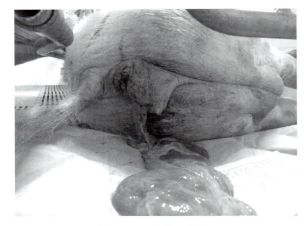

図3-6-2　胎盤の排出．

豚

7．妊娠の人為的コントロール

◆目　的

　多数の繁殖雌豚を飼育する現在の養豚経営では，飼養管理の省力化と合理化のために，下記の理由で分娩誘起が実施されている．

　①日中分娩による省力化と確実な分娩看護．

　②出生時の子豚の損耗防止．

　③週末や休日分娩の回避．

　④子豚の去勢，ワクチン接種，離乳時期の斉一化．

　⑤分娩豚舎のオールアウト時期の斉一化による消毒と乾燥．

◆薬　剤

　天然型 $PGF_{2\alpha}$（ジノプロストとして 5 〜 10 mg）あるいは $PGF_{2\alpha}$ 類縁体（クロプロステノールとして 0.175 mg）．

◆方　法

　通常，分娩誘起予定日の前日の午前 8 〜 9 時に各 $PGF_{2\alpha}$ 製剤を筋肉内投与すると，処置豚の 80 〜 90％は翌日の日中（処置後 24 〜 36 時間目）に分娩する．

　分娩予定日（交配後 114 〜 115 日）を過ぎた場合にはいつでも実施してよいが，分娩予定日より 3 日以上早く処置すると子豚の生存率が悪くなるため，交配後 112 日よりも前に投与を行うべきではない．

豚

8. 雌の繁殖障害・生殖器疾患の診断と治療

1）診　断

◆目　的

　飼い主からのりん告，対象の母豚カードおよび農場の治療履歴簿に基づき，臨床検査を行い繁殖障害の種類，性質および程度を判定する．

◆材　料

　繁殖障害の未経産豚および経産豚，母豚カード．

◆器具・器材

　アルコール綿，体温計，直腸検査用手袋，超音波画像診断装置，体表用 3.5 MHz コンベックス式プローブ，経直腸用 7.5 MHz リニア式プローブ．

◆方　法

　母豚は，通常個体ごとの繁殖用カード（図 3-8-1）によりその繁殖成績を管理されている．書き込まれた項目の数値の異常を理解し，その問題点を摘発する指標とする．

　一般臨床所見を取ったのち，「本章 2.2）直腸検査，3）超音波検査」に準じて検査を行う．必要に応じて，末梢血中ステロイドホルモン測定や病原体検査を合わせて行う．

2）子宮内への薬液注入

◆目　的

　外陰部から異常な漏出物が確認され，子宮内膜炎が疑われる場合，子宮内膜炎の治療および予防を目的として実施される．豚では，子宮角が長いため，牛や馬とは異なり滅菌生理食塩液を用いた十分な洗浄が不可能であり，一般的には子宮内への薬剤投与のみを行う．子宮内への薬液投与は，子宮頸管が拡張している分娩直後（分娩後 1 週間以内）や発情前期～発情期に限られ，それ以外の時期の実施は困難である．

◆材　料

　子宮内膜炎と診断された繁殖用雌豚．

◆器具・器材・薬剤

　子宮頸管用人工授精カテーテル，アルコール綿，滅菌生理食塩液，2％ポビドンヨード剤，必要に応じた子宮内注入用抗生物質，逆性石鹸（消毒薬），バケツ，洗浄用カップ，ペーパータオル．

◆方　法

　①動物をストール内で起立保定した状態で，外陰部，外陰部周辺および尻尾など汚れが付着している部位（図 3-8-2）の洗浄を行う．同部位は，消毒薬を入れた温湯で洗浄後にペーパータオルで水気を拭き取っておく

　②外陰部をアルコール綿で清拭する．

　③子宮頸管用人工授精カテーテルを人工授精と同様の手順で外陰部から挿入し，子宮頸管に固定する．

　④滅菌生理食塩液で希釈した 0.5％ポビドンヨード液あるいは子宮内注入用抗菌物質を含む生理食塩液 200 mL を子宮内に注入する（図 3-8-3）．

豚

母豚カード

個体 No.	品　種	導入元	生年月日
			・　　・

発情・交配

産		／		／		／		／	
		AM	PM	AM	PM	AM	PM	AM	PM
	発　情								
	交　配								
	精液情報								

妊娠診断	実施日 （妊娠 30 日目前後）	判　定	→	実施日 （妊娠 40 日目前後）	判　定
		／			／

ワクチネーション	種　類				
	接種日	／	／	／	／

分　娩

分娩日	妊娠日齢	分娩誘起処置	処置内容	助　産
／	日	無・有	mL	有・無

子豚頭数						子豚体重			胎　盤
総産子	生存産子	白　子	黒　子	ミイラ	分娩後 死亡	総産子	生存産子	生存産子 平均体重	
						kg	kg	kg	kg

里　子 （送り）	／	／	里　子 （受け）	／	／
	頭	頭		頭	頭
送り先			受け先		

哺乳中 事故	／	／	／	／	／	／	離乳日（授乳期間）	
	頭	頭	頭	頭	頭	頭	／	（授乳　　日目）
原　因							離乳頭数　　　頭	

図 3-8-1A 母豚カードの例（表）．

3）ボディコンディションスコア（BCS）

◆目　的

繁殖母豚の栄養状態は受胎の成否，産子数の数および繁殖障害の発生と密接に関係している．繁殖母

豚

8 雌の繁殖障害・生殖器疾患の診断と治療

母豚カード

産 歴	分娩日	子豚頭数		生時平均体重	離乳日(授乳期間)	離乳頭数	離乳時平均体重	備 考
		総産子	生存産子					
1産	・・			kg	(　・・日間)		kg	
2産	・・			kg	(　・・日間)		kg	
3産	・・			kg	(　・・日間)		kg	
4産	・・			kg	(　・・日間)		kg	
5産	・・			kg	(　・・日間)		kg	
6産	・・			kg	(　・・日間)		kg	
7産	・・			kg	(　・・日間)		kg	
8産	・・			kg	(　・・日間)		kg	
9産	・・			kg	(　・・日間)		kg	
10産	・・			kg	(　・・日間)		kg	

図 3-8-1B　母豚カードの例（裏）．

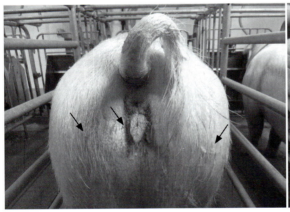

図 3-8-2　子宮内膜炎罹患豚．外陰部からの異常漏出物（矢印）が臀部から尾部に付着している．

図 3-8-3　豚の子宮内への薬液注入．

豚の栄養状態を視診・触診などによって判定するボディコンディションスコア（BCS）の基準を学び，記録方法を習得する．

◆材　料

性成熟に達している複数の繁殖用母豚．

◆器具・器材

記録用紙，背脂肪厚測定機器，エコーゼリーあるいは流動パラフィン，ペーパータオル．

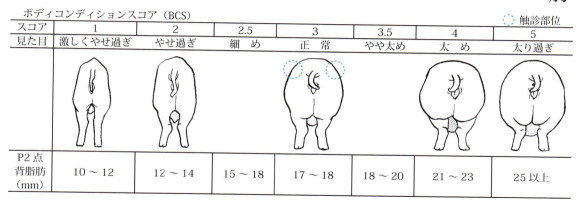

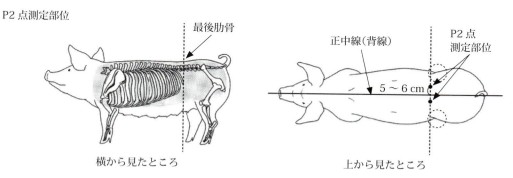

図 3-8-4 豚のボディコンディションスコアと P2 点測定部位.

◆方　法

豚では，1～5 までの 5 段階でボディコンディションスコアを判定する（図 3-8-4）.

まず，寛結節（寛骨突起，腰角）部位を触診し（図 3-8-5 左），寛結節の触知程度により体脂肪の蓄積程度を判定する．指で探り当てることができる状態を「3」とし，容易に探り当てることができる，あるいは触知しなくても突起部が明瞭なものは「2」あるいは「1」と判定する．一方，指で寛結節を探り当てることが困難である場合には「4」あるいは「5」と判定する．

触診による BCS 判定は，術者の感覚による誤差が生じやすいため，体脂肪の蓄積程度を数値で判定

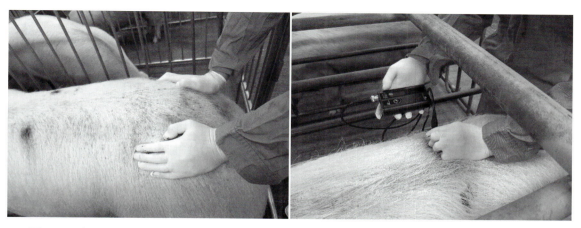

図 3-8-5 豚の BCS 測定方法. 左：触診による BCS チェック，右：背脂肪厚の測定による BCS チェック.

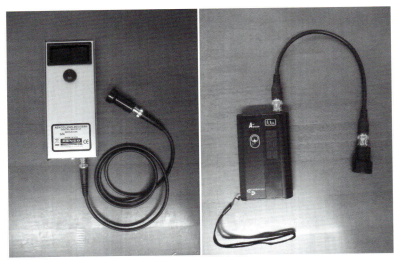

図 3-8-6　豚の背脂肪測定機器．左：リーンメーター，右：エニースキャン．

する方法もある．この手法は，最終肋骨と背線の交差部位から左右に 5 〜 6 cm 離れた場所（P2 点）の背脂肪の厚みを専用の超音波装置（図 3-8-6）を用いて測定し（図 3-8-5 右），BCS を判定するものである．測定部位は，流動パラフィンやゲルを用いてプローブと皮膚を密着させ，値を読み取る．

4）繁殖成績モニタリング

繁殖母豚群において，最もよく使われている繁殖母豚群の成績指標間の関係図は，繁殖生産性ツリーと呼ばれている（図 3-8-7）．このツリーでは，繁殖母豚群における繁殖効率を「年間種付け雌豚 1 頭当たり離乳子豚頭数」で測定し，それをトップにおいている．本指標は「1 腹当たり離乳子豚頭数」と「年間種付け雌豚 1 頭当たり分娩腹数」に分類することができ，「1 腹当たり離乳子豚数」はさらに 1 腹当たり生存産子数と授乳中哺乳豚事故率に，「年間種付け雌豚 1 頭当たり分娩腹数」はさらに授乳期間と

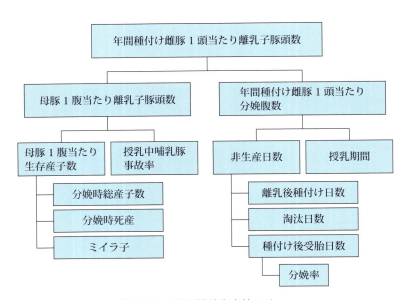

図 3-8-7　豚の繁殖生産性ツリー．

非生産日数（non-productive days, NPD）に分類することができる．NPDは離乳後種付けまでの日数，淘汰までの日数および種付け後受胎までの日数から構成されている．群としての繁殖成績には，生産ツリーの各指標が関与するが，特にNPDの延長は群全体の繁殖効率を低下させるため，繁殖成績に強い影響を持つ．

　繁殖成績の慢性的な低迷や，一時的な繁殖成績の低下が認められる場合には，以下の項目を確認し，繁殖成績の改善を図る．なお，本稿では感染性要因は省略する．

（1）授乳期間

　授乳期間の設定は繁殖母豚の群管理において大きな影響を持つ．一般的には授乳期間が21〜28日の際に離乳後種付けまでの日数が最も短くなる．授乳期間がこれよりも短く，あるいは長くなると離乳後種付けまでの日数は延長する．しかし，産歴によって授乳期間と離乳後種付けまでの日数の関係性は異なっており，特に初産豚では授乳期間が離乳後種付けまでの日数に及ぼす影響が大きい．そのため，初産豚では適正な授乳期間を設定することが大切となる．

（2）産歴構成

　群管理の1つのポイントとして，一般生産農場では最も繁殖成績の高い3〜5産次の母豚の割合が安定的に保つように産歴構成を考慮することが重要である．生産農場における年間母豚更新率の値は35〜55％が推奨される．

（3）栄養管理の失宜

　授乳中の栄養管理の失宜は，離乳後の繁殖成績に最も大きな影響を及ぼす因子である．一般的には，母豚は授乳により離乳時には体重の5％程度が減少するが，10％以上が減少すると離乳後種付けまでの日数が延長し，分娩率も低下する．特に泌乳量の増加する授乳後半の母豚の給餌量管理には注意が必要である．また，分娩前の母豚の肥満は，難産や豚産後泌乳障害症候群（PDS）の原因となる．非妊娠期の母豚の削痩は，分娩率や産子数の低下や繁殖障害の原因となる．特に候補豚の栄養不良は，初回発情時期を延長させるため，生産効率に悪影響を与える．

（4）繁殖管理の失宜

　繁殖管理とは，発情チェック，交配のタイミング，人工授精技術や妊娠診断技術などを含む．群としての繁殖成績が安定しない場合には，これらの手技の見直しが求められる．

（5）環境管理の失宜

　母豚は高温多湿の環境下で飼育した場合，暑熱ストレスにより食下量の低下とストレス関連ホルモン分泌が更新することにより，母豚の発情周期や離乳後発情回帰日数の延長，産子数や分娩率の低下をもたらす．また，換気ファンは豚舎内の空気を循環させ，直接母豚に対して風を送ることが可能である．また，発情を誘起するためには十分な光刺激も重要であり，交配を行う豚舎内における光条件にも注意する必要がある．

（6）淘汰基準の設定

　生産農場では高い生産性を維持するために，繁殖サイクルから外れた候補豚および経産豚や，生産性が低下した経産豚は淘汰される．生産農場における淘汰の判断は，繁殖障害がみられた個体への治療効果（費用対効果）や，そのときの農場全体の産歴構成などにも左右される．繁殖障害による候補豚の淘汰は，初回発情発現時期になっても発情が認められない個体や初回交配後不受胎である個体が対象となる．候補豚は繁殖障害を明確に診断することが非常に困難なため，候補豚の廃用基準は各農場で定めておくことが重要である．

9. 雄の繁殖障害の診断と治療

1) 診　断

◆目　的
　種雄豚は個体飼育されている．飼い主からのりん告（問診）および繁殖管理台帳に基づき，交尾行動，性欲などについて臨床検査を行い，繁殖障害の種類，性質および程度を判定する方法を学修する．

◆材　料
　繁殖障害種雄豚，精液．

◆器具・機材
　精液検査用機材，超音波画像診断装置．

◆方　法
　①問診，一般臨床検査，外部生殖器検査などは，「第1章10.2)診断」に準じて行う．
　②雄豚の繁殖障害で特に問題になるのは交尾障害（交尾欲減退・欠如，交尾不能）と精液性状の不良であるが，その多くは精巣や交尾器，肢蹄の障害が主因であることが多い．
　③陰嚢の超音波検査はリニア（図3-9-1左），またはコンベックス型プローブを用い，片方の精巣上体尾部から精巣（図3-9-1右），そして精巣上体頭部まで横走査するとよい．反体側も同様な手順で行う．
　④交尾障害を診断するには，「第1章3.5)乗駕試験」に準じた検査を行う．
　⑤生殖不能症を診断するには，採取した精液・精子の性状を知るため，「第1章3.7)精液検査」に準じた検査を行う．人為的な精液採取が不可能な場合は，全身麻酔処置を行い，精巣上体尾部に注射針を穿刺し，吸引すると精子が採取できる．

2) 包皮と陰茎の疾患

◆目　的
　雄豚の繁殖障害の原因として包皮や陰茎の異常が疑われる場合に適切な手法により診断を行う．

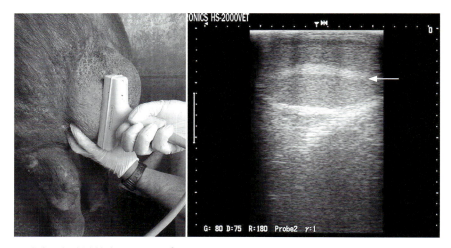

図3-9-1　豚陰嚢の超音波検査におけるプローブの当て方（左）および精巣（矢印）の超音波画像（右）．

◆材　料
　牛の項に準じる.
◆器具・機材
　牛の項に準じる.
◆方　法
　「第1章10.3)包皮と陰茎の疾患」に準じる.

3）精巣の疾患

◆目　的
　雄豚の繁殖障害の原因として精巣や陰嚢の異常が疑われる場合に適切な手法により診断を行う.
◆材　料
　牛の項に準じる.
◆器具・機材
　牛の項に準じる.
◆方　法
　触診により精巣の存否，陰嚢内位置，大きさ，形状，左右の対称性，硬度，疼痛および可動性を検査する．手法は，「第1章10.4)精巣の疾患」に準じて行うが，豚の精巣は反芻動物のように下垂（体軸に対して垂直に位置）しておらず，体軸に対して斜めに位置する（図3-9-2左）ため，陰嚢周囲長の計測はできない．そのため，長軸および短軸長を計測（図3-9-2中および右）し，大きさや形状の異常を調べる．

　雄豚が日本脳炎ウイルスに感染した場合，陰嚢水腫や精巣炎を起こし，その後，無精子症などの繁殖障害を起こす．また，雄豚に特徴的な臨床徴候や精液性状の悪化を起こさない病原体の種雄豚への感染（オーエスキー病，豚パルボウイルス感染症，豚繁殖・呼吸障害症候群，豚サーコウイルス感染症など）は，妊娠豚に流産，異常産，虚弱子分娩などを引き起こすため注意が必要である．

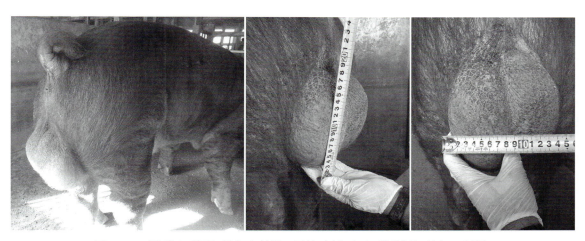

図3-9-2　種雄豚の陰嚢（左）と精巣の長軸（中）および短軸長（右）の計測．

10. 妊娠期の異常

1）流　産

◆目　的

妊娠が正常に経過していることを確認するとともに，胎子の異常または喪失を検査し，流産発生時の処置を行う．

◆材　料

流産胎子（ホルマリン固定または凍結保存胎子）．

◆器具・器材

バット，ハサミ，メス，ピンセット，定規，計量器（秤），スケッチ用具．

◆方　法

①胎子，胎膜および胎盤における異常を観察し，記録する．

②胎子の性別，体長および重量を記録し，体長と外部形態から妊娠日齢を推測する（図3-10-1）．

③流産の原因を調査する．病歴，観察所見，および必要に応じて病理解剖，微生物学的検査，有毒物

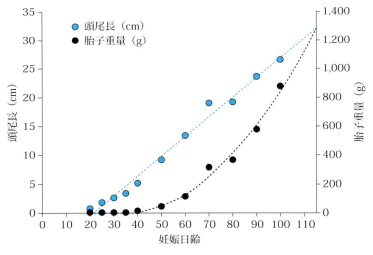

図3-10-1　豚胎子の成長曲線（Knight JW et al., 1977を参考に作成）．

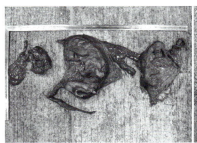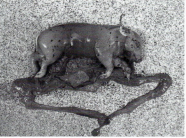

図3-10-2　豚の異常胎子および胎膜の異常．左：ミイラ胎子，中：黒子，右：白子．

質の検出および各種ホルモンの測定を実施する.

2）胎子の異常

豚の異常胎子は，ミイラ胎子，黒子および白子に分類される（図3-10-2）．豚では，これらの異常胎子が排出あるいは娩出された場合には，主に母豚のウイルス感染が疑われる．異常胎子が確認された際には，母豚の臨床症状を確認したうえで，胎子を用いてその原因を調査する（表3-10-1）.

表3-10-1 流産によって認められる豚の異常胎子の特徴とその原因

要　因	母豚の臨床徴候	繁殖の異常	異常胎子の特徴的所見
豚繁殖・呼吸障害症候群ウイルス	軽度な沈うつ，食欲不振，発熱	妊娠後期の流産，死産子および虚弱子の娩出	胎子皮膚の胎便の汚れ，臍帯の水腫や部分的出血
豚パルボウイルス	なし	胚死滅および吸収（産子数の低下），ミイラ胎子の娩出	ミイラ胎子
オーエスキー病ウイルス	一般的にはなし	胚死滅，流産，ミイラ胎子，死産子および虚弱子の娩出	肝臓，膵臓および肺の点状白斑
豚血球凝集性脳脊髄炎ウイルス	なし	分娩率低下，流産，ミイラ胎子，死産子，虚弱子の娩出	心臓のチョーク様白斑，胸水貯留，心嚢水貯留，腹水貯留
豚熱ウイルス	発熱，摂食量低下，沈うつ，運動失調，結膜炎，便秘，カヘキシア，皮膚の紅斑	胚死滅および吸収，流産，ミイラ胎子，死産子，先天性異常子の娩出，新生子の死亡率の増加	腹水貯留，広範囲の点状出血，肺形成不全，先天性異常，下顎短小，小脳形成不全，小頭症
日本脳炎ウイルス	なし	流産，ミイラ胎子，死産，虚弱子の娩出	皮下水腫，水頭症，小脳低形成，漿膜点状出血
レプトスピラ	一過性の発熱，食欲不振，沈うつ	不妊，ミイラ胎子，流産，死産および虚弱子の娩出	まれに胎子の黄疸
Brucella suis	なし	不妊，流産，死産および虚弱子の娩出	胎盤炎
一酸化炭素	一般的にはなし	流産，死産および虚弱子の娩出	皮下組織，筋肉，腹部および胸部臓器の鮮紅斑

（Zimmerman JJ et al.（eds.）：Disease of Swine 11th ed., Wiley-Blackwell, 2019を参考に作成）

豚

11. 周産期の異常

1）難産の診断と処置

◆目　的

　難産の診断方法を学ぶ．母豚の強い陣痛があるにもかかわらず，分娩間隔が30分を超えた場合，難産の可能性がある．

◆材　料

　難産豚．

◆器具・器材

　温湯，直腸検査用手袋，乾いた清潔なタオル，水分吸着剤，バケツ，消毒液，粘滑剤，子宮収縮剤，難産介助用器具．

◆方　法

　①外陰部周辺を洗浄・消毒後，消毒液に浸して消毒し，粘滑剤を塗布した手袋を手指に装着し，産道に挿入する．難産豚が横臥の場合には，産道に挿入した手指が触知できる範囲は狭められるので，術者も床に横になりながら検査を行う．

　②豚の陣痛に逆らわずにゆっくりと手指を進めていき，胎子の存在と失位状況を把握する．産道に胎子が進入している場合には，手指あるいは胎子牽引用紐などを用い，慎重に牽引する（図3-11-1）．尾位の場合には，後肢を指で挟んで（図3-11-2）陣痛に合わせてゆっくりと引き出す．頭位の場合には，耳の後ろに指をかけて頭部を指で挟みこみ（図3-11-2），陣痛に合わせてゆっくりと引き出す．

　③難産となった産子を助産したのち，順調な分娩が行われるか，母体の状態をしばらく観察する．

　④陣痛が微弱な場合には，外陰部から手指を挿入し，子宮頸の弛緩・開張を確認したのち，オキシトシン製剤を20～50 IU筋肉内注射する．

　⑤子豚は速やかに水分吸着剤を体表につける．清潔なタオルで体表を拭くなどして体を乾かし，母豚の元に戻して授乳を促す．仮死状態である場合には，温湯に子豚を浸けて温めたり，鼻から胎水などを除去したあとに息を吹き込むなどの処置を施す．

図3-11-1　豚の分娩介助．左：頭位の助産，右：尾位の助産．

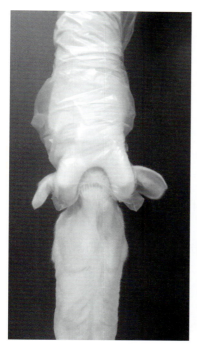 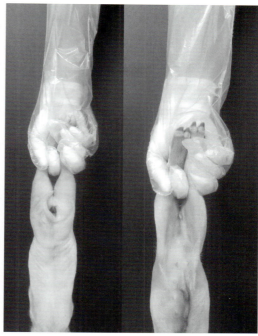

図 3-11-2　介助の方法．左：頭位の助産，右：尾位の助産．

⑥残存胎子を確認するには，超音波画像診断法に用いる体表用 3.5 MHz コンベックスプローブを乳房外側に当て，スライドさせながら胎子の存在を観察する．

2）帝王切開術

◆目　的

豚の帝王切開は，難産救助の最終手段として実施される．あるいは，特定病原体不在豚（SPF）の生産のため，無菌的に胎子を得たい際にも用いられる．

◆材　料

難産豚．

◆器具・器材

開腹用手術器具一式．

◆方　法

①全身麻酔を行ったのち，体位を決定し，動物を保定する．一般的には横臥保定を行うが，仰臥保定を行うこともある．横臥保定の場合には膁部垂直あるいは傍正中水平切開法（図 3-11-3）が，仰臥保定では正中切開法が適用される．ここでは最も一般的な膁部垂直切開法について説明する．

②術野を洗浄・消毒し，有窓滅菌布で覆ったのち，右あるいは左膁部の中心の皮膚を垂直に切開し，外腹斜筋，内腹斜筋，腹横筋，腹膜の順に切開を加え腹腔内にアプローチする．

③片方の子宮角を術創から引き出し，子宮角が大きく弯曲している中心部で長軸方向に切開する．通常であれば，1 か所の切開により片方の胎子はすべて摘出可能であるが，気腫胎が認められた場合には複数箇所切開をして胎子を摘出する必要がある．片側の胎子がすべて摘出されたのち，常法に従って子宮を閉鎖する（☞「第 1 章 12.4）帝王切開術」）．

豚

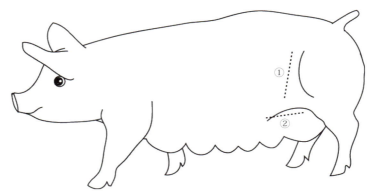

図 3-11-3　臍部垂直切開（①）および傍正中水平切開（②）の切皮部位.

④縫合が完了した子宮角を腹腔内に戻し，もう片方の子宮角も同様に対応する．
⑤腹壁および皮膚を常法に従って閉鎖する．

3）新生子の処置

　基本的には，体を温め，可能な限り早期に初乳を摂取させることが重要である．虚弱で生まれ，母豚の臀部で低体温症になっている場合や，分娩時間の延長や重度の難産によって低酸素血症の状態で娩出された場合，可能な限り早く処置を行うことが必要となる．

（1）低体温症の子豚

　子豚の体表に速やかに水分吸着剤をつける，清潔なタオルで体表を拭くなどして体を乾かしつつマッサージを行う．温湯をはったバケツに入れて，十分に温まるまで保温する．活力が戻り，粘膜の色に赤みを帯びてきたら，再度体を十分乾燥させた後に母豚の元に戻して授乳を促す．

（2）低酸素血症の子豚

　子豚の体表に速やかに水分吸着剤をつける，清潔なタオルで体表を拭くなどして体を乾かしつつマッサージを行う．仮死状態である場合には，鼻および口腔の内容物を十分に吸引ののち，人工的に息を吹き込み，自発呼吸を促す．自発呼吸が認められたら，再度タオルなどを用いて全身マッサージをすると，呼吸中枢が刺激され，呼吸の安定化を促す．必要に応じて，温湯をはったバケツに入れ，保温を行う．活力が戻ったことを確認したのち，母豚の元に戻して授乳を促す．衰弱が著しい場合には，人工的に母豚から初乳を搾乳し，哺乳瓶やシリンジを用いて給与する．

4）胎盤停滞

　豚では，最終胎子産出後約4時間以内に胎盤がまとめて排出されることが多い．それ以上待っても胎盤の排出が認められない場合には，牛に準じた処置を施す．

5）子宮脱

　豚の子宮脱は，脱出後早期に発見され，子宮の整復が容易である場合には予後はよい．子宮の整復は，強い鎮静下あるいは全身麻酔下で行い，頭部を下方に下げるか，後肢を吊り下げて行う．なお，子宮内膜の損傷がある場合には，その後の繁殖成績に悪影響を及ぼす可能性が高いため，廃用処分とすることが望ましい．

6）分娩後の観察

　分娩後の繁殖母豚は，3 ～ 4 週間をかけて子豚を哺育しながら，子宮を回復させて離乳後の繁殖に備える．そのため，授乳期の母豚は以下の項目について注意深く観察する必要がある．

（1）栄養状況

　豚は，授乳期間中に体重の 10％を失うと離乳後の繁殖成績に悪影響が出始める．特に泌乳量が増える授乳後半に摂取エネルギーが不足する場合，体重は著しく減少し，離乳後の繁殖成績は悪化する．そのため，分娩後 1 週までに最大飼料摂取要求量を母豚に食べさせる管理をすることが大切となる．飼料摂取量の停滞あるいは減少が認められた場合には，速やかにその原因を調査し，それぞれに対応した治療および環境改善を行う．

（2）泌乳状況

　生後 2 ～ 3 日の子豚の腹部のへこみ，被毛粗剛などの外貌や，活力低下や何度も吸乳を試みるなどの行動が認められる場合には，乳の摂取不足の可能性がある．分娩後乳汁分泌異常症候群と診断され，全身あるいは局所的な臨床症状を示している母豚には，広域性抗菌剤と非ステロイド性抗炎症薬の短期的な投与を行う．オキシトシンまたは $PGF_{2\alpha}$ 製剤の単独，あるいは併用投与は，分娩の延長や分娩後の子宮内膜炎が原因の場合に使用する．これらの治療によって症状が改善されない場合は，速やかに発症母豚から健康な別の母豚に子豚の交差哺育を行う．

（3）子宮の回復状況

　豚では，胎盤排出後，分娩後 3 日まで外陰部から乳白色から透明の粘液が少量認められる．分娩後 3 日までに黄白色の膿性粘液が大量に排出されている場合，子宮内膜炎に罹患している可能性が高いため，発見し次第，子宮内薬液注入を行う．

　また，豚は分娩後 14 日頃までに子宮機能が回復するが，分娩後 14 日より前に離乳すると，卵巣嚢腫を発症する可能性が高いと報告されている．そのため，離乳後の繁殖成績を安定させるためには適正な授乳期間を設定することが重要となる．

犬・猫

第4章

犬・猫

1．生殖器の構造

1）生殖器の観察（雌犬）

◆目　的

雌犬の生殖器の解剖学的特徴を学ぶ．

◆材　料

凍結融解またはホルマリン固定した成熟雌犬の生殖器．

◆器具・器材

バット，メス，ハサミ，ピンセット，スケッチ用具．

◆方　法

①生殖器全体をスケッチし，各部の名称を記入する（図 4-1-1）．

②卵巣，卵管および卵巣嚢をスケッチする．

③卵巣嚢を切開し，卵巣およびその割面にみられる卵胞，黄体の有無を観察し，その大きさ，形，色を観察し，スケッチする．さらに，卵管采および卵管腹腔口を観察する．

④子宮角および子宮体を切開して，子宮内膜および子宮卵管接合部を観察し，スケッチする．

⑤頸管，腟，腟前庭を切開して，外子宮口，陰核亀頭，陰核窩を観察し，スケッチする．

◆補　足

動物病院で不妊手術により摘出された生殖器は子宮頸管以下がないため観察できない．

◆ポイント

①犬の卵巣は卵巣嚢という膜で完全におおわれ，卵管がその膜の表面を，卵巣を1周するように走行している．

②犬の成熟卵胞の直径は 8 〜 10 mm であり，黄体は肉色をしている．

③犬では卵管膨大部と峡部の太さに明瞭な違いがない．

④卵管采は褐色の厚みのあるひだ状を示す．

⑤子宮卵管接合部では，卵管峡部が子宮角先端の内腔に，乳頭状にわずかに突出している．

⑥犬の子宮は双角子宮に分類されるが，子宮体内腔に短い中隔を認め，双角子宮と両分子宮の中間移行型を示す．

⑦子宮頸は筋層がよく発達して厚い．また，管腔は狭く短く，背側前方から腹側後方へ斜

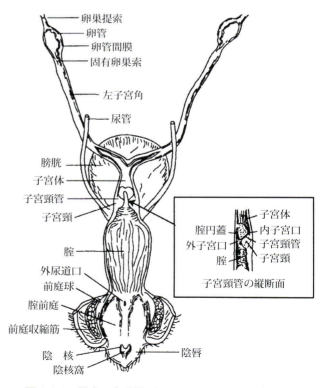

図 4-1-1　雌犬の生殖器（Evans HE et al. 1979）．

めに走行し，外子宮口は腟腔に下向きに開口する．

⑧腟は比較的長い．陰核は大きく発達し，その先端を陰核亀頭と呼ぶが，陰核窩の中に隠れている．

2）生殖器の観察（雌猫）

◆目　的
雌猫の生殖器の解剖学的特徴を学ぶ．

◆材　料
凍結融解またはホルマリン固定した成熟雌猫の生殖器．

◆器具・器材
バット，メス，ハサミ，ピンセット，スケッチ用具．

◆方　法
①生殖器全体をスケッチし，各部の名称を記入する（図 4-1-2）．
②卵巣の表面と割面，卵管，特に卵管采，卵管腹腔口を観察し，スケッチする．
③子宮角および子宮体を切開して，子宮内膜および子宮卵管接合部を観察し，スケッチする．
④頸管，腟，腟前庭を切開し，外子宮口などをスケッチする．

◆補　足
動物病院で不妊手術により摘出された生殖器は子宮体以下がないため観察できない．

◆ポイント
①猫の成熟卵胞の直径は 4～6 mm であり，犬とは異なり，卵巣を完全におおうような卵巣嚢は持

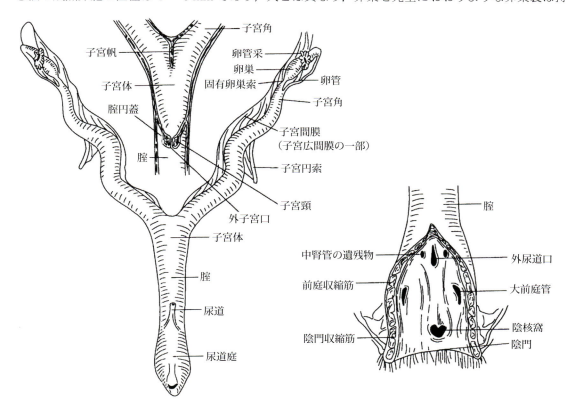

図 4-1-2　雌猫の生殖器（Hudson LC et al. 1993）．

犬・猫

たない．
②犬と同様に，子宮卵管接合部は，子宮角先端の内腔に乳頭状に突出している．
③猫の子宮は双角子宮に分類されるが，犬と同様に，子宮体内腔に短い中隔を認める．

3）生殖器の観察（雄犬）

◆目　的
雄犬の生殖器の解剖学的特徴を学ぶ．

◆材　料
凍結融解またはホルマリン固定した成熟雄犬の生殖器．

◆器具・器材
バット，メス，ハサミ，ピンセット，スケッチ用具．

◆方　法
①生殖器全体をスケッチし，各部の名称を記入する（図4-1-3）．
②精巣および精巣上体の長軸方向での割面を観察し，スケッチする．
③よく発達した前立腺の形態を観察し，膀胱，前立腺，精管をスケッチする．
④球海綿体筋および坐骨海綿体筋を観察する．
⑤陰茎の亀頭を観察し，亀頭球および亀頭長部をスケッチする．
⑥亀頭の尿道背側にある陰茎骨を取り出し，スケッチする．

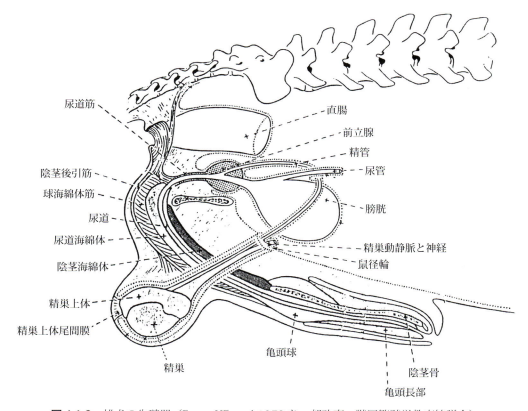

図4-1-3　雄犬の生殖器（Evans HE et al 1979を一部改変，獣医繁殖学教育協議会）．

⑦亀頭球および亀頭長部の割面を観察し，陰茎海綿体，尿道海綿体および尿道をスケッチする．
◆補　足

　動物病院で去勢手術により摘出された生殖器は，精巣，精巣上体，精管のみである．
◆ポイント

　①犬の精巣は左右それぞれがよく発達した総鞘膜で包まれ，精巣実質は精巣漿膜および精巣白膜という二重の膜で保護されており，精巣の表面は光沢を持つ．また，精巣の長軸方向での割面では，精巣実質の中心部に，長軸方向に走行する精巣縦隔（精巣網）を観察することができる．

　②犬では，精嚢腺および尿道球腺がなく，前立腺が唯一の副生殖腺である．前立腺は左右両葉に分かれ，それぞれ球状に大きく発達する．特に，犬の前立腺は加齢に伴って大きさを増し，老齢犬では前立腺肥大症を示すことがある．

　③陰茎亀頭は包皮内にあり，亀頭の基部には尿道海綿体が発達して球状に太くなった亀頭球が形成されている．亀頭球の前方は，細長く伸びて亀頭長部と呼ばれる．

　④犬の陰茎は，陰茎海綿体および尿道海綿体がよく発達し，勃起時には顕著に膨大して硬くなる，血管筋肉質型に分類される．

　⑤陰茎骨が存在するために，勃起が不完全な状態で陰茎を発情雌犬の腟内に挿入することが可能である（遅延勃起）．腟内で陰茎の勃起は完全になり，亀頭球が膨張してコイタルロック（coital lock）の状態をつくり，長時間勃起状態が続き，その間，前立腺は多量の精漿（精液の液状成分）を分泌し続ける．

4）生殖器の観察（雄猫）

◆目　的

　雄猫の生殖器の解剖学的特徴を学ぶ．
◆材　料

　凍結融解またはホルマリン固定した成熟雄猫の生殖器．
◆器具・器材

　バット，メス，ハサミ，ピンセット，スケッチ用具．

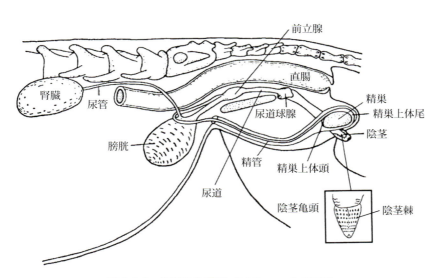

図 4-1-4　雄猫の生殖器（McKeever S 1970）．

犬・猫

◆方　法

①生殖器全体をスケッチし，各部の名称を記入する（図4-1-4）.

②副生殖腺を観察し，スケッチする.

③包皮内の陰茎の先端部を観察し，スケッチする.

④陰茎先端部の尿道背側部にある小さな陰茎骨を観察し，スケッチする.

◆補　足

動物病院で去勢手術により摘出された生殖器は，精巣，精巣上体，精管のみである.

◆ポイント

①雄猫では精嚢腺を欠くが，犬とは異なり，前立腺だけではなく，一対の尿道球腺を持つ. ただし，前立腺，尿道球腺ともに小さい.

②包皮内の陰茎先端部は，長さが1.0～1.5 cmと短く，その表面に多数の細く短い棘突起（陰茎棘）を持つ. また，陰茎先端部は，包皮口とともに，体躯の後方に向いている.

③猫は陰茎骨を持つものの，犬のそれのようには発達しておらず，小さい.

犬・猫

2．雌の発情周期における繁殖機能検査

1）発情行動および発情徴候の観察

◆目　的

　発情に伴う行動の変化と発情徴候を観察し，理解する．

◆材　料

　雌犬および雄犬は，各班（3〜8人）に1頭ずつ（雌犬は各班で発情周期の異なるものを用意する）．

◆方　法

　①各発情周期（発情前期，発情期，発情休止期および無発情期）の雌犬の外部から観察できる特徴（外陰部からの出血，外陰部の腫大・充血状況）および触診によって乳腺の発達状況を観察する．

　②雄犬を近づけたときの性行動を観察する．

　③発情中の雌犬については，発情出血の色と性状，外陰部の腫大状況と硬さ，雄犬に対する交尾の許容状況などを観察する．

　④実習犬を各班で交換しながら，各発情周期のものを観察する．

　⑤猫については，発情徴候，雄に対する交尾の許容状況などを観察する（動画で紹介するのもよい）．

◆ポイント

　①犬における発情に伴う行動および外部徴候の変化を理解する．特に，発情出血の性状や外陰部の腫大状況および許容の状況を理解する．

　②犬の発情前期：3〜27日（平均8.1日），発情期：5〜20日（平均10.4日），発情休止期：約2か月，無発情期：4〜8か月．

　③猫では雄に対する交尾の許容の期間（発情期）は数日〜20日以上にも及ぶことがある．

◆補　足

　①発情中の雌犬については実習期間を通して毎日または2〜3日おきに経過観察するのが望ましい．

　②犬の発情周期は長いため，発情前期，発情期の犬がいない場合は，無発情期の犬に性腺刺激ホルモン（GTH）またはエストラジオール17β（E_2）製剤の投与によって実習用に発情を誘起するとよい．

2）腟スメア検査

◆目　的

　犬および猫の各発情周期の腟スメアを観察し，発情周期における腟垢の変化を理解する．また，実習犬については，学生自身で腟スメアを採取し，染色および鏡検を行う．

◆材　料

　各発情周期の実習犬および猫から採取した塗抹標本．

◆器具・器材

　綿棒，スライドガラス，染色用バット，光学顕微鏡，スケッチ用具（色鉛筆）．

◆試薬・薬剤

　90％エタノール（固定液），ギムザ染色液．

犬・猫

2 雌の発情周期における繁殖機能検査

◆方　法

①雌犬の陰門から腟深部までの腟腔の構造（陰門から近い部位は垂直に近く，その後，体軸と平行）を頭に入れたうえで腟深部に綿棒を挿入し，数度回転させて腟垢を採取する（発情期以外は綿棒を生理食塩液に浸してから使用するとよい）．

②スライドガラスに塗抹し，風乾する．

③メタノールで数分間固定したのち，ギムザ染色を行う（染色時間は 5 〜 15 分，ギムザ染色液の濃度によって調整する）．

④水洗し，風乾後，鏡検する．

⑤各発情周期（発情前期，発情期，発情休止期，無発情期）の腟スメアの所見を観察，スケッチする（図 4-2-1，4-2-2，4-2-3）．

◆ポイント

①各発情周期（発情前期，発情期，発情休止期，無発情期）の腟スメアにみられる細胞（有核上皮細胞，角化上皮細胞，白血球，赤血球）の出現状況の特徴を理解する．

②腟スメア所見から，およその交配適期の判定ができることを理解して習得する．

③猫の腟垢は，赤血球が認められない以外は犬とほぼ同様である．しかし，交尾排卵動物であるため，臨床的には重要視されていない．

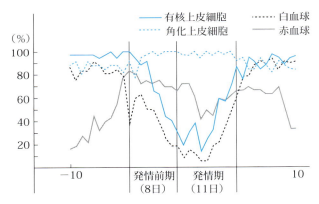

図 4-2-1　犬の発情期前後における腟垢中の各種細胞の消長．

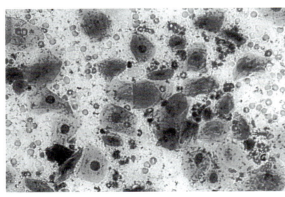

図 4-2-2　犬の発情前期中頃の腟垢像．有核上皮細胞に角化上皮細胞が少数混在．

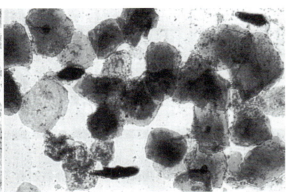

図 4-2-3　犬の発情期中頃の腟垢像．角化上皮細胞が主体で，ギムザ染色に濃染．

犬・猫

2　雌の発情周期における繁殖機能検査

発情前期	発情期
発情休止期	無発情期

◆補　足

　①各発情周期の実験犬が準備できないときは，前もって各発情周期の塗抹染色スライドを準備しておくとよい.

3）超音波検査

◆目　的

　超音波検査により各発情周期の犬の卵巣を観察し，卵巣における卵胞の変化を理解する.

◆材　料

　各発情周期の実習犬.

◆器具・器材

　超音波画像診断装置，超音波用（エコー）ゼリー.

◆方　法

　①雌犬の腹部に超音波ゼリーを塗る.

　②超音波プローブを当て，卵巣を観察する. 卵巣は，腎臓尾側，あるいは外側の楕円形状構造物としてみられる.

◆ポイント

　①卵胞は発情前期3〜8日から観察できる.

犬・猫

②発情期中に排卵が起こるため，発情期の雌犬では卵胞が認められないことがある．

◆補　足

①猫では交尾刺激がないと排卵されず，卵胞は退縮する．

②血清プロジェステロン濃度を測定し，排卵の状態とプロジェステロン値を比較検討してもよい．

③犬の発情周期は長いため，発情前期，発情期の犬がいない場合は無発情期の犬に性腺刺激ホルモン（GTH）またはエストラジオール 17 β（E_2）投与によって実習用に発情を誘起するとよい．

4）ホルモン測定

◆目　的

犬の交配適期の判定として，血清プロジェステロン濃度の有効性を理解する．

◆材　料

発情期 1 ～ 7 日までの雌犬の血清．

◆器具・器材

プロジェステロン ELISA キット，マイクロピペット，マイクロプレートリーダー．

◆方　法

詳細は添付の説明書に従って行う．

①抗プロジェステロン抗体付着マイクロプレートのウェルに検体および標準液をそれぞれ入れ，インキュベートする．

②検出用抗体を加えてインキュベートする．

③酵素に対する基質溶液を加え，酵素反応を起こさせる．

④マイクロプレートの吸光光度を測定する．

⑤標準液の吸光度から検量線を作成し，検体中のプロジェステロン濃度を算出する．

◆ポイント

①血清プロジェステロン濃度から交配適期を推測できることを理解する．

②犬の黄体形成は排卵前から始まるため，排卵前から少量のプロジェステロンが分泌されるが，黄体形成に伴いプロジェステロンが高濃度に分泌されるようになる．

③交配適期は排卵の 60 時間後から 48 時間．

④排卵日の血清プロジェステロン値はおよそ 3 ～ 7 ng/mL である．

◆補　足

採血と同時に卵巣の超音波検査を行い，血中プロジェステロン値と検査所見（排卵の有無）をスライドにまとめて説明してもよい．

3．雄の繁殖機能検査

1）性行動の観察

(1) 雄犬の性行動の観察

◆目　的

雌犬への乗駕時の，雄犬の特徴的な性行動を知る．

◆材　料

雌犬1頭（発情期でなくとも可）および雄犬2〜3頭を準備する［可能であれば，eCG（PMSG）製剤500〜1,000 IUの投与などを行って雌犬に発情を誘起しておく］．

◆方　法

雌犬と雄犬を合わせ，雄犬が雌犬に乗駕するまでの行動を観察する．

◆ポイント

①雄ビーグルの性成熟が完了する時期は生後35週（8か月）の頃であるが，25週前後から雌犬の後ろに回って乗駕するようになり，28週までには乗駕時に腰を動かす交尾様動作を示す．さらに35週までには発情雌犬の腟内に陰茎を挿入できるようになる（図4-3-1における交尾の第1ステージ）．

②他の動物種とは異なり，犬では陰茎に陰茎骨があり，ある程度硬さを持っているため，発情雌犬に乗駕し，不完全な勃起状態で陰茎を腟内に深く挿入したあとに勃起する．この状況を遅延勃起と呼ぶ．また，性的な興奮により，陰茎から透明な液（前立腺液）が排出される．これは尿道を洗浄するのと同時に，陰茎を湿潤にして腟内に挿入しやすくしているものと考えられる．

③勃起は腟内で完全となり，亀頭球が膨大して腟に栓をする状態（coital lock）を示す．この時点から，精子を含む精液を腟内深部に射出する．次いで，雄犬は雌からおりて，雌犬とは反対方向を向き（図

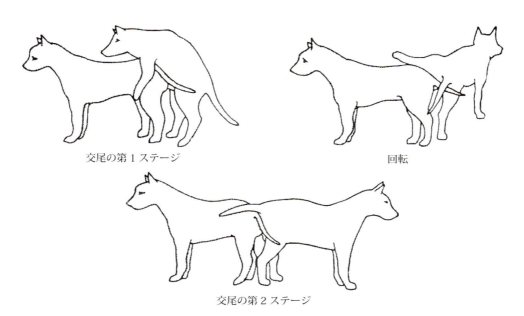

交尾の第1ステージ　　　　　　　　　　回転

交尾の第2ステージ

図4-3-1　雄犬の性行動（Grandage J et al. 1972）．

犬・猫

4-3-1 における回転), 10〜20 分間, coital lock の状態のまま前立腺分泌液を多量に射出し続ける（図 4-3-1 における交尾の第 2 ステージ).

(2) 雄猫の性行動の観察

◆目 的

雌猫への乗駕時の, 雄猫の特徴的な性行動を知る.

◆材 料

発情した雌猫 1 頭および雄猫 1 頭を準備する［可能であれば, eCG（PMSG）製剤 100〜200 IU の投与などを行って雌猫に発情を誘起しておく］.

◆方 法

雌猫と雄猫を合わせ, 雄猫が雌猫に乗駕するまでの行動を観察する.

◆ポイント

①発情した雌猫が背を低くしてかがむと, 雄猫は乗駕して, 頸部の皮膚を噛む. その後, 陰茎が腟内に挿入され射精が起こる. 雄猫の射精は, 数秒（3〜30 秒）で終了する（図 4-3-2). その後, 雌猫が交尾後反応を起こして雄猫を受け入れなくなるが, 10〜20 分後に再び雄猫を受け入れるようになるため, 再び交尾が行われる.

②雄猫によっては, 交尾前に頸部を上に向け上唇をまくり上げて 10〜30 秒持続する, いわゆるフレーメンを行うものもいる.

発情猫に雄猫が誘引

挿入と射精

乗駕

射精後 10〜20 分に雌は再び雄を受け入れ, 雄は交配行動を示す

図 4-3-2 雄猫の性行動.

2）精液採取

（1）雄犬からの精液採取

◆目　的

犬の精液採取方法を学ぶ．

◆材　料

雄犬の性行動の観察実習に引き続いて，用手法（手指法，陰茎マッサージ法ともいう）による精液採取を実施する（雄犬，雌犬）．

◆器具・器材

滅菌ガーゼ，小さめのロート（ガラスまたはプラスチック製）および透明なスピッツ管を数本用意する（図4-3-3）．

◆方　法

①包皮口および陰茎の先端を滅菌ガーゼなどで清拭し，汚れを取る．また，汚れがひどいときには，必要に応じて滅菌生理食塩液を用いて包皮内洗浄を行う．すなわち，包皮口から包皮内に滅菌生理食塩液を注入し，包皮口を指でつまんで包皮をマッサージし，その後，包皮口から指を離し，生理食塩液を排出する．これを2〜3回繰り返す．生理食塩液は完全に包皮内から排出させる．

②雄犬が雌犬に乗駕した際，包皮の上から陰茎基部を手指でマッサージして刺激し，勃起を誘起する．雄犬によってはこの時点から突き運動を開始する．

③亀頭球が完全に膨張する前に指を用いて包皮から陰茎を露出させる．包皮を亀頭球の後方までめくり，亀頭長部だけではなく亀頭球全体まで包皮から露出させ，陰茎の基部を握る．

④反対の手には，スピッツ管に差し込んだロートを持ち，射出精液を採取する．

⑤突き運動を行っている間，ほとんどの犬では第1分画液（透明の液体，前立腺液）を射出するが，この分画液中は尿道を洗浄しているため，できれば採取しない方がよい（この間に亀頭球が完全に膨張する）．もし採取した場合は，スピッツ管を新しいものに交換する．

⑥突き運動が終了し，完全に勃起が起こると第2分画液の射出が開始される．ロートおよびスピッ

図4-3-3　犬の精液採取器具．

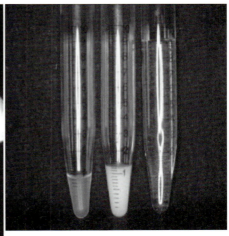

図4-3-4　犬の精液．左から，第1分画液，第2分画液，第3分画液である．

犬・猫

3 雄の繁殖機能検査

ツ管に白色の精液が射出されることで確認できる.

⑦白色の精液（第2分画液）の射出が完了すると引き続いて透明な第3分画液（前立腺液）が射出される．これを確認したのち，スピッツ管を新しいものに交換する．

⑧陰茎基部をしばらく握ったまま雄犬に第3分画を射出させたあとは，手を離して刺激がなくなると，勃起が収まり射精が終了する．

◆ポイント

①精液採取はできれば雄犬が安心する場所で行う方が容易にできる．慣れない場所であると，緊張から勃起しないことや射精しないことがあり，精液が採取できないことがある．

②精液採取時に発情した雌犬がいる方が，雄が興奮するため容易に精子を採取することができる．

③牛のように，人工腟を用いて犬の精液を採取することも可能である．しかし，人工腟を使用した場合，正確に精液を分画採取することはできない．また，陰茎に触れる人工腟のゴムの感触を嫌う犬もいることから，通常，犬の精液採取は簡便な用手法によって実施されている．

④手が冷たいと，犬が嫌がる可能性があるため，できるだけ手を温かくして行うとよい．

⑤勃起した陰茎の表面を傷つけて出血させてしまうため，爪は短く切ることが望ましい．

⑥犬は，最初の数秒で透明な前立腺分泌液（第1分画液）を射出し，それに連続して，陰茎の尿道筋のリズミカルな拍動とともに，精子を含んだ白濁液（第2分画液）を射出する．これに続いて，再び透明な前立腺分泌液（第3分画液）を，10〜20分かけて多量に射出する（図4-3-4）．このように，犬の射精精液は3分画に分けて採取できることから，他の学生にタイミングよくスピッツ管を交換してもらい，分画採取を行えるように実施する．

⑦ロートは透明なガラス製を使用した方が精液の色の変化を捉えることが可能であるため，分画採取を行いやすい．

（2）雄猫からの精液採取

◆目　的

猫の精液採取方法（尿道カテーテル法および経直腸電気刺激法）を学ぶ．

◆材　料

雄猫．

◆器具・器材

a．経直腸電気刺激法

電気刺激装置（図4-3-5），直腸プローブ（直径1 cm），潤滑剤（エコーゼリーまたは心電図ゼリー），1.5 mL滅菌尖底管．

b．尿道カテーテル法

3Fr. 栄養カテーテル（先穴式または先端をカットしたもの），1 mLディスポシリンジ，潤滑剤（キシロカインゼリー），1.5 mL滅菌尖底管．

◆試薬・薬剤

麻酔剤（塩酸メデトミジン），麻酔拮抗剤（塩酸アチパメゾール），精液希釈液（卵黄トリス・

図4-3-5　電気刺激装置と直腸プローブ．

犬・猫

フルクトース・クエン酸液).

◆方　法

ａ．経直腸電気刺激法

　①経直腸電気刺激法は，全身麻酔下で電極のついた直径1cmの直腸プローブに潤滑剤をつけて肛門から7～9cm直腸内に挿入し，1～4Vの電気刺激を与え，勃起中枢および射精中枢を刺激して射精させる方法である（1，2，3Vでそれぞれ10回，10分休憩後，2，3，4Vでそれぞれ10回，10分休憩後，3，4Vでそれぞれ10回，合計80回の刺激とする）.

　②精液は陰茎を包皮から露出させ，滅菌尖底管をかぶせた状態で電気刺激によって射精された精液を回収する.

　③精液は少量であるため，乾燥を防ぐために，直ちに精液希釈液を添加するとよい.

ｂ．尿道カテーテル法

　①猫を含むネコ科動物では，全身麻酔時にαアドレナリン作動薬（塩酸メデトミジンなど）を使用すると，自然に射精が起こる.尿道カテーテル法とは，尿道にカテーテルを挿入し，この精液を回収する方法である.

　②陰茎を包皮から裸出させ，3Fr.の栄養カテーテルに潤滑剤を少量つけて尿道口から8～9cm挿入して，数分間放置する（猫の大きさによって，この挿入の長さは異なる）.

　③毛細管現象にてカテーテル内に入ってきた精液を，あらかじめ精液希釈液を入れた滅菌尖底管に，1mLシリンジを用いて押し出して回収する.

◆ポイント

　①経直腸電気刺激法では，直腸プローブの位置が悪いと膀胱を刺激し，尿が混入する恐れがあるので注意が必要である.精液に尿が混入すると，精液性状が著しく低下してしまう.

　②尿道カテーテル法では，尿道カテーテルを挿入しすぎると膀胱に入ってしまい尿が混入するため，注意が必要である.

３）精液検査

◆目　的

　犬および猫における精液性状検査方法および射出精液の性状（表4-3-1）の要点を学ぶ.

◆材　料

　犬では用手法によって採取した精液，猫では経直腸電気刺激法または尿道カテーテル法で採取した精液.

表4-3-1　ビーグル犬と日本猫の精液性状

		ビーグル犬	日本猫
精液量（mL）	第1分画液	0.5～2.0	
	第2分画液	1.0～2.0	0.05
	第3分画液	5.0～20.0	
精子活力（％）		85～95	80～90
精子生存率（％）		90～95	85～95
精子総奇形率（％）		4～8	5～10
第2分画液中の精子濃度（$\times 10^8$/mL）		2～6	―
射精総精子数（$\times 10^8$）		4～6	42.9

犬・猫

3 雄の繁殖機能検査

◆器具・器材

精子活力検査板（精液性状検査板），カバーガラス，血球計算盤，引きガラス，スライドガラス，カウンター，マイクロピペット，尖底管，精子活力検査用恒温器，光学顕微鏡．

◆試薬・薬剤

エオジン液（またはエオジン・ニグロシン液），ローズベンガル液，生食ホルマリン液（0.1％ホルマリン添加生理食塩液）．

◆方　法

（1）精子活力

①38℃前後の恒温器の上で精子活力検査板をあらかじめ温めておく．

②検査板中央のリングの中に精液を少量入れ，その上にカバーガラスを置いて直ちに鏡検する．

③最初は40倍の倍率で全体を検査し，全体の活力を把握したのち，200〜400倍の倍率で詳しく検査する．

④活発な前進運動をするもの（＋），緩慢な運動をするもの（±），運動しないもの（−）とし，全体を100％としてそれぞれの割合を主観的に測定する．

（2）精子生存率

①生存精子の細胞膜が選択透過性を持つ原理を利用して，精子の生存性の判定を行う方法である．

②エオジン液1滴と精液1滴をスライドガラスの上にのせ，引きガラスの先または角でそれらを混合し，引きガラスでスライドガラスに塗抹をする．

③急速に乾燥させ，直ちに鏡検する．

④生存精子の頭部は染色されず，死亡精子の頭部はピンク色に染色されるため，その割合を百分比で求める．

（3）精子奇形率

①スライドガラスに精液を塗抹したのち，乾燥させ，ローズベンガル液で染色を行う．

②乾燥後，鏡検する．

③精子の頭部，中片部，尾部の奇形率をそれぞれ求め，総精子奇形率を求める．

（4）総精子数

①生食ホルマリン液を995 µL 尖底管に入れ，よく攪拌して混ぜた精液5 µLをマイクロピペットでとって，その中に入れ希釈を行う（200倍希釈）．なお，精子濃度が薄いと思われたときは，100倍希釈でもよい（生食ホルマリン液495 µLに精液5 µL）．

②血球計算盤で，精子濃度（/mL）を求める．

③射出精液量をかけて，総精子数を求める．

◆ポイント

①精子活力検査において，検査板を十分に温めておかないと，正しい評価ができないことがある．また，検査を行っている間に，検査板が冷たくなってくると，精子活力が低下していくことを理解することが必要である．

②精子活力の検査は主観的な検査であるため，検査を行う人によって異なる．

③精子生存率の検査において，塗抹後，すぐに乾燥させないと精子がエオジンに染まりすぎてしまうことがある．また塗抹後，時間が経過すると，精子がエオジンに染まってしまって正しい評価ができないことがある．

④犬の大きさの違いによって，射精液液量および射精総精子数は大きく異なる.

⑤犬では，精子に関する種々な性状検査には射出精液のうちの第2分画液を使用するが，精子濃度は牛に比較して著しく低いので，第2分画液を希釈せずに精子数のカウントや精子運動性の観察が可能である.

⑥猫では精液量が非常に少ないため，精液希釈液で希釈してから精液検査を行うのがよい.

⑦猫は，頭部奇形が犬よりも多い.

3　雄の繁殖機能検査

犬・猫

4

人工授精

4．人 工 授 精

1）精液の希釈と保存

(1) 液状保存

◆目　的

犬精液を室温（20 ～ 28℃）または低温（4℃）で保存し，保存経過に伴う精液性状の変化を比較し，観察する．

◆材　料

用手法で採取した犬精液（第2分画液）．

◆器具・器材

ロート（ガラスまたはプラスチック製），スピッツ管，精子活力検査板，カバーガラス，スライドガラス，引きガラス，カウンター，血球計算盤，精子活力検査用恒温器，光学顕微鏡．

◆試薬・薬剤

エオジン液（エオジン・ニグロシン液），生食ホルマリン液（0.1％ホルマリン添加生理食塩液），精液希釈液〔卵黄トリス・フルクトース・クエン酸液（表4-4-1）またはその他の精液希釈液〕．

◆方　法

①用手法で採取した犬精液（第2分画液）について一般的な精液性状検査を行い，その後，遠心分離（600 g，5分）して，精漿を除去する．

②精子濃度が1億/mLになるように精液希釈液である卵黄トリス・フルクトース・クエン酸液などで希釈を行い，2等分する．

③1つのスピッツ管はそのまま室温（20 ～ 28℃）に放置し，もう1つは冷蔵庫（4℃）で保存する．

④その後，毎日（1日1回），精子活力および精子生存率（精子奇形率についても検査してもよい）を検査し，その変化を観察する．

◆ポイント

①精子は急激に高い倍率で希釈を行うと精子活力が失われてしまうため（希釈ショック），精液希釈液による希釈はゆっくり行う．

②室温に放置したものより低温（4℃）で保存したものが長期間保存できることを理解し，液状精液の臨床的な有効性について検討し，理解する．

表4-4-1　精液希釈液（卵黄トリス・フルクトース・クエン酸液）の組成

試　薬	含有量
トリス	2.4 g
クエン酸	1.3 g
フルクトース	1.0 g
卵黄	20 mL
精製水	80 mL
ペニシリンGカリウム	100,000 IU
硫酸ストレプトマイシン	0.1 g

犬・猫

◆補　足

　①一般的に使用されている犬用精液希釈液である卵黄トリス・フルクトース・クエン酸液と，他の動物で使用されている精液希釈液，例えば卵黄クエン酸ソーダ液（牛）とを比較するのもよい．

　②精液希釈液を添加しない原液の精液についても同様に，室温と4℃に保存して，希釈液による精液の保存性について検討するとよい．

＜室温または低温保存後の精液性状＞

	室温（20℃）		保存低温（4℃）保存	
	精子活力（％）	精子生存率（％）	精子活力（％）	精子生存率（％）
Pre				
1days				
2days				
3days				

（2）凍結保存

◆目　的

　犬精液を用いて凍結精液を作成し，融解後の精液性状を観察する．

◆材　料

　用手法で採取した犬精液（第2分画液）．

◆器具・器材

　精子活力検査板，精子活力検査用恒温器，カバーガラス，スライドガラス，引きガラス，カウンター，血球計算盤，三角コルベン，スターラー，凍結精液ストロー（0.5 mL），ストローパウダー，ストローカッター，プログラム低温装置，精液低温処理装置，精液簡易急速凍結器，マイクロピペット，光学顕微鏡．

◆試薬・薬剤

　エオジン液（エオジン・ニグロシン液），生食ホルマリン液（0.1％ホルマリン添加生理食塩液），精液希釈液（卵黄トリス・フラクトース・クエン酸液），グリセリン，Orvus ES paste（OEP）．

◆方　法

　①犬精液（第2分画）の精液性状検査を行う．これを凍結前の性状とする．

　②その後遠心分離（600 g，5分）して，精漿を除去する．

　③精子濃度が2億/mLになるように，精液に卵黄トリス・フルクトース・クエン酸液で希釈を行う（一次希釈）．

　④二次希釈液に，グリセリンが14％の濃度になるように添加する．

　⑤プログラム低温装置を使用して，4℃まで1時間かけてゆっくりと冷却する（一次冷却）．

　⑥4℃に調節した精液低温処理装置内で，スターラーでゆっくり撹拌しながら，点滴法で10分間かけて二次希釈を行う．

　⑦0.5 mL凍結精液ストローに精液を充填する．

　⑧グリセリン平衡を行う（1時間）．

　⑨精液簡易急速凍結器にて凍結する．

　⑩保存後，ストローを37℃の温湯で45秒間入れ，精液を融解する（庭先融解）．

　⑪融解後の性状を，凍結前のものと比較検討する．

犬・猫

◆ポイント

①凍結精液の作製技術を習得する.

②凍結後が凍結前の精液性状に比べてどのくらい性状が悪くなるのかを理解する.

③プログラム低温装置がない場合は，通常の冷蔵庫を使用してもよい.

◆補　足

①グリセリン平衡時間を変えて，比較検討してもよい（グリセリン平衡時間を 1 ～ 3 時間とする）.

②グリセリン平衡後の精液性状を検査して，凍結前と比較検討してもよい.

③グリセリンの濃度を変えて，比較検討してもよい.

④異なる融解方法（例えば 70℃，6 秒間）を行って，比較検討してもよい.

⑤融解後の精液性状を経時的に観察するとよい（融解後 1 時間または 2 時間）.

⑥一次冷却は冷蔵庫で，また精液簡易急速凍結器は発泡スチロール（投げ込み法）を利用してもよい.

⑦犬精液は低温に弱いため，凍結精液作製時には豚と同様に界面活性剤である OEP の添加（0.75％）が必要である. しかし，OEP を添加しなくても融解直後の精液性状には大きな差はみられない. そのため，OEP を添加しなくても凍結精液の作成は可能である.

＜凍結前の精液性状＞

精液量 (mL)	精子活力（%）			精子生存率（%）	精子奇形率（%）				精子濃度 (× 10^6/mL)	総精子数 (× 10^6)
	＋	±	－		頭部	中片部	尾部	合計		

＜グリセリン平衡後の精液性状＞

精子活力（%）			精子生存率（%）	精子奇形率（%）			
＋	±	－		頭部	中片部	尾部	合計

＜融解後の精液性状＞

融解方法	精子活力（%）			精子生存率（%）	精子奇形率（%）			
	＋	±	－		頭部	中片部	尾部	合計
℃　　秒								
℃　　秒								

2）人工授精

◆目　的

犬の人工授精法を理解する.

◆材　料

雌犬（できれば交配適期）.

◆器具・器材

犬用精液注入器（人工授精棒）.

◆方　法

交配適期の犬を準備することは困難であると思われるため，他の発情周期の雌犬を用いて，人工授精

を実施する．人工授精法には，腟内人工授精と子宮内人工授精法があるが，通常行われているのは，腟内人工授精法である．

（1）腟内人工授精法

①雌犬の後肢を持ち逆立ちさせ，外陰部から腟に精液注入器を挿入する（ビーグルで約 15 cm）．逆立ちは，精液の逆流を防ぐために行われる．

②5 mL シリンジに精液（または生理食塩液）を入れ，ゆっくりと注入する．

③そのまま逆立ちさせ，10 ～ 15 分間保持する．この時間は，通常の犬の交尾時間に相当する．

◆ポイント

①新鮮精液は腟内人工授精で十分な受胎率が得られるが，凍結精液や精液性状が極端に悪いものでは，子宮内人工授精が必要となる．

②子宮内人工授精は，開腹手術によって子宮に直接精液を注入する方法と内視鏡や硬性鏡を用いて非外科的に頸管を介して精液を注入する方法（経頸管子宮内人工授精法）がある．

犬・猫

5．妊娠診断

1）腹部触診法

◆目　的
犬および猫の腹部触診法による妊娠診断を習得する．

◆材　料
妊娠犬（妊娠25日前後），妊娠猫（妊娠20日前後）．

◆方　法
①動物を起立させ，腹部の左右から手を当て，下腹部を軽く圧迫する．
②妊娠している場合，ピンポン玉様の硬い子宮の着床部が触知可能である．

◆ポイント
①特別な装置を使用しないでも，妊娠診断ができる技術を理解し習得する．
②腹部が緊張しているものや，妊期が進んだもの，肥満犬では診断できないことがある．
③猫は犬よりも腹壁が薄いので，診断が容易である．

◆補　足
①妊娠の有無および胎子数をある程度推測し，その後の超音波検査やX線検査と比較する．

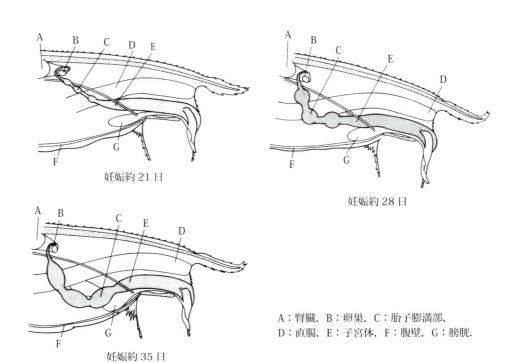

A：腎臓，B：卵巣，C：胎子膨満部，
D：直腸，E：子宮体，F：腹壁，G：膀胱．

図4-5-1　犬の妊娠経過に伴う子宮の発達と位置（Jones DE et al. 1982）．

2）超音波画像診断法

◆目　的

犬および猫の超音波検査による早期妊娠診断法を習得する．

◆材　料

妊娠犬（妊娠 24 日以降），妊娠猫（妊娠 22 日以降）．

◆器具・機材

超音波画像診断装置，超音波プローブ，超音波用エコーゼリー．

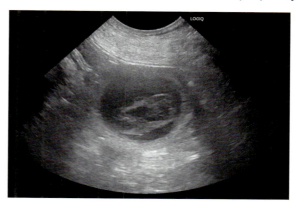

図 4-5-2　超音波検査法による犬の胎嚢（排卵後 30 日）．

◆方　法

①妊娠犬（猫）の腹部に超音波エコーゼリーを塗る．

②超音波プローブを当て，胎嚢を確認する．着床後の胎嚢はエコーフリーとなって捉えることができる（図 4-5-2）．

③胎子の心拍および胎子数を確認する．

◆ポイント

①観察を行った妊娠日数における胎嚢の大きさを理解する．

②超音波検査法による妊娠診断は，着床後，すなわち犬では排卵後 21 日以降，猫では交配後 13 日以降から実施可能である．

③超音波検査では，心拍を捉えることによって胎子の生死を判断することができる（犬では排卵後 24 日以降，猫では交配後 22 日以降）．

3）X 線画像診断法

◆目　的

犬および猫の X 線画像検査による妊娠診断法を習得する．

◆材　料

妊娠犬（妊娠 42 日以降），妊娠猫（妊娠 38 日以降）．

◆器具・機材

X 線画像診断装置，X 線防護衣．

◆方　法

①妊娠犬（猫）を撮影台上に仰臥位（VD 像）または伏臥位（DV 像）で保定し，X 線撮像を行う．

②妊娠犬（猫）を撮影台上に右下横臥位（右側面像）および左下横臥位（左側面像）で保定し，X 線撮像を行う．

③胎子の頭蓋骨および背骨の数から，胎子数を確認する（図 4-5-3）．

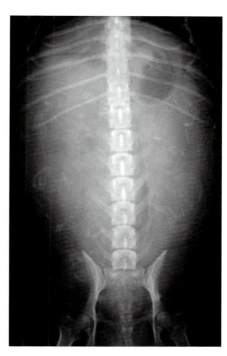

図 4-5-3　X 線画像診断法による犬の妊娠診断．VD 像，胎子数は 6 頭．

犬・猫

◆ポイント

①胎子の骨化が明瞭となる時期以降（犬：妊娠 42 日以降，猫：妊娠 38 日以降）に実施するため，早期妊娠診断においては臨床的価値が低い．

②超音波画像診断法では特に胎子が多い場合，胎子数を正確に数えることが困難であるが，X 線画像診断では胎子数を正確に知ることができる．

③胎子の骨格と母体の脊椎との重なりや，胎子骨格同士の重なりにより，胎子数の正確な評価が困難となる場合があるため，特に胎子数が多い場合，3 方向（VD または DV，右ラテラル像および左ラテラル像）での X 線撮像が推奨される．

6．分娩の観察

◆目　的
　犬の難産の診断を正しく行うために，正常分娩の経過を理解する．

◆材　料
　妊娠満期に近づいた犬．もし犬が準備できなければ，分娩経過を記録した犬の動画を使用する．

◆分娩直前に観察される徴候
　犬では分娩前になると，表 4-6-1 に示したさまざまな徴候が現れるため，これを観察することが大切である．特に体温（直腸温）の低下は特徴的である．直腸温が 37℃以下に低下したのち 12 時間以内に分娩が開始されることが多いため，直腸温を測定することによって分娩の開始時期を予測することが可能である．

◆分娩の経過
　①開口期（通常 6～12 時間）：前述したような分娩徴候を示す．腟の弛緩および子宮頸管の開口など，いわゆる産道の拡張が起こる．断続的な子宮の収縮（いわゆる陣痛）が起こり，母犬は不安になる．時間の経過とともに陣痛は強くなっていく．

　②産出期（通常 3～12 時間）：この時期になると下降していた直腸温が上昇する．陣痛が強くなり，腹壁の収縮として確認できる．陣痛は強くリズミカルになり，やがて第 1 破水（尿膜の破裂）が起こる．さらに，陣痛の動きによって胎子が産道におりてくると，羊膜をかぶった胎子（胎胞）が出現する．胎胞は自然に破れる（第 2 破水）か，母犬が自分で破り，陣痛とともに胎子が娩出される．

　③後産期：胎盤の排出が起こる胎子の娩出後 15 分以内の時期をいう．通常，胎盤は胎子と同時に排出されることが多い．母犬は胎盤を食べるが，これは本能的な行動であると考えられている．食べると，嘔吐や下痢が起こる可能性があるため，食べさせない方がよい．

　後産期のあとしばらく休憩し，再び徐々に次の陣痛が始ま

表 4-6-1　分娩直前に観察される徴候

- 体温（直腸温）低下
- 食欲低下
- 呼吸促迫（パンティング）
- 外陰部から透明な粘液の排出
- 外陰部をよくなめる
- 落ち着きがなくなる
- 排尿の回数が増える（頻尿）
- 営巣行動（前肢で床を掻く）
- 乳汁の排出

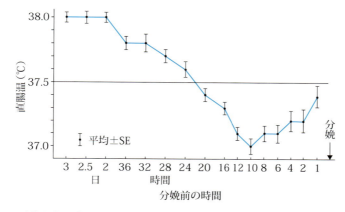

図 4-6-1　妊娠ビーグルの分娩前の体温（直腸温）変化（Tsutsui T et al. 1982）．

犬・猫

り，産出期に戻る．この休憩時間（分娩と分娩の間隔）は，5 〜 120 分（平均約 1 時間）ぐらいであり，個体によって差がある．ただし，この時間が延長しても陣痛が起こっていなければ，正常であると考えられる．

◆ポイント

①各種分娩直前の徴候は，分娩前に分泌される内因性のプロスタグランジン $F_{2\alpha}$ に由来すると考えられている（ただし，詳細は明らかにされていない）．

②猫の分娩経過も犬とほぼ同様であるが，体温の低下が犬ほど顕著でないこと，分娩と分娩の間の休憩時間が犬よりも長くなる（半日ぐらい陣痛が起こらず，休憩することもある）ことがあるなどの違いがある．

③初産の場合，子育てをうまく開始できない可能性もある．また，分娩時には神経質になっており，新生子を食べてしまうこともある．初産の場合は，子育てをうまく開始できるかどうか見守ることが必要である．

④新生子が乳汁を吸飲することで，下垂体前葉からのプロラクチン分泌が亢進し，乳汁の産生が持続する．また，このプロラクチンは「子育てホルモン」とも呼ばれており，このホルモンの分泌が亢進すると，子育てをするようになる．したがって，母犬が子育てを開始しない場合は，新生子を乳房につけて乳汁を吸飲させるとよい．

犬・猫

7. 妊娠の人為的コントロール

1）去勢手術

◆目　的

　標準的な去勢手術の手術手技およびその利点と欠点について理解する．

◆材　料

　雄犬．

◆器具・機材

　麻酔器，手術器具，電気メス，滅菌ガーゼ，縫合糸（吸収糸，絹糸，ナイロン糸），ドレープ，術衣，手術用グローブ．

◆試薬・薬剤

　麻酔前投与薬（アトロピン，ブトルファノール，ミダゾラム），導入麻酔薬（プロポフォール），吸入麻酔剤（イソフルラン），鎮痛剤（ロベナコキシブ），抗菌剤，7.5％ポビドンヨード，4％クロルヘキシジン．

◆方　法

　標準的な去勢手術を行う．猫の去勢は犬の方法とは異なる．

　①陰嚢と陰茎の間の皮膚を正中切開する．

　②皮下織をメスで切開して，総鞘膜を露出させる．

　③精巣を傷つけないように総鞘膜をメスで切開し，精巣および精巣上体を露出させる．

　④精巣上体の尾側面にある精巣上体尾間膜を鈍性または電気メスで切断し，精巣を遊離させる．

　⑤蔓状静脈叢，精巣動脈および精管を確認する．

　⑥吸収糸にて精巣動静脈を結紮後，精巣動静脈と精管を同時に結紮し，メッツェンバーム剪刀でこれらを切断する．

　⑦切断後，精巣動静脈からの出血がないことを確認する．

　⑧反対側の精巣についても同様の方法で摘出する．

　⑨常法に従って，皮下織および皮膚を縫合する．

◆ポイント

　①実際に臨床で行われている精巣摘出術について理解し，習得する．

　②去勢手術の実施時期や，去勢手術の利点と欠点について理解する．

2）不妊手術

◆目　的

　標準的な不妊手術の手術手技（卵巣摘出術または卵巣子宮摘出術）およびその利点と欠点について理解する．また，薬物による避妊法，着床阻止法および流産誘起法を理解する．

◆材　料

　雌犬．

247

犬・猫

7 妊娠の人為的コントロール

◆器具・機材

麻酔器，手術器具，電気メス，滅菌ガーゼ，縫合糸（吸収糸，絹糸，ナイロン糸），ドレープ，術衣，手術用グローブ．

◆試薬・薬剤

麻酔前投与薬（アトロピン，ブトルファノール，ミダゾラム），導入麻酔薬（プロポフォール），吸入麻酔剤（イソフルラン），鎮痛剤（ロベナコキシブ），抗菌剤，7.5％ポビドンヨード，4％クロルヘキシジン．

◆方　法

標準的な不妊手術（卵巣摘出術または卵巣子宮摘出術）を行う．薬物学的避妊，流産誘起法および着床阻止法もある．

(1) 卵巣摘出術

①腹部正中切開し，卵巣および子宮角を露出させる．

②子宮角を尾側に牽引して，卵巣，卵巣動静脈および卵巣提索を確認する．

③卵巣動静脈の尾側に位置する卵巣間膜の最も脂肪の少ない部分に，鉗子を使い鈍性に穴を開ける．

④縫合糸を3本（吸収糸2本，絹糸1本）通し，卵巣動静脈を含むようにして結紮する．

⑤固有卵巣索と子宮に並行して走行する子宮動静脈を吸収糸で結紮する．

⑥卵巣動静脈と固有卵巣索をメッツェンバーム剪刀で切断し，卵巣を切除する．

⑦卵巣を完全に切除できたこと，出血がないことを確認したうえで，常法に従って，腹壁，皮下織および皮膚を縫合する．

(2) 卵巣子宮摘出術

①腹部正中切開し，卵巣，子宮角，子宮体および子宮頸を露出させる．

②子宮角を尾側に牽引して，卵巣，卵巣動静脈および卵巣提索を確認する．

③卵巣動静脈の尾側に位置する卵巣間膜の最も脂肪の少ない部分に，鉗子を使い鈍性に穴を開ける．

④縫合糸を3本（吸収糸2本，絹糸1本）通し，卵巣動静脈を含むようにして結紮する．

⑤固有卵巣索と子宮に並行して走行する子宮動静脈を絹糸で結紮する．

⑥卵巣動静脈を切断する．

⑦子宮広間膜を電気メスなどを用いて子宮頸に向けて切開する．

⑧子宮頸管に針を通し，子宮頸の両側に走行する子宮動脈と一緒に吸収糸で貫通結紮を行う．

⑨子宮頸管に巻きつけるように，吸収糸で子宮頸管を結紮する．

⑩子宮頸管をメッツェンバーム剪刀で切断し，卵巣および子宮を摘出する．

⑪子宮断端を観察し，突出した子宮粘膜をトリミングし，粘膜が露出しないように吸収糸で内反縫合する．

⑫卵巣を完全に切除できたこと，出血がないことを確認したうえで，常法に従って，腹壁，皮下織および皮膚を縫合する．

◆ポイント

①実際に臨床で行われている卵巣摘出術および卵巣子宮摘出術について理解し，習得する．

②不妊手術の利点と欠点について理解する．

③薬理学的避妊法として，注射薬（プロリゲストン）およびインプラント剤（酢酸クロルマジノン）がある．

④流産誘起法としては，$PGF_{2\alpha}$製剤やアグレプリストンが使用される.

⑤着床阻止法としては，エストロジェン製剤（安息香酸エストラジオール）やアグレプリストンが用いられる.

7　妊娠の人為的コントロール

犬・猫

8．雌の繁殖障害・生殖器疾患の診断と治療

1）卵巣の疾患

◆目　的

　犬および猫の主要な卵巣疾患の診断法および治療法を理解する．

　卵巣疾患には，性分化異常（半陰陽など）や発情周期異常（卵巣発育不全，鈍性発情，持続発情など），卵胞嚢腫，卵巣腫瘍などが含まれる．

◆診断方法

　①一般状態，繁殖歴および発情周期について問診する（表 4-8-1）．

　②腟や外部生殖器（外陰部，陰核）の異常がないか観察する（表 4-8-1）．

　③発情の有無や発情の持続を確認するために，腟スメア検査を実施する．

　④必要に応じて腹部触診，X 線検査，超音波検査，性ホルモン濃度の測定を実施する．

（1）半陰陽

◆疾患の概要・定義

　生殖巣の性と表現型の性が一致しない先天異常であり，1 個体に卵巣と精巣の両方の生殖巣を持っている，またはその両方の組織が混在する卵精巣を持つ真性半陰陽と，精巣（雄性仮性半陰陽）または卵巣（雌性仮性半陰陽）の一方を持ちながら外部生殖器が反対の性を示す仮性半陰陽に分類される．猫における本症の発生はまれである．以下，雌型の外部生殖器を持ち，比較的発生頻度の高い犬の真性半陰陽と雄性仮性半陰陽について記述する．

◆診断ポイント

　①基本的に発情は認められない．

　②発育不全の陰茎骨（陰核骨とも呼ぶ）を入れた肥大した陰核の存在を確認する（触診および X 線検査）（図 4-8-1，4-8-2）．

　③精巣（雄性仮性半陰陽），卵巣と精巣または卵精巣（真性半陰陽）を持つことを生殖腺の病理組織学的検査にて確認する．

表 4-8-1　問診・身体検査項目

①一般状態
・既往歴および現病歴
・治療歴（ホルモン治療を含む）や手術歴（不妊手術を含む）の有無
②繁殖歴
・交配回数
・出産回数と産子数
③発情周期
・性成熟の遅延
・発情間隔の延長または短縮
・発情の持続
・無発情または発情徴候不明瞭
④生殖器異常
・腟，外陰部，陰核の肉眼的異常の有無
・外陰部からの異常排泄物（出血や膿など）の漏出の有無

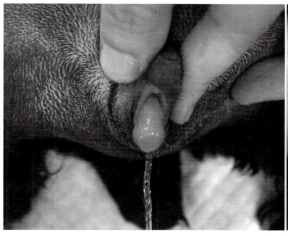
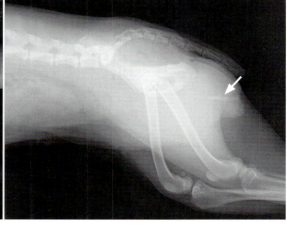

図 4-8-1　肥大した陰核（真性半陰陽）.　　図 4-8-2　陰核骨（矢印）の存在（真性半陰陽）.

◆治　療
　①生殖腺および内部生殖器を摘出する.
　②外陰部から突出した陰核および陰核骨の切除を実施する場合がある.

(2) 卵巣発育不全（卵胞発育障害）
◆疾患の概要・定義
　雌犬の性成熟時期，すなわち初回発情が発現する月齢はおおむね 8 ～ 12 か月であるが，犬種や個体間で性成熟時期に差がみられる．大型犬の性成熟時期は小型犬と比較して遅い傾向にあり 15 ～ 18 か月とされる．しかし，すべての犬種において 2 歳を超えても初回発情が認められない場合，性成熟の遅延が疑われる．この原因の 1 つとしてあげられるのが卵巣発育不全（卵胞発育障害）であり，卵巣が十分に発育せず，卵巣に機能的な卵胞や黄体が認められない状態をいう．

◆診断ポイント
　①性成熟時期を大幅に過ぎても発情徴候が認められない．
　②定期的な腟スメア検査または血中プロジェステロン濃度測定において，発情の周期性が確認できない．
　③外陰部の視診と乳腺の触診（性成熟時期を過ぎても，外陰部は未成熟で小さいままで，乳腺も発育していない）．

◆治　療
　①卵巣を刺激することを目的として性腺刺激ホルモン製剤の投与を実施する．犬では，ウマ絨毛性性腺刺激ホルモン（eCG）250 ～ 500 IU/head およびヒト絨毛性性腺刺激ホルモン（hCG）300 ～ 3,000 IU/head の 1 回もしくは 2 回の併用筋肉内投与を行う．この処置によって発情徴候が発現してから腟スメア検査を行い，発情期の所見がみられてから hCG 500 ～ 1,000 IU/head の 1 回筋肉内投与を行い，排卵を誘起する．しかし犬では，ホルモンで誘起された発情では黄体が十分に機能しないことが多く，たとえ妊娠したとしても妊娠維持ができず流産することもあるため，注意が必要である．

(3) 鈍性発情（微弱発情）
◆疾患の概要・定義
　鈍性発情とは，発情周期は正常であるが，発情徴候が微弱または全くみられない状態をいう．

犬・猫

8 雌の繁殖障害・生殖器疾患の診断と治療

◆診断ポイント
①発情徴候が弱いか全く示されない.
②定期的な腟スメア検査または血中プロジェステロン濃度測定により,発情の周期性が観察される.

◆治療
①鈍性発情を呈する犬を繁殖に用いる場合,腟スメア検査や血中プロジェステロン濃度の測定結果から排卵日を推定し,交配適期内に自然交配または人工授精を実施する.

(4) 卵巣嚢腫

◆疾患の概要・定義
　卵巣に卵胞が発育し,排卵しないまま卵胞が成長し続ける卵巣疾患であり,卵胞が異常に発育して腫大する卵胞嚢腫と,その卵胞壁に黄体化が起こっている黄体嚢腫に細分される.犬では卵胞嚢腫の発生が多いと思われるが,排卵前から卵胞壁に若干の黄体化がみられるため,両者を明確に区別することは困難であるため,卵巣嚢腫と診断されることが多い.一方,猫は交尾排卵動物であり,排卵後に黄体が形成されるため,卵巣嚢腫の主体は卵胞嚢腫である.

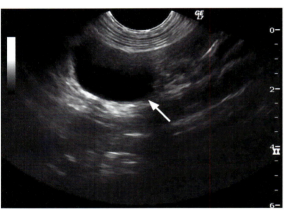

図 4-8-3　卵胞嚢腫罹患犬の超音波画像.矢印は嚢腫化した卵胞を示す.

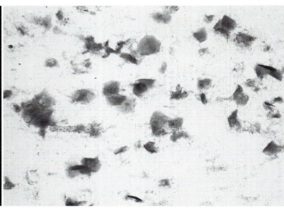

図 4-8-4　卵胞嚢腫罹患犬の腟スメア所見.角化上皮細胞を主体とする.

◆診断ポイント
①発情徴候が持続する.
　犬：発情徴候(発情出血,外陰部の腫大)が6週間以上持続する.
　猫：発情徴候(独特な鳴き声で鳴く,足踏み行動,人に擦り寄ってくる行動,床でごろごろする)が4週間以上持続する.
②腹部超音波検査において卵巣の形態観察を行い,卵巣内に1つまたは複数の大きな嚢胞(卵胞)を確認する(図 4-8-3).
③発情の確認のため腟スメア検査(図 4-8-4)や血中エストロジェン濃度,卵胞壁の黄体

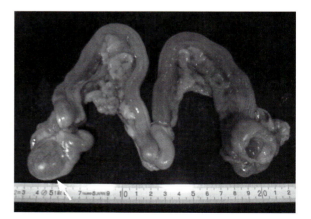

図 4-8-5　卵巣子宮摘出術により摘出された卵胞嚢腫の卵巣(矢印)および子宮.

化評価のため血中プロジェステロン濃度の測定を実施する．
◆治　療
　①繁殖に供する予定がない場合，卵巣子宮摘出術を実施する（肉眼所見，図 4-8-5）．
　②繁殖に用いる予定がある場合，ホルモン治療の実施を考慮するが，治療効果は必ずしも高くはない．ホルモン治療としては，hCG 製剤（犬：500 ～ 1,000 IU/head，猫：50 ～ 100 IU/head）の皮下投与による排卵誘起処置を施す．ホルモン治療後に，発情徴候が消失すれば治療は成功である．

（5）卵巣腫瘍
◆疾患の概要・定義
　卵巣に発生する原発性腫瘍として，上皮性腫瘍（腺腫，腺癌など），胚細胞腫瘍（未分化胚細胞腫，奇形腫など），性索間質腫瘍（顆粒膜細胞腫，卵胞膜細胞腫など）があげられるが，犬および猫ともに最も発生率が高い卵巣腫瘍は顆粒膜細胞腫である．顆粒膜細胞腫の中には，エストロジェンやプロジェステロンなどの性ホルモンを産生・分泌する機能的な腫瘍があり，特にエストロジェンを分泌する腫瘍の場合，発情徴候の持続を示す．非機能的な腫瘍の場合は無徴候であることもある．

◆診断ポイント
　①腫瘍が大きい場合，腹部膨満を呈する．
　②顆粒膜細胞腫では，エストロジェンの産生・分泌に起因した発情徴候の持続，非掻痒性脱毛，皮膚の色素沈着などが認められることがある．さらに，エストロジェンが長期間にわたって曝露されると，不可逆的な骨髄抑制（エストロジェン中毒）を呈し，汎白血球減少，血小板減少，非再生性貧血が起こることがあり，その場合，予後不良となる．
　③多くの卵巣腫瘍では全血球検査（CBC）の異常は認められないが，持続発情を呈する場合には CBC を実施し，骨髄抑制の有無を評価する．
　④プロジェステロンを産生する場合，子宮蓄膿症を併発することがある（肉眼所見，図 4-8-6）．
　⑤X 線検査や超音波検査により，卵巣の大きさ，内部構造，多臓器との関係性，転移の有無を確認する．
　⑥発情の確認のための腟スメア検査や血中性ホルモン（エストロジェン，プロジェステロン）濃度の

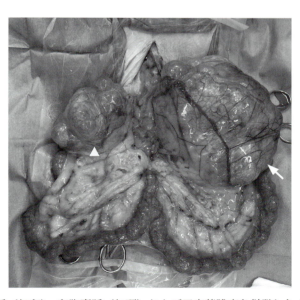

図 4-8-6　顆粒膜細胞腫（矢印），卵胞嚢腫（矢頭）および子宮蓄膿症を併発した犬の生殖器の肉眼所見．

犬・猫

測定を実施する．

◆治　療

①腫瘍の摘出を目的に，卵巣子宮摘出術を実施する．

2）子宮の疾患

◆目　的

犬および猫の主要な子宮疾患の診断法および治療法を理解する．

◆診断方法

①一般状態，年齢，出産歴，前回の発情時期，性ホルモン製剤の投与歴などを問診する．
② CBC，血液生化学検査，必要に応じて血液凝固線溶検査を実施する．
③外陰部の視診，腟スメア検査を実施する．
④腹部を触診する．
⑤腹部超音波検査，X線検査を実施する．

（1）子宮水症，子宮粘液症

◆疾患の概要・定義

子宮水症および子宮粘液症は，子宮腔内に無菌性の漿液（子宮水症）または粘液（子宮粘液症）が貯留した状態をいう．子宮水症と子宮粘液症の違いは貯留液の物理的性質（粘性）であり，粘性物質であるムチンの水和の程度に依存していると考えられている．

◆診断ポイント

①発症原因の詳細は不明だが，発情周期に関係なく発症する．
②多くは無徴候であり，腹部超音波検査時に偶発的に，子宮腔内の液体貯留（無〜低エコー）が発見されることが多い（図 4-8-7，4-8-8）．
③子宮腔内に貯留する液体が多量な場合，腹部膨満が認められる．
④炎症に起因した白血球数の増加や急性相タンパク質の上昇は認められない．

◆治　療

①卵巣子宮摘出術の実施が推奨される（肉眼所見，図 4-8-9，4-8-10）．

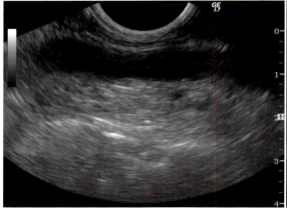

図 4-8-7　子宮水症罹患犬における子宮の超音波画像．無エコーの子宮腔が観察される．

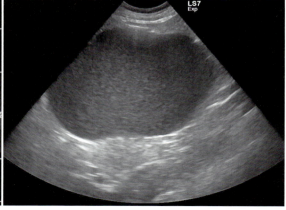

図 4-8-8　子宮粘液症罹患犬における子宮の超音波画像．低エコーの子宮腔が観察される．

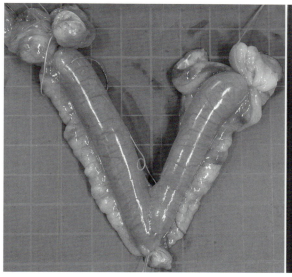
図 4-8-9　卵巣子宮摘出術により摘出された子宮水症罹患犬の卵巣および子宮．

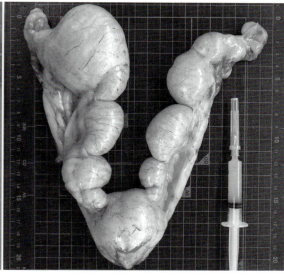
図 4-8-10　卵巣子宮摘出術により摘出された子宮粘液症罹患犬の卵巣および子宮．

②黄体期に本症を発症した場合，子宮蓄膿症と同じホルモン剤による内科治療（後述）に有効性を示す場合がある．

(2) 子宮蓄膿症

◆疾患の概要・定義

　子宮蓄膿症は，子宮内膜の囊胞性増殖を伴い，細菌感染による炎症（子宮内膜炎）を起こして，子宮腔内に膿液が貯留した疾患であり，子宮腔内の膿汁が外陰部から排出される開放性子宮蓄膿症と，子宮頸管の緊縮により排膿がみられない閉鎖性子宮蓄膿症に分類されるが，開放性子宮蓄膿症の発生が多い．子宮内の細菌が内毒素であるエンドトキシンを産生することによって，腎障害，敗血症，播種性血管内凝固症候群（DIC），全身性炎症反応症候群（SIRS）などを引き起こし，死に至ることもあるため，早期に診断・治療を実施する必要がある．本症の多くはプロジェステロンが分泌されている黄体期（特に発情後1～2か月の黄体退行期）に発生する．一般的に高齢動物で多くみられるが，性ホルモン製剤の投与歴がある場合には，比較的若齢で発症する場合がある．また，経産よりも未経産の動物での発生率が高い．卵巣囊腫や卵巣腫瘍と子宮蓄膿症が併発する場合もある．まれに子宮が破裂し，膿液が腹腔に漏出し，腹水貯留や腹膜炎を引き起こすことがある．

◆診断ポイント

　①食欲不振，元気消失，発熱，多飲多尿，嘔吐，脱水，腹部膨満，外陰部からの排膿（開放性子宮蓄膿症）などが認められる．

　②発情終了後の黄体期（特に黄体期の後半）に発症するものが多い．

　③CBCでは，白血球数（好中球）の顕著な上昇，好中球の左方移動および中毒性変化が認められる．

　④血液生化学検査では，血中尿素窒素（BUN），クレアチニン（Cre），アルカリフォスファターゼ（ALP）の上昇が認められることが多く，高窒素血症が起こった場合はエンドトキシン濃度の上昇と高い相関があると考えられており，予後は不良である．

　⑤開放性子宮蓄膿症の場合，腟スメア検査により多量の変性した好中球と多数の細菌が観察される（図

犬・猫

4-8-11).

⑥腹部超音波検査により，子宮腔内に液体貯留が認められる（図 4-8-12）．

⑦腹部 X 線検査により，腫大した子宮像が認められる（図 4-8-13）．

◆治 療

①広域スペクトラム抗菌剤の投与，十分な輸液や循環作動薬の投与，必要に応じて輸血を実施する．

②外科介入が可能と判断される場合，卵巣子宮摘出術の実施が最も推奨される（肉眼所見，図 4-8-14）．

③動物の全身状態から全身麻酔による外科介入が困難な場合や，将来的に繁殖を希望される場合，または手術を希望しない場合には内科治療（$PGF_{2\alpha}$ 製剤またはプロジェステロン受容体拮抗薬の投与）を実施する．内科治療に反応しない場合，外科治療の実施を検討する．

a．$PGF_{2\alpha}$

$PGF_{2\alpha}$ 製剤を投与すると，最初に子宮平滑筋収縮によって排膿が起こり，続いて黄体退行により黄体期が終了し，子宮頸管が拡張することで治癒に至る．$PGF_{2\alpha}$ 製剤投与の欠点は，投与後に一過性に嘔吐，呼吸促迫，流涎，下痢，体温低下などの副作用がみられることである．これらの病状を軽減させ

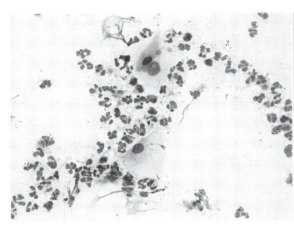

図 4-8-11　開放性子宮蓄膿症罹患犬の腟スメア像．多数の変性した好中球と細菌が認められる．

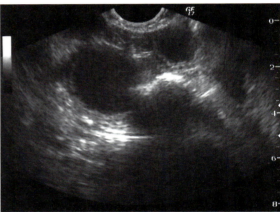

図 4-8-12　子宮蓄膿症罹患犬の超音波画像．子宮腔内に無〜低エコーの液体貯留が観察される．

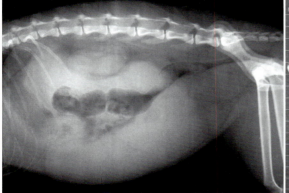

図 4-8-13　子宮蓄膿症罹患犬の腹部 X 線ラテラル像．腫大した子宮像が認められる．

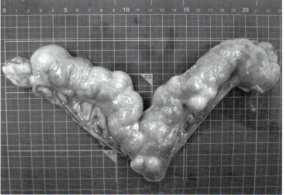

図 4-8-14　卵巣子宮摘出術により摘出された子宮蓄膿症罹患犬の卵巣および子宮．

る方法として，PGF$_{2\alpha}$製剤投与前に副交感神経遮断薬（臭化プリフィニウム 7.5 mg/head または硫酸アトロピン 0.02 mg/kg）製剤の投与が推奨される．子宮蓄膿症の犬では天然型 PGF$_{2\alpha}$ や PGF$_{2\alpha}$ 類縁物質（PGF$_{2\alpha}$-analogue：PGF$_{2\alpha}$-A）が使用されるが，他の動物と比較して PGF$_{2\alpha}$ に対する感受性が低いため，作用の強い PGF$_{2\alpha}$-A（クロプロステノール）を使用する．クロプロステノール 2.5～5.0 µg/kg の 1 回皮下投与で黄体退行を誘起できるが，副作用の軽減を目的に，1～2 µg/kg，1 日 1 回，2～3 日皮下投与で黄体退行が可能である．また，犬と同様に猫も PGF$_{2\alpha}$ に対する感受性が低いため，大量または複数回の投与が必要となる．しかし，天然型 PGF$_{2\alpha}$ 製剤を使用した場合でも，犬のように重篤な副作用を生じにくく，治癒率も高いため，天然型 PGF$_{2\alpha}$ 製剤（トロメタミンジノプロスト 0.1 mg/kg，1 日 2 回，3～5 日間皮下投与，または 0.25 mg/kg，1 日 1 回，3～5 日間皮下投与）の使用も可能である．また，PGF$_{2\alpha}$ 類縁物質（犬の投与プロトコールおよび用量と同様）による治療も可能である．ただし，閉鎖性子宮蓄膿症では PGF$_{2\alpha}$ 製剤の投与により子宮破裂を起こすことがあるため，投与を避けることが望ましい．また，中等度以上の心疾患がある場合も，PGF$_{2\alpha}$ 製剤の投与は禁忌である．

b．プロジェステロン受容体拮抗薬

プロジェステロン受容体拮抗薬（アグレプリストン）を投与すると，プロジェステロン受容体への競合拮抗作用により，子宮内環境を黄体期から脱することで，プロジェステロンの支配を受けていた子宮頸管を弛緩させる．これにより排膿を促し，治癒に至る．プロジェステロン受容体拮抗薬の利点として，特筆すべき重篤な副作用がなく，心疾患を持った動物や閉鎖性子宮蓄膿症罹患動物への投与が可能であることがあげられる．一方，欠点として，PGF$_{2\alpha}$ と異なり黄体退行作用がないため，治癒までに時間を要したり，本症が治癒したあともまだ黄体期にある場合には再発する可能性があることがあげられる．アグレプリストンは，犬では 10 mg/kg，猫では 15 mg/kg を 1 日 1 回，2 日間，その後は治癒状況を確認して 1 週間ごとに皮下投与する．

（3）子宮腫瘍

◆疾患の概要・定義

子宮腫瘍の発生は犬および猫ともにまれであり，中年齢以降に発生することが多い．犬においてはほとんどが間葉系腫瘍であり，約 90％が平滑筋腫，約 10％が平滑筋肉腫であると報告されている．これらの腫瘍以外の発生はまれであるが，線維腫，線維肉腫，脂肪腫，脂肪肉腫，リンパ腫，腺腫，腺癌などが認められる．猫においては腺癌の発生が最も多く，その他，平滑筋腫，平滑筋肉腫，線維腫，線維肉腫，リンパ腫，扁平上皮癌などの報告がある．犬に比較して，猫では悪性腫瘍の発生が多く，諸臓器や所属リンパ節へ転移を起こす可能性がある．

◆診断ポイント

①無徴候で，偶発的に発見されることが多い．
②腫瘍が大きい場合，腹部膨満，排便障害，食欲不振，嘔吐などが生じる．
③外陰部から出血性の排出物が認められることがある．
④腫瘍によって子宮を閉塞し，子宮蓄膿症を

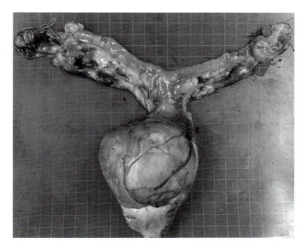

図 4-8-15　子宮頸管部に発生した子宮平滑筋腫（犬）．

併発することがある.

　⑤超音波検査やX線検査，CT検査によって，子宮の腫大や腹腔内リンパ節や諸臓器への転移を確認する.

◆治　療

　遠隔転移がなく，病変が局所に限局している場合には，卵巣・子宮摘出術を実施する（肉眼所見，図4-8-15）．遠隔転移がある場合には，卵巣および子宮の摘出とともに，転移のみられた組織やリンパ節の摘出を行う．化学療法の有効性については明らかではないが，術後に化学療法の実施を考慮する.

3）腟の疾患

◆目　的

　犬の主要な腟疾患の診断法および治療法を理解する．猫における腟疾患の発生はまれであるため，本項では割愛する.

◆診断方法

　①犬種，年齢，臨床徴候や前回の発情時期，不妊手術の実施の有無について問診する.

　②腟から外陰部の触診または視診を実施する.

　③腟スメア検査を実施する.

　④必要に応じて，尿検査や腟内視鏡検査，X線検査，腹部超音波検査，CT検査を実施する.

(1) 腟　炎

◆疾患の概要・定義

　腟炎は腟の内腔に発生する炎症であり，細菌やウイルス（犬ヘルペスウイルス）感染が原因となる．腟炎の多くは細菌性腟炎であり，主として下部尿路疾患，子宮疾患，外陰部周囲の皮膚炎，腫瘍，腟の先天性の解剖学的異常，外傷，異物などが原因で二次的に発症することが多い．また，生後4か月頃から性成熟前の時期に腟炎が発症することもあり，この腟炎は若年性腟炎（性成熟前腟炎）と呼ばれる．若年性腟炎の発症機序は明らかではないが，初回発情が起こったあとに治癒するため，エストロジェンが治癒に関与していると考えられている.

◆診断ポイント

　①軽度な腟炎の場合，無徴候のことも多い.

　②外陰部から粘液性，漿液性，血様または化膿性の排出物を確認した場合，腟スメア検査を実施し，多数の白血球の存在を確認する.

　③腹部超音波検査により，子宮に液体（膿液）の貯留がないことを確認する（子宮蓄膿症との鑑別）.

　④尿検査において，膀胱炎との鑑別を行う.

　⑤必要に応じて，触診や腟鏡，腟内視鏡を用いて，腟炎の原因となる異常を確認する.

　⑥若年性腟炎では，犬種（ラブラドール・レトリーバー，ゴールデン・レトリーバーなどの腟が深い犬種），年齢，臨床徴候から仮診断し，初回発情終了後に自然治癒すれば，確定診断となる.

◆治　療

　①細菌性腟炎では，抗菌剤の全身投与または洗浄液による腟洗浄が有効である．ウイルス性腟炎の場合には適切な治療法はないが，二次的な感染を防止するために，抗菌剤投与と腟洗浄を実施する.

　②若年性腟炎は初回発情後に自然治癒することがあるため，積極的な治療の実施は必要でないことが多い．性成熟前に不妊手術を実施してしまい，術後に若年性腟炎を繰り返している場合，エストロジェ

ン製剤（エチニルエストラジオール 0.01 ～ 0.03 mg/kg，1日 1 回を 1 ～ 2 週間経口投与）を投与することで，腟炎が治癒することがある．

(2) 腟脱

◆疾患の概要・定義

腟脱は発情前期から発情期にかけて，腟の過形成が起こり，外陰部から突出する疾患である．不妊手術を行っていない若齢（3 歳未満）での発症が多く，大型犬や短頭種での発生が多いが，特にパグでの発症率が高い．発症にはエストロジェンが関与する．

◆診断ポイント

①主として発情前期または発情期に発生する．

②ドーム型またはドーナッツ型に過形成を起こした浮腫性腟組織が外陰部から突出する（図 4-8-16）．

③比較的若齢での発生が多い．

④好発犬種はパグ，ブルドッグ，ボストン・テリア，セント・バーナード，ラブラドール・レトリーバー，ジャーマン・シェパード・ドッグなどである．

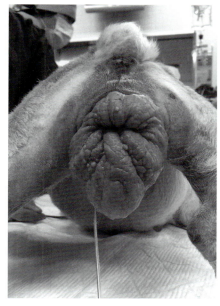

図 4-8-16 肥厚した腟組織が反転して外陰部に突出した腟脱罹患犬．

◆治療

①外陰部内にとどまるドーム型の腟炎は軽度であり，発情期の終了とともに元に戻ることが多い．

②肥厚した腟組織が反転して外陰部外に突出したドーナッツ型の腟脱は発情期が終了しても元に戻らないことが多い．腟組織の浮腫を軽減させる目的で，50％ブドウ糖液のような高張液を腟組織に塗布し，浮腫の改善が認められた後に腟内への整復を試みる．整復が困難と判断される場合には，突出した腟組織の切除を実施する．

(3) 腟腫瘍

◆疾患の概要・定義

腟腫瘍は犬の腫瘍全体の約 3％を占め，雌性生殖器腫瘍では乳腺腫瘍に続いて 2 番目に発生が多い．その多くは良性腫瘍であり，腟の支持組織に由来する．組織学的には平滑筋腫，線維腫，線維性ポリープ，脂肪腫の発生が多い．悪性腫瘍は少なく，平滑筋肉腫などが発生する．平滑筋腫や線維腫，線維性ポリープなどの良性腫瘍は，早期（2 歳以下）に不妊手術を受けた犬では発生しないため，これらの腫瘍の発生には性ホルモンが関与していると考えられている．腟腫瘍は臨床的に，腟の内側から形成・発育する腟内型と，腟の外側に形成・発育する腟外型に分類される．

◆診断ポイント

①視診または触診によって，腫瘍の発生部位を確認する．

②腟内型は主として腟前庭付近に発生し，有茎状に腟壁に付着して形成され，外陰部の外に突出することで気づかれる．外傷や自傷により，突出した腫瘤部から出血したり，細菌感染を起こすことがある（図 4-8-17）．

③腟外型の多くは，会陰部の腫脹によって気づかれることが多く，腫瘍の発生部位やその大きさによって，直腸や尿道を圧迫し，排便障害（便秘や便の扁平化，しぶりなど）や排尿障害が認められる（図

犬・猫

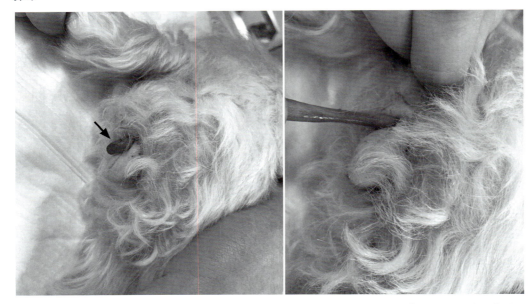

図 4-8-17　腟内側から外陰部の外に有茎状に突出した腟腫瘤（腟線維性ポリープ，矢印）．腫瘤を牽引し，基部を確認する（右）．

4-8-18）．

④腫瘤の発生部位に応じて，X 線検査，CT 検査，腟内視鏡検査を実施する．

◆治　療

①腟および外陰部腫瘍の治療は，良性・悪性を問わず，切除が第一選択となる．良性腫瘍では，腫瘍が完全に切除できれば治癒する．有茎状の腟内型の腟腫瘍の場合，突出した腫瘍組織を牽引し，その基部を切除する．腟外型の腟腫瘍の場合，会陰切開を行い腟腫瘍の切除を試みる．

②不妊手術が実施されていない場合は，不妊手術を同時に行うことで，良性の腟腫瘍の再発リスクが低下する．

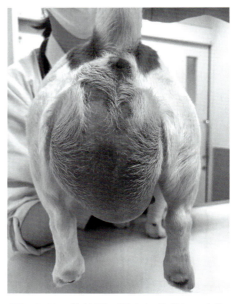

図 4-8-18　腟外側に腫瘤を形成し，会陰部が腫脹した腟平滑筋腫罹患犬．

9. 雄の繁殖障害・生殖器疾患の診断と治療

◆目　的

犬および猫の主要な精巣・前立腺疾患の診断法および治療法を理解する．

1）潜在精巣

◆診断方法

　①一般状態，年齢，精巣に異常が認められた時期と状態の経過を問診する．
　②精巣や精巣上体を触診し，位置，大きさ，外傷の有無，熱感，硬結感の有無を調べる．
　③精巣の腫大がみられる場合は，陰茎および腫大精巣と対側の精巣萎縮，雌性化乳房，色素沈着，対称性脱毛，雌性化徴候の有無を調べる．
　④必要に応じて，血中エストラジオール濃度や血中テストステロン濃度を測定する．

◆疾患の概要・定義

　哺乳動物の精巣は左右の腎臓直下に形成され，犬や猫では胎生期から出生後にかけて，腹腔から鼠径管，鼠径部皮下を通り，最終的には陰嚢内に下降する（精巣下降）．潜在精巣とは，片側または両側の精巣が陰嚢内に下降せず，腹腔内または鼠径部皮下に停留する疾患と定義され，遺伝性の疾患である．

◆診断ポイント

　①精巣下降の完了時期は猫で生後20日，ビーグル犬で生後1か月であるが，大型犬の場合，精巣下降の完了までに3～4か月を要する場合があるため，最終的な判断は鼠径輪の部分的閉鎖が起こる6か月以降に行う．
　②潜在精巣は精巣下降路のいずれかの部位，すなわち腹腔内または鼠径部皮下に位置する．

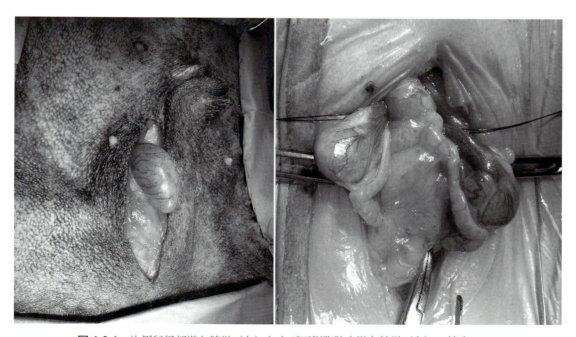

図 4-9-1　片側鼠径部潜在精巣（左）および両側腹腔内潜在精巣（右）の摘出．

犬・猫

　③両側性の潜在精巣では，左右精巣における造精機能が消失し生殖不能となるが，片側性の場合には，反対側の陰嚢内精巣における造精機能に問題がなければ受胎性に影響しない．
　④超音波検査は，腹腔内や鼠径部に存在する潜在精巣の同定に用いられる．
　⑤両側陰嚢内に精巣がなく，過去の去勢手術の手術歴が不明な動物に対して，精巣の存在を確認する方法として hCG 負荷試験の実施が可能である．hCG（犬：200〜500 IU/ 頭の静脈内投与，猫：300 IU/ 頭の静脈内投与）を投与して，投与前と投与 60 分後の血中テストステロン濃度を比較する．潜在精巣がない場合，投与前後の血中テストステロン濃度に変化はみられないが，潜在精巣がある場合，投与前と比較し，投与後に血中テストステロン濃度が上昇する．

◆治　療
　①犬においては精巣腫瘍化のリスク要因（陰嚢内精巣と比較し，潜在精巣における精巣腫瘍の発生率が 9.2〜13.6 倍に増加する）となることから，潜在精巣の摘出の実施が望ましい．鼠径部潜在精巣では鼠径部の皮膚，腹腔内潜在精巣では腹部傍正中切開を行い，潜在精巣を確認した後に摘出する（図 4-9-1）．
　②猫においては，そもそも精巣腫瘍の発生自体がまれであるため，精巣腫瘍の発生予防を目的とした精巣の摘出は必ずしも必要ではなく，主に雄性行動の抑制を目的として実施する．

2）精巣腫瘍

◆疾患の概要・定義
　精巣腫瘍は雄犬の生殖器で認められる最も一般的な腫瘍であり，中齢から老齢にかけて多発し，発生年齢の平均値は 10 歳とされる．精巣腫瘍は，性索-間質性腫瘍，胚細胞腫瘍，およびこの 2 つが混合した胚細胞-性索間質性混合腫瘍に大別される．性索-間質性腫瘍には間質（ライディッヒ）細胞腫やセルトリ細胞腫が，胚細胞腫瘍には精上皮腫（セミノーマ）や奇形腫，胎子性癌が含まれる．犬の精巣腫瘍は，主として精上皮腫，セルトリ細胞腫およびライディッヒ細胞腫が発生するが，1 つの精巣内に数種類の腫瘍（胚細胞-性索間質性混合腫瘍）が発生することもある．精巣に発生するその他の腫瘍として，胎子性癌，顆粒膜細胞腫，血管腫，線維肉腫および神経鞘腫などが報告されているが，それらの発生は非常にまれである．また，潜在精巣は精巣腫瘍化のリスク要因となる（図 4-9-2）．

◆診断ポイント
　①精上皮腫の 10％未満，セルトリ細胞腫の 10〜20％で，局所リンパ節や肺などの諸臓器に転移が認められる．ライディッヒ細胞腫は一般的に良性腫瘍であり，転移は非常にまれである．
　②セルトリ細胞腫の 25〜50％はエストロジェンを過剰に産生し（エストロジェン過剰症），雌性化乳房，乳汁漏出，反対側の精巣萎縮，掻痒性のない全身性脱毛，皮膚の色素沈着，陰茎皮膚の下垂などの雌性化徴候や，前立腺上皮細胞の扁平上皮細胞への化生（扁平上皮化生）

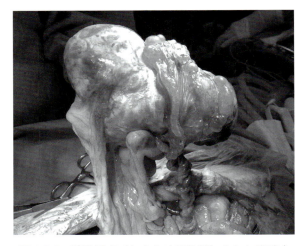

図 4-9-2　精巣腫瘍（セルトリ細胞腫）化した腹腔内潜在精巣の摘出時の肉眼所見．

を伴った前立腺肥大症が認められる．

　③雌性化徴候を示すセルトリ細胞腫の15％は，過剰なエストロジェンにより不可逆的な骨髄抑制（エストロジェン中毒）を呈し，重篤な非再生性貧血，白血球（顆粒球）減少，血小板減少が起こることがある．

　④精上皮腫やライディッヒ細胞腫のほとんどが非機能的（ホルモンの過剰分泌を伴わない）である．

　⑤X線検査において，遠隔転移の評価を実施する．また，腹腔内潜在精巣が腫瘍化し精巣腫大を呈する場合，腹部X線検査によりその存在を明らかにすることができる．

　⑥超音波検査において，出血や壊死，石灰化などに起因した混合エコー像を呈することが多い．また，腹腔内諸臓器やリンパ節への遠隔転移の有無や，腹腔内や鼠径部に存在する腫瘍化した精巣の同定，精巣腫瘍が疑われる陰囊内精巣における診断補助として有用である．

　⑦雌性化徴候を呈するセルトリ細胞腫では，血中エストロジェン濃度が上昇する（正常な雄犬の血漿エストロジェン濃度は15 pg/mL以下）．その場合，CBCによって，骨髄抑制の有無や程度を評価する必要がある．エストロジェンが高値であったとしてもエストロジェン中毒が必発するわけではない．雌性化徴候を呈さない精巣腫瘍の場合には，血中エストロジェン濃度の測定意義は少ない．

◆治　療

　①精巣腫瘍における治療の第一選択は，腫瘍化した精巣の摘出である．術前検査によりリンパ節への転移が疑われる場合には，リンパ節郭清も合わせて実施する．ただし，エストロジェン中毒を呈したセルトリ細胞腫の場合，外科治療の実施自体がハイリスクであるうえ，たとえ原因を除去できたとしても骨髄抑制が継続することが多く，輸血や抗菌剤投与といった支持療法を長期または生涯にわたり続けなければならない．

　②遠隔転移がみられた精巣腫瘍に対しては，化学療法または放射線治療が有効となる場合がある．

3）前立腺疾患

◆診断方法

　①一般状態，年齢，精巣の存否，精巣摘出時期を確認する．

　②CBCおよび血液生化学検査を実施する．

　③直腸検査を実施し，前立腺の腫大，硬化，表面不整，疼痛の有無について評価する．

　④腹部X線検査を実施し，前立腺の腫大，腫大に伴う直腸圧迫の程度，石灰化の有無，前立腺癌を疑う場合には遠隔転移の有無を評価する．

　⑤前立腺癌を疑う場合，胸部X線検査を実施し，遠隔転移の有無を評価する．

　⑥腹部超音波検査を実施し，前立腺の腫大，形状，内部構造，石灰化，前立腺癌を疑う場合には遠隔転移や周辺組織への浸潤病巣の有無を評価する．

　⑦細胞診は，❶射精精液の分画採取により得られた第3分画液（前立腺分泌液），❷超音波ガイ

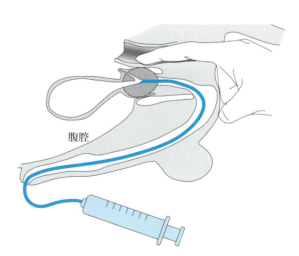

図4-9-3　前立腺尿道カテーテル吸引．前立腺マッサージ後，超音波ガイド下で前立腺尿道内にカテーテル先端を進め，吸引することで細胞を回収する（Canine and Feline Endocrinology and Reproduction, 3rd Ed., P.981, Fig. 30-3, Saundersを参考に作成）．

犬・猫

ド下で注射針を前立腺実質内に刺入・吸引する超音波ガイド下経皮的針吸引により回収されたサンプル，❸前立腺マッサージ後に尿道カテーテル先端を超音波ガイド下で前立腺尿道まで進め吸引する超音波ガイド下尿道カテーテル吸引（図 4-9-3）により回収された吸引サンプルを使用する．サンプルは直接または遠心分離後の沈渣をスライドガラスに塗抹し，ヘマカラー染色などを施したのち，鏡検する．また，必要に応じて，沈渣を用いて細菌培養検査や BRAF 遺伝子変異解析を実施する．

⑧必要に応じて，尿検査を実施する．

(1) 前立腺肥大症，前立腺囊胞

◆疾患の概要・定義

前立腺肥大症は過形成（細胞数の増加）と肥大（細胞容積の増大）の両方によって発生する．発症には精巣から合成，分泌されるテストステロンやエストロジェンが関与する．加齢に伴って，精巣におけるテストステロンの分泌は低下する一方，エストロジェンの分泌は維持または増加し，ホルモンバランスの不均衡が生じることが，前立腺肥大症の発生の一因と考えられている．

前立腺囊胞は，前立腺実質内において前立腺上皮細胞による裏打ち，または線維結合織から構成される囊胞が形成され，非化膿性液体が貯留した状態であり，良性前立腺肥大症などに関連して発生する．囊胞内には，血色水様の前立腺分泌液が貯留する．

猫は前立腺がもともと未発達であり，前立腺肥大症を含めた前立腺疾患の発生は非常にまれである．

◆診断ポイント

①未去勢犬において発生し（去勢犬では発生しない），加齢に伴って発生率は増加する．

②前立腺の肥大に伴い，直腸を圧迫することによる排便障害（便秘，便が細くなる，しぶり便など），前立腺尿道を圧迫することによる排尿障害（血尿，頻尿，尿失禁など）が認められる．

③排尿や射精時，またはこれらとは関係なく，血色水様の前立腺分泌液を排出することがある．

④直腸検査では，前立腺肥大症において左右対称性に肥大した，表面の平滑な前立腺を触知でき，疼痛を認めない．ただし，前立腺実質内に囊胞が形成されている場合，左右両葉が非対称になることが多い．

⑤血液像の異常は本症と相関しない．

⑥腹部 X 線検査では肥大した前立腺を確認でき，膀胱が頭腹側へ変位し，結腸や直腸が背側に変位

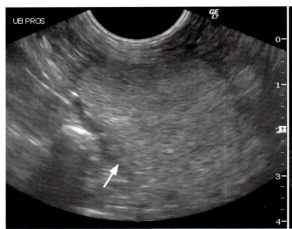

図 4-9-4　前立腺肥大症罹患犬の前立腺の超音波画像．前立腺表面は平滑で，実質内のエコーレベルは等エコー（矢印）で均一となる．

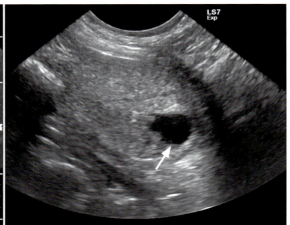

図 4-9-5　前立腺囊胞罹患犬の前立腺の超音波画像．前立腺実質内に無エコーの囊胞（矢印）が観察される．

する.

⑦腹部超音波検査では肥大した前立腺，前立腺実質の内部構造や嚢胞形成の有無を評価する．前立腺肥大症や前立腺嚢胞における前立腺実質内のエコーレベルは等エコーで均一となる（図 4-9-4）．また，嚢胞領域は無〜低エコーとして描出される（図 4-9-5）.

⑧細胞診では，円形の核と青色の泡沫状細胞質を持つ細胞異型のない前立腺上皮細胞がシート状に採取され，赤血球も散見される.

◆治　療

①精巣から分泌される性ステロイドホルモンが深く関与していることから，前立腺肥大症の治療法として，一般的には去勢手術が実施される．手術後 1 〜 2 週間で前立腺実質はほとんど縮小するが，完全な縮小には 4 か月を要する場合がある.

②全身麻酔が困難な場合や，去勢手術を望まない場合には，抗アンドロジェン製剤である酢酸オサテロン（0.25 〜 0.5 mg/kg, 1 日 1 回, 7 日間）やクロルマジノン酢酸エステル（2 mg/kg, 1 日 1 回, 7 〜 10 日間，大型犬は減量）などを用いた内科治療が可能である．これらの治療により治療から 2 〜 3 週間以内に前立腺容積はおおむね 50％程度に縮小するが，治療後半年〜 1 年を経過して再発する可能性がある.

(2) 前立腺炎，前立腺膿瘍

◆疾患の概要・定義

前立腺炎は，主として細菌による尿道からの上行感染によって発生する．前立腺に侵入した細菌は，腺房内で増殖を開始する．本来，尿道上皮や前立腺腺房を構成する前立腺上皮細胞は前立腺への細菌の侵入を阻止するように働くが，炎症の進行に伴って，尿道や前立腺の上皮細胞層が破綻して細菌が侵入し，前立腺炎を引き起こす．さらに，細菌感染に伴う化膿性前立腺炎が進行し，前立腺実質内に 1 つ，または複数の嚢胞を形成し，その内部に産生された膿液が貯留する．この状態が前立腺膿瘍である.

◆診断ポイント

①主として，未去勢犬において発生する.

②元気・食欲低下，発熱，前立腺の炎症に伴う疼痛に起因した姿勢異常・歩行異常，沈うつ，排尿障害，外尿道口からの血様（前立腺炎）または膿様（前立腺膿瘍）の分泌液が，排尿や射精時，またはこれらとは関係なく排出することがある.

③細菌性膀胱炎との併発が多く発生し，血尿，膿尿，頻尿を呈することがある.

④ CBC で白血球増多，幼若好中球の出現および好中球の中毒性変化，さらに反応性タンパク質（CRP）の上昇が認められることが多い.

⑤直腸検査では，前立腺は左右非対称性に腫大し，波動感のある領域を認め，触診時に疼痛を伴う.

⑥腹部 X 線検査や腹部超音波検査において，前立腺実質内に石灰化を認めることがある.

⑦前立腺膿瘍では腹部超音波検査により，前立腺実質内にエコーフリーの嚢胞が観察される（図 4-9-6）.

⑧吸引サンプルや前立腺分泌液の細胞学的検査では，細胞異型のない正常様前立腺上皮細胞に多数の白血球や細菌が混在する．また，前立腺に慢性炎症が存在する場合，扁平上皮様の細胞形態を示す細胞が混入することがある（扁平上皮化生）.

⑨膀胱炎を併発していることが多い.

⑩吸引サンプルや尿，前立腺分泌液の沈渣を用いて，細菌培養同定および薬剤感受性試験を実施する.

犬・猫

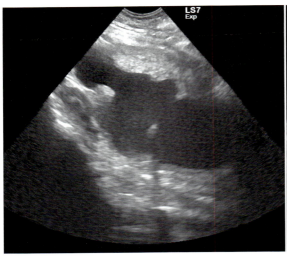

図4-9-6　前立腺膿瘍罹患犬の前立腺の超音波画像．前立腺実質内にエコー原性を有する囊胞が確認できる．

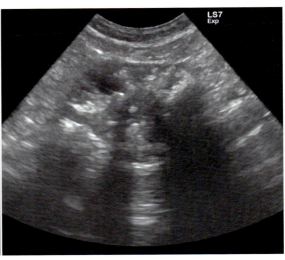

図4-9-7　前立腺癌罹患犬の前立腺の超音波画像．高エコー病巣と低エコー病巣が実質内に散在し，不均一なエコー像を呈する．

◆治　療

①前立腺炎や前立腺膿瘍は，細菌が前立腺の腺房内に侵入および増殖することで起こるため，抗菌剤が血中から前立腺上皮を通じて，腺房内に到達する必要がある．しかし，前立腺上皮細胞層が形成する血液－前立腺関門によって，抗生物質の腺房内への到達を阻止してしまうため，血液－前立腺関門を通過可能な抗菌剤（フルオロキノロン，マクロライド，クロラムフェニコール，トリメトプリム-サルファ剤）の投与を第一選択とする．

②前立腺分泌液や膿様物を用いて細菌の薬剤感受性試験を実施し，感受性のある抗菌剤を使用する．特に急性前立腺炎の場合，血液-前立腺関門が機能的ではなく，前記の抗菌剤でなくとも有効性を示す可能性がある．

③抗菌剤の投与は，少なくとも1か月程度は実施し，慢性化しないようにする必要がある．

④前立腺肥大症の存在は前立腺感染症にかかりやすくすることから，過形成の軽減を目的とした治療（去勢手術または抗アンドロジェン製剤の投与）を抗菌剤投与に合わせて実施する．

⑤内科治療と精巣摘出手術でも改善がみられない前立腺膿瘍の場合は，大網を膿瘍腔に充填することで膿瘍腔の消失を図る前立腺大網被覆術や，膿瘍腔を前立腺実質と固着させ膿瘍腔の消失を図る前立腺縫縮術などといった外科治療を実施する．

(3) 前立腺癌

◆疾患の概要・定義

犬の前立腺癌の発生はまれであり，有病率は0.6％以下とされるが，犬の前立腺に発生する腫瘍の多くが悪性腫瘍である．組織学的には，腺癌や移行上皮癌が最も一般的であるが，未分化癌や扁平上皮癌，平滑筋肉腫，血管肉腫，リンパ腫，骨肉腫などの発生報告も存在する．本疾患は局所浸潤性が強く，尿道や膀胱，直腸などの前立腺周囲臓器へと広がる．また，早期に遠隔転移しやすく，肺，リンパ節，骨などへ遠隔転移する傾向にある．精巣摘出の有無にかかわらず発生するため，去勢犬において前立腺が腫大している場合には前立腺腫瘍を疑う．

◆診断ポイント

①精巣の有無にかかわらず発生する.

②前立腺の腫瘍性腫大による前立腺尿道や下部消化管の物理的圧迫，または尿路や直腸壁への癌浸潤により，排尿障害（血尿，尿失禁，頻尿，排尿痛，排尿困難）や排便障害（便秘，便の扁平化，しぶり，血便）を呈する.

③外尿道口から排尿時または排尿と関連せずに，血様または膿様の分泌液の排出がみられることがある.

④骨転移がみられる場合，癌性疼痛，歩行障害（四肢の虚弱，跛行など）を示す.

⑤肺転移がみられる場合，呼吸器徴候（運動不耐，呼吸促迫など）を示す.

⑥CBC において，白血球増多，幼若好中球の出現および好中球の中毒性変化，CRP の上昇が認められることがある.

⑦尿路閉塞によって細菌性膀胱炎や腎不全を起こす可能性があり，腎不全が生じている場合には血中BUN や Cre 値の上昇がみられる.

⑧直腸検査では，前立腺の左右非対称性の腫大や硬化が認められ，前立腺表面がいびつな形状を示す.また，触診時に疼痛を伴う.

⑨腹部 X 線検査では，腫瘍性に前立腺が腫大することで，膀胱が頭腹側へ変位し，結腸や直腸が背側に変位する.また，骨やリンパ節への転移病巣の有無を確認できる.胸部 X 線検査も行い，肺への転移の有無を評価する.

⑩腹部 X 線検査や腹部超音波検査において，前立腺実質内に石灰化を認めることがある.

⑪腹部超音波検査において，前立腺の形状は不整で，輪郭が不規則かつ周囲組織との境界が不鮮明となる.また，複数の高エコー病巣と低エコー病巣が実質内に散在し，不均一なエコー像を呈する（図4-9-7）.高エコー病巣は，線維性結合組織や石灰沈着に関連していると考えられ，特に石灰化病変では音響陰影を伴う.一方，低エコー病巣は，壊死や出血に伴う嚢胞性病変に起因する.また，膀胱，腹部諸臓器，リンパ節などへの転移および浸潤を評価する.

⑫腺癌においては，腫瘍細胞が集塊状またはシート状に採取され，円形から多形の核を持ち，核や細胞質の大小不同，N/C 比の増加，細胞質の好塩基化，明瞭かつ大きな核小体や核分裂像といった高度な異型を認める.

⑬腺癌や移行上皮癌において高率に発現する BRAF 遺伝子変異の解析は，前立腺腫瘍の診断補助として有用である.

◆治　療

前立腺癌に対する標準的な根治治療は存在しないが，下記にあげる外科治療，放射線治療，化学療法を軸として，病期の進行度や臨床徴候に応じた治療を実施する.

①腫瘍病変が前立腺に限局し，遠隔転移が認められない症例に対して，生活の質の改善を主目的にした前立腺全摘除術などの外科治療の実施を検討するが，尿失禁などの手術合併症が高率に発生する.また，術後短期間に遠隔転移が起こる可能性があることに留意する.

②腫瘍の縮小効果，排尿・排便困難に対する病状緩和，骨転移に対する疼痛緩和を目的として，放射線治療の実施を検討する.

③前立腺癌に対して有効性が確立された化学療法剤はないが，特に遠隔転移がみられる症例に対して，ミトキサントロンやカルボプラチンなどが使用される.

犬・猫

④生存期間の延長を目的として，COX-2 阻害剤が用いられる．また，外科治療，放射線治療および抗がん剤治療との併用が可能である．

⑤前立腺腫大に伴って生じる尿道への物理的圧迫の緩和を目的として，尿道ステントを設置することや，尿路閉塞への対応として，胃瘻チューブなどを用いた膀胱腹壁瘻，直腸への物理的圧迫による排便障害の緩和を目的として，緩下剤の投与の実施を適宜検討する．

10. 妊娠期の異常

1）正常な妊娠の維持

◆目　的

正常な妊娠がどのように維持されているかを確認するとともに，流産の発生に関する機序を理解する．

◆材　料

妊娠中に卵巣・子宮摘出手術が行われた猫の妊娠子宮（ホルマリン固定液に保存されたもの）．できれば，複数の発育時期の異なる妊娠子宮を使用し，観察後にデータから妊娠の経過と胎子および胎子付属物の発育状況について考察する．

もし犬や猫の妊娠子宮が手に入れば，犬と猫との違いを比較する．

◆器具・器材

解剖器具，ノギス，キッチンデジタルスケール（1gまで測定できる秤）．

◆方　法

①妊娠子宮の全体的なスケッチから，妊娠子宮の特徴について理解する．左右の子宮にいる胎子数を記録する．

②子宮から胎盤，胎膜，胎子を取り出し，スケッチを行い，その関係性について理解する．特に胎盤と臍帯の関係について十分観察する．

③胎子を取り出す場合，胎位（頭位または尾位）について記録しておく．

④胎子死の有無について記録する．

⑤左右の卵巣を取り出し，長軸に沿って卵巣に外科用メスでカットし，黄体数を数える．

⑥黄体数と左右の胎子数から受精率を計算する．また，胚の子宮内移行（マイグレーション）の有無について確認する．

⑦胎子の性別を判定する．

⑧胎子の体重および CRL（crown-rump length：

図 4-10-1　胎子の頭尾長（猫）．

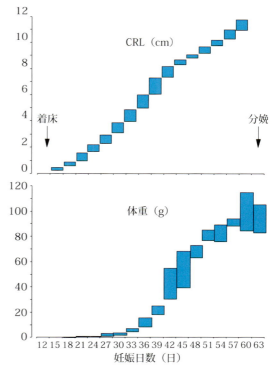

図 4-10-2　胎子の CRL および体重から推定する猫の妊娠日数．

犬・猫

頭尾長，図 4-10-1）を計測する．その値から妊娠日数を推定する（図 4-10-2）．

⑨これらのデータを，以下の表に記入する．

班名	妊娠日数（日）	黄体数		胎子数		受精率（％）	胎子の性別		胎位		備考
		R	L	R	L		♂	♀	頭位	尾位	

◆ポイント

①犬の胎盤は，ウテロベルディンという色素を持っているため緑色を呈しているが，猫の胎盤はその色素がなく肉色を呈している．

②猫の胎盤は母体側に残ることがないが，犬の胎盤は母体側に残る胎盤と胎子側の胎盤とに 2 枚に分かれ，胎子側の胎盤だけが排出される．

③胎子の性別は，妊娠 35 日前後から判定可能である．

④データ数が多くなると，胎子の性別および胎位は 1：1 に近くなるが，個体によって差が生じることがある．

2）流　産

◆目　的

犬と猫で起こりやすい流産の原因について理解して，処置方法について習得する．

◆原　因

流産の原因としては，表 4-10-1 に示したように大きく感染性流産と非感染性流産に分けられる．猫

表 4-10-1　犬と猫における流産の原因

感染性流産	病原微生物の感染	犬：ウイルス（犬ジステンパーウイルス，犬ヘルペスウイルスなど），細菌（犬ブルセラ菌，大腸菌，連鎖球菌，レプトスピラ，カンピロバクターなど） 猫：寄生虫（トキソプラズマ），ウイルス（猫汎白血球減少症，猫白血病ウイルス（FeLV）など），細菌（大腸菌，カンピロバクターなど）
非感染性流産	母体側の異常	栄養管理の失宜：母体の飢餓，低栄養状態，化学薬品や有毒植物の摂取，猫ではタウリン不足 生殖器の異常・疾患：子宮内膜炎，子宮発育不全，妊娠子宮ヘルニア，子宮捻転などその他：免疫介在性疾患
	胎子の異常	遺伝性の要因（致死遺伝子）や染色体異常による胎子の奇形，臍帯の異常（例えば，臍帯の捻転）など
	外的感作	物理的衝撃および圧迫（転倒，腹部の打撲，蹴りなど）
	内分泌異常	黄体機能不全によるプロジェステロン分泌異常（習慣性流産） 甲状腺機能低下症

犬・猫

では胎子死以外の流産はまれであり，流産は犬で起こりやすい．

犬における感染性流産として，犬ブルセラ菌（*Brucella canis*）による流産は犬から犬への強い感染力を持ち，まれではあるが人にも感染することもあるので重要である．一方，犬における非感染性流産として，黄体機能不全による流産が起こりやすい．

◆診　断

流産は，胎子およびその付属物（胎膜，胎盤）の排出によって診断される．一方，胚の吸収または胎子死は，超音波検査によって確認される．すなわち，着床時に確認された胎子（胎嚢）が妊娠の経過とともに成長しないことで診断される．また，胎子の心拍動が観察された後で死亡した場合は，心拍動が確認できなくなった時点で流産と診断される．ときどき，外陰部からおりものがみられることがある．

（1）犬ブルセラ菌感染症

妊娠犬が犬ブルセラ菌（*Brucella canis*）に感染すると，流産が起こる．*B. canis* は胎盤に感染が起こり変性させることで妊娠維持ができなくなるため流産が起こる．犬ブルセラ菌による流産は，妊娠 45 〜 55 日頃の妊娠後期に起こるのが特徴的である．

犬ブルセラ菌は内毒素を持っていないため，妊娠末期の母犬に感染すると発熱などの全身性の臨床徴候を伴わずに流産を起こし，その後 1 〜 6 週間にわたって病原体を含んだ褐色〜緑色の腟排出物を分泌する．緑色は，胎盤の色素由来のものである．

（2）黄体機能不全

犬では妊娠全期間においてプロジェステロンの分泌がないと妊娠維持ができないため，黄体の機能が低下することによってプロジェステロンの血中濃度が低下（低プロジェステロン血症）すると，流産が起こる．黄体機能不全の原因は詳細には明らかにされていないが，犬の黄体は下垂体から分泌されるプロラクチンによって維持されているため，プロラクチン分泌の突然の減少が原因であるとも考えられている．最も発症しやすい時期は，妊娠後半（妊娠 40 〜 50 日）である．流産する前には，体温の低下および営巣行動など分娩の徴候が伴うことがある．黄体機能不全は，妊娠のたびに繰り返す可能性が示唆される．すなわち，感染や特別な外的感作がないのにもかかわらず，毎回同じ妊期に流産するため，習慣性流産と呼ばれる．

◆両疾患の診断のポイント

①どちらも妊娠 40 〜 50 日に発生しやすい．

②胎子および胎盤の変性がほとんどなく，分娩徴候を伴って胎子が排出される場合，黄体機能不全による流産が疑われる．

③血中プロジェステロン値が低下している場合は（2 ng/mL 以下），黄体機能不全による流産である．

④ブルセラ菌は犬に対して強い伝染力を持ち，人にも感染する可能性があるため，これらの取扱いには十分注意が必要である．

◆両疾患の処置（治療）のポイント

①黄体機能不全による流産を確認後，ただちに超音波検査を行い生存胎子の残存を確認した場合，その胎子を維持するためできるだけ早期のプロジェステロン製剤の投与が必要である．血中プロジェステロン濃度を高値に維持することができれば，妊娠維持が可能となる．胎子の生存および維持が確認された場合，分娩予定日 1 週間前ぐらいまで 5 日おきのプロジェステロン製剤の投与が必要である．

②生存した胎子が残っていなければ，特別な治療は必要ない．ただし，この流産は繰り返すため，次回の妊娠時には流産前からプロジェステロン製剤の投与が必要である．

271

犬・猫

10 妊娠期の異常

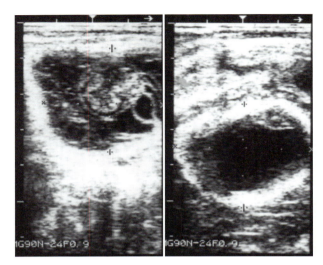

図 4-10-3 猫の胎子死における腹部超音波検査所見. 左：正常胎子, 右：死亡胎子.

③犬ブルセラ症による流産では, 有効的な治療法はなく, ワクチンもないため予防を行うこともできない.

(3) 猫の胎子死

猫では妊娠中に胎子が死亡したとしても, 死亡胎子を残したまま胎盤だけが発育を続け, 妊娠期間終了後, 正常な胎子と一緒に娩出される. そのため, 腹部超音波検査を行うと胎子のいない（実際は死亡して成長しない胎子が存在する）無エコー像を示した胎嚢がみられることがあり（図 4-10-3）, これを猫の胎子死と呼んでいる. このような状況は, 犬では起こらない. この詳細な原因は明らかにされていないが, 猫の必須アミノ酸であるタウリンが不足すると胎子死が起こりやすいと考えられている.

3) 胎子の異常

◆目 的
流産胎子および奇形胎子の形態と特徴について理解する.
◆材 料
犬および猫の流産胎子と奇形胎子のホルマリン標本.
◆方 法
①流産胎子および奇形胎子のホルマリン標本を観察し, それらの特徴について理解する.
◆代表的な流産胎子および奇形胎子（図 4-10-4）
　A：口蓋裂. 硬口蓋または軟口蓋が癒合不全により, 結合していない状態. 口を開けて確認する.
　B：兎唇（上唇裂）. 口唇裂の1つで上の唇が縦に裂けており, 鼻孔につながっている状態.
　C：臍ヘルニア. 臍帯部分の腹壁の形成不全により起こる異常. 臍ヘルニアは生まれたときに腹壁に穴が開いて内臓が出てきてしまっている重度のものから, 皮膚には穴が開いていないが腹壁に穴が開いており, 脂肪や胃の大網などが出ている, いわゆる「出べそ」の状態になっている軽度なものまでさまざまである.
　D：鎖肛. 臀部に肛門が開口していない形態異常. 鎖肛では, 基本的に肛門括約筋も存在しない.
　E：水腫胎. 身体の組織液が皮下などに異常に多量に貯留した状態の胎子.

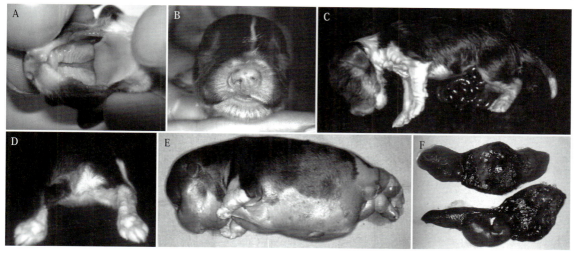

図4-10-4　代表的な犬の奇形胎子および流産胎子.

F：ミイラ胎子．死亡し，水分が失われて乾燥した状態になっている．

犬・猫

10　妊娠期の異常

犬・猫

11. 周産期の異常

1）難産の診断および処置

◆目　的

　犬における難産の原因を理解し，その適切な診断方法および処置方法について理解する．

◆材　料

　犬または猫の難産症例．

◆原　因

　難産を起こす原因はさまざまであり，表4-11-1に示したように母体側の要因と胎子側の要因に分けられる．母体側の原因で最も多いのは陣痛の異常で，胎子側の原因で最も多いのは胎子の失位である．

◆方　法

　①難産を判断するためには，分娩経過の十分な観察が必要となる．そして，難産が疑われる場合は，早急で適切な処置が必要となる（表4-11-2）．

　②問診にて以下のことを詳細に聞き取る．

　年齢，品種，交配歴，交配日（排卵日），雄犬の体格，妊娠中の異常の有無，分娩歴（分娩時間・間隔，陣痛の強さなど），難産歴（助産または帝王切開），以前の外傷や骨折の有無，食欲，営巣行動，排便・排尿状況，分娩経過の確認（陣痛の開始時期および持続時間，陣痛の強さ，破水の有無）．

　③行うべき検査として以下の項目があげられる．

　・一般検査〔体温・心拍数・呼吸数（TPR）測定，毛細血管再充満時間（CRT），脱水〕．

　・腹部触診，腟からの排出物〔色に注意：胎盤色素（ウテロベルディン）〕．

　・腟内の指による触診（産道の拡張，胎子の位置，異物の確認，フェザーリング処置による陣痛の有無）（中型犬以上のみ，小型犬では実施は困難である）（図4-11-1，4-11-2）．

　・超音波検査による胎子の心拍の確認．

　・腹部X線検査（胎子数，胎子および骨盤の大きさ，骨盤の異常，胎位）．

　・CBC，電解質および血液生化学検査（血糖値，Ca値など）．

表 4-11-1　難産の原因

母体側の原因	胎子側の原因
産道の閉塞および拡張不全：母犬の発育不良，外陰部・腟・子宮などの先天異常，腫瘍，骨折などの骨盤腔の狭窄や変形	胎子の失位：不正胎位（横位），不正胎向（下胎向，側胎向），不正胎勢
陣痛の異常：子宮筋無力症（原発性，続発性），陣痛微弱（全身の衰弱，低カルシウム血症，肥満，高齢など）	奇形胎子：水頭症，水腫胎，気腫胎など
子宮捻転，子宮破裂	ホルモン異常：副腎皮質ホルモンの低下（死産）
子宮の変異：鼠径ヘルニア	過大胎子（胎子−骨盤の不均衡）
腹筋の異常：横隔膜ヘルニア，衰弱，疼痛など	
ホルモン異常：オキシトシンの分泌低下，プロジェステロンの過剰など	
精神的なストレス：神経性の自発的な分娩抑制が起こる	

表 4-11-2　難産が疑われる母犬の状況とその原因

母犬の状況	原因および対応
1）37.0℃以下の体温の低下とともに，さまざまな分娩徴候が現れているにもかかわらず胎子の娩出が起こらない	他の分娩徴候を伴わない体温の低下は測定ミスが考えられるが，全く胎子の娩出が起こらない場合は難産が起こっていると考えられるので，帝王切開が必要である
2）破水が起こったにもかかわらず，数時間しても胎子が娩出されない	胎子が産道に引っかかっている難産の可能性が疑われるので，早急な帝王切開が必要である
3）第 1 子娩出前に外陰部から緑黒色のおりものが認められる	胎盤の剥離を示唆しているため，早急に胎子を出すための帝王切開が必要である．ただし，第 2 子以降では前の胎盤の排出物があるため，これを指標にすることはできない
4）強い陣痛が 30 分以上持続しているにもかかわらず，胎子が娩出されない	胎子の大きさに比較して産道が狭い，または胎子の過大・失位を含む異常（難産）が疑われるので，早急な帝王切開が必要である
5）胎子の一部が外陰部の外に出ているにもかかわらず，それ以上進まず引っぱり出せない	陣痛があるならば，陣痛に合わせて介助する（助産する）ことで胎子を娩出させることもできるが，それができない場合は，早急な帝王切開が必要である
6）陣痛が弱い，または前の胎子娩出後に陣痛が数時間停止している	陣痛促進剤であるオキシトシンの投与を試みる．オキシトシン投与を行っても陣痛が誘発されない場合，陣痛が誘発されても胎子が娩出されない場合は，早急な帝王切開が必要である
7）陣痛が停止し，急激に母犬が元気消失し，しきりに排尿姿勢を示す	子宮捻転や子宮破裂などの急性の疾患による難産が疑われるので，早急な帝王切開が必要である
8）腹部超音波検査にて，胎子の心拍数が顕著に低下している	胎子の心拍数は正常な場合 200 回以上/分であるが，130 回/分以下に低下している場合は，胎子が衰弱していることが想定されるので，早急な帝王切開が必要である

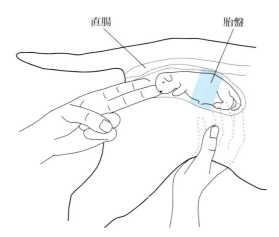

図 4-11-1　腟からの手指の挿入による難産の診断．Shille VM 1983 の図を参考に作図．

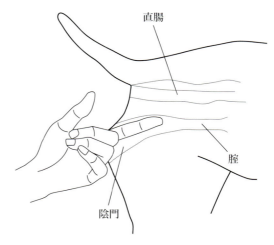

図 4-11-2　背部腟壁の刺激による子宮運動の促進（フェザーリング処置）．滅菌手袋をした，または消毒した指を腟内入れ背側部をなでるように刺激（中〜大型犬のみ）すると，ファーガンソン反射によりオキシトシン分泌が起こり，子宮収縮誘発して陣痛が促進される．Lennox I 1998 の図を参考に作図．

◆陣痛微弱（子宮無力症）に対する対応

　①陣痛が弱い，すなわち強い陣痛がなく，娩出が起こらない場合（原発性もしくは続発性の子宮無力

犬・猫

症）には，陣痛促進剤としてオキシトシン製剤の投与を試みる．

②オキシトシン製剤は，産道に近い胎子の大きさや胎位，産道の狭窄，開口状況などを確認して，異常がないことを確認してから投与を行う．

③オキシトシン製剤の投与量は，1 ～ 10 単位とし，皮下投与または筋肉内投与する．投与後 15 分前後で陣痛が誘発される．オキシトシンは，30 分間隔ぐらいで投与を行う．

④オキシトシン製剤の投与前に，子宮筋収縮を増大させるため，10％グルコン酸カルシウムの点滴投与（0.5 ～ 1.5 mL/kg，1 mL/ 分，最大 20 mL）も有効である．

⑤オキシトシン製剤の投与を行っても胎子が娩出されない場合は，直ちに帝王切開術を実施する．

◆ポイント

①陣痛微弱が原因と考えられる場合は，まず陣痛を促進する方法を試すのがよいが，それ以外の原因が疑われる場合は，帝王切開にて対応する．

②肥満，削痩，運動不足，老齢においては陣痛微弱が生じやすい．

③同腹胎子数が少ない（1 頭または 2 頭）場合，胎子の過大や不十分な子宮刺激のために難産が起こりやすい．

④妊娠胎子数を確認するための妊娠 50 ～ 55 日に行われる X 線検査では，難産を予測することは難しい．

2）帝王切開術

◆目　的

帝王切開術の方法を理解する．

◆材　料

犬または猫の難産症例．

◆帝王切開時の麻酔方法（一例）

①前投与薬：硫酸アトロピン（0.02 ～ 0.1 mg/kg，SC）：唾液分泌亢進と徐脈を抑制する
ミダゾラム（0.1 ～ 0.2 mg/kg，IM，IV）：鎮静．

②導入薬：塩酸ケタミン（1 ～ 5 mg/kg，IV）またはプロポフォール（4 ～ 6 mg/kg，IV）．

③維持麻酔薬：気管挿管して，吸入麻酔．イソフルレン（0.5％）またはセボフルラン（2％以下）．

◆帝王切開の術式

①母犬または母猫を仰臥位に保定し，消毒後，腹部正中切開を行う．

②切開する大きさは子宮の大きさに合わせて切開する．

③子宮を注意深く腹腔外に出す．

④子宮が外に取り出せたら，子宮体を長軸方向または子宮体に平行に切開する（切開部は，子宮角の対子宮広間膜側でもよい）．その際，胎盤部分や血管の豊富な部分を避けてメスで少し切開し，その後，胎子および胎膜の損傷を防止するために鋏で切開する．

⑤子宮は乾燥しないように生理食塩液で湿らせたガーゼで覆っておくとよい．また，腹腔外へ子宮を出すのが困難な場合は，腹腔内で子宮体を切開してもよい．

⑥胎子は手で子宮の外から切開部までやさしく誘導し，外に出す．胎子の一部がみえたら，中から軽く牽引して摘出する．

⑦子宮と胎盤の付着結合部は，指を使ってていねいにはがす．

犬・猫

⑧胎子は胎膜に包んだまま，そのまま滅菌のタオルなどに包んで補助員に手渡す．

⑨すべての胎子を取り出したのち，子宮に胎子，胎盤などが残っていないかを確認する．

⑩胎子摘出後の子宮は収縮し，子宮内膜からの出血は減少する．もし子宮が収縮を開始しない場合はオキシトシン製剤（1 ～ 5 IU）を投与し，子宮の収縮を助ける．

⑪子宮を切開した部分は，吸収性縫合糸で連続二重縫合を行う．

⑫子宮内を汚染した可能性がある場合には，縫合前に子宮内に抗菌剤を注入する．

⑬子宮縫合後，腹腔内に戻す前に滅菌生理食塩液などで洗浄を行い，また腹腔内を汚染した可能性がある場合は腹腔内も洗浄を行う．

⑭皮膚の切開部の縫合は新生子や母親になめられてしまうことがあるので，吸収性縫合糸による埋没法が推奨される．

⑮術後，数日間は抗菌剤を投与して手術創の感染を防止する．このときの抗菌剤は授乳している新生子に影響を与えないものを使用する（セフェム系またはペニシリン系の抗菌剤が推奨される）．

◆ポイント

①手術前には新生子の低酸素症を防止するためにも，十分に酸素化を行うことが推奨される．白線を切開するとき，胎子が入って大きくなった子宮や膀胱が白線部に接近している可能性があるので，切らないように十分に注意する．

②乳腺がかなり発達しており，切開時に乳腺を傷つけてしまうと授乳に影響を与えるため注意が必要である．また，皮下組織の剥離をできるだけ避ける．また，閉腹時も乳腺組織を傷つけないように縫合する．

③胎子を取り出す際には，できるだけ胎膜を傷つけずに行い，胎水を腹腔内に入れないように注意する．もし胎膜が破れて胎水がこぼれたときは，腹腔内や臓器に汚染しないように注意をする．

3）新生子の処置

◆目　的

帝王切開で生まれた新生子は，母親にかけた麻酔薬が母親の胎盤を介して移行するため麻酔の影響で呼吸をしていない，いわゆるスリーピング・ベビーである．したがって，麻酔から覚醒させて呼吸を促進するための蘇生処置が必要である．この新生子の蘇生方法を理解する．

◆材　料

犬または猫の新生子．

◆方　法

①帝王切開を行っている術者から新生子を受け取り，まず胎膜および胎盤を取り除く．

②臍帯は，体壁から約 5 mm の部分（黄色い矢印部分）を絹糸などで結紮する（図 4-11-3）．または，適当な長さで切っておき次の処置を行う．この場合，新生子が麻酔から覚醒して呼吸をし始めてから，臍帯の結紮を行う．

③温湯（約 35℃）中で，新生子の全身をていねいに洗い，新生子の身体に付着した血液や胎水などを洗い流す．

④乾燥したやわらかいタオルなどで水分を除去し，口腔や鼻孔からの分泌液（胎水）を取り除く（吸引バルブなどを使用してもよい）．

⑤皮膚を激しくこすって根気よくマッサージを続け，呼吸中枢を刺激する（なき出すまで続ける）．

11
周産期の異常

犬・猫

ただし，強くこすりすぎると胎水でふやけた皮膚が傷ついてしまう可能性がある．この処置によって，スリーピング・ベビーを麻酔から覚醒させる．

⑥自発的に呼吸を始めた新生子は，力強く手足を動かし，顔が酸素の供給により紫色からピンク色に変化する．

⑦もしチアノーゼがある場合は，酸素を吸入させる．

⑧臍帯をクロルヘキシジンまたはイソジン液にて消毒する．

⑨母犬または母猫が麻酔から回復して落ち着いたら，新生子を乳房に近づけ初乳を飲ませる．

⑩その間，新生子の体温が下がらないように保温し，また自発呼吸が安定しない場合もあるので，注意をして観察する．

◆ポイント

①口腔や鼻孔からの分泌液（胎水）を取り除くために，従来は新生子を振ること（新生子の頭部と身体を両手で保持して大きく弧を描くように振り下ろす方法）が行われていたが，脳しんとうや脳出血が起こる可能性があることが報告されているため，現在では推奨されていない．ただし，

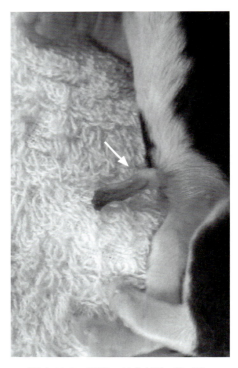

図 4-11-3　臍帯の結紮部位（矢印）．

胎水がどうしても新生子から排出されないならば，行ってもよい．このとき，頭部をしっかりと固定することが大切である．

②呼吸が弱い場合，塩酸ドキサプラムを1～2滴，新生子の舌下に垂らすことを試みる．しかし，塩酸ドキサプラムは低酸素状態であると効果がないため，無呼吸の低酸素症の新生子には効果が少ないといわれている．

③心拍が弱い場合，エピネフリン（10～200 µg/kg，IV）の臍帯静脈からの投与を試みる．エピネフリンはアドレナリン作動薬であり，心拍を上げるのに役に立つ．

④低酸素によって誘発された心筋の低下は，迷走神経性でないため，塩酸アトロピンの投与は推奨されない．しかも，塩酸アトロピンの投与によって過度な頻脈が起こってしまい，心筋の酸素不足を悪化させると考えられる．

4）分娩後の観察

◆目　的

分娩後の母犬・母猫の状態を理解し，異常な状態への対応を理解する．

◆材　料

分娩後の犬または猫．

◆分娩後の母犬・母猫の状態

①分娩後に子育てを行っているかを確認する．発熱，食欲に異常が起こらなければ問題がない．

②食欲の有無，発熱，外陰部からの排膿（悪露）の状況を確認する．なお，犬は数日～2週間ぐらいまで暗緑色の悪露が出る（最初の1週間が最も多い）が，猫では悪露はほとんど出ない．

③分娩後の子宮の修復は，犬では 3 〜 4 週間ぐらいかかるが，猫は 1 週間程度である．

　④発熱して食欲が低下している場合，産褥性（急性）子宮炎が疑われる．

　⑤外陰部から鮮血が出ている場合，子宮や腟からの裂傷が疑われる．

　⑥低カルシウム症または低血糖が起こると，痙攣が起こる．

◆異常な状態

　①初産であると，母親が新生子を拒絶する可能性がある（特に帝王切開を行った場合）．そのため新生子を母親につけたあと，しばらく様子をみる．

　②プロラクチン分泌が欠如していると，子育てを拒否することがある．子育てをしない場合は，新生子を人工哺乳にて育てるか，同時期に哺乳している母親につける必要がある．

　③帝王切開後および自然分娩後の母犬や母猫に起こりやすい異常（疾患）としては，表 4-11-3 に示したものがあげられる．特に，産褥性（急性）子宮炎，子宮脱および低カルシウム血症は，救急疾患であり，早急な対応が必要である．

◆ポイント

　①分娩後は，できるだけ母親と新生子を落ち着いた環境に置くことが必要である．

　②分娩後の世話は，母犬や母猫にとって安心できる者が対応する．

　③母犬や母猫の乳首に新生子をつけて強制的に授乳をさせると，母性本能を示して子育てを始めることがある．これは，新生子の授乳によってプロラクチンが分泌されるためと考えられる．

　④犬の胎盤は子宮側に一部残るため悪露の排出が起こるが，猫の胎盤はすべて排出されるため，悪露はほとんど出ない．もし猫で分娩後に悪露が持続する場合，胎盤が遺残しているなどの異常がある可能性が考えられる．

表 4-11-3 帝王切開後および自然分娩後の母犬や母猫に起こりやすい異常（疾患）

1．子宮の異常
　1）子宮破裂
　2）子宮無力症
　3）子宮脱
　4）子宮修復不全（産後の出血）
　5）胎盤停滞
　6）産褥性（急性）子宮炎
2．乳房の異常
　1）無乳症
　2）うつ乳症
　3）急性乳腺炎
3．その他の異常
　1）産褥性テタニー低カルシウム血症
　2）低血糖による痙攣
　3）異常な母性行動

（1）産褥性（急性）子宮炎

　細菌感染（大腸菌など）によって，通常，分娩後 1 週以内に起こる子宮内膜の炎症である．

◆診断ポイント

　①診断は，病状と外陰部からの暗赤色または淡褐色の膿様性または出血性の排出物から行う．

　②元気・食欲消失，脱水，嗜眠，発熱，頻脈，嘔吐，下痢，腹部の触診による疼痛，乳汁生産量の減少などの徴候がみられ，早期に処置しないと敗血症やショックを起こして死亡してしまうことがある．

　③ CBC 検査では，左方移動を伴う白血球増加症を示す．

　④腟スメア検査では，多数の変性好中球，赤血球，細菌などがみられる．

　⑤ X 線検査や超音波検査で，子宮の拡大，胎子および胎盤の遺残などを確認する．

◆治　療

　①抗菌剤の全身投与や病状に合わせた輸液療法などを行う．

　②前記の治療により状態が改善されなければ，早急な卵巣子宮摘出術が必要である．

犬・猫

11 周産期の異常

（2）子宮脱

子宮が一部または全部が反転して，腟から外陰部の外側に突出してしまうものをいう．

子宮内の靱帯がゆるんだところに，強い陣痛（腹圧）がかかることで起こると考えられている．

◆治 療

①脱出している時間が短く，子宮に感染が起こっていなければ，開腹手術により子宮を引っ張り元に戻して固定することで治療できるが，感染が起こっている場合には卵巣子宮摘出術が必要である．

（3）低カルシウム血症（産褥性テタニーまたは産褥子癇）

通常は，分娩後の新生子犬の授乳量が多くなる時期（授乳の最初の 4 週間まで）にみられる血中 Ca 濃度の低下（7 mg/dL 以下）によって起こる疾患であるが，まれに胎子骨格の骨化の供給が最大になる妊娠末期にも起こることがある．

◆診断ポイント

①大型犬よりも小型犬に多く発生し，特に産子数が多い小型犬に発生しやすい．

②病状は急性に悪化する．最初に食欲低下，流涎，震え，浅速呼吸，落ち着きない行動などが起こり，その後，強直性または間代性痙攣を起こして起立不能となる．そして心拍数，呼吸数，体温上昇が起こり，急速に状態が悪化して意識消失となり，早期に治療しないと死亡してしまうこともある．

◆治 療

① Ca 製剤である 10％グルコン酸 Ca 溶液（0.5 〜 1.5 mL/kg）を，心電図でモニタしながら，ゆっくりと 10 〜 15 分かけて静脈内投与する．治療に反応すると，病状は消失する．

②病状が消失したあとは，再発を予防するために経口 Ca 剤（1 〜 3 g/ 日）を投与する．

付録

付録1　主な家畜の雌性生殖器の比較

器　官	牛	馬	羊	豚	犬	猫
卵　巣						
形	アーモンド形	腎臓形，排卵窩あり	アーモンド形	桑実状（ブドウの房状）	卵形，やや偏平	卵形，やや偏平
1個の重量（g）	10〜20	40〜80	3〜4	3〜7	0.5〜4	0.1〜0.4
成熟卵胞						
数	1〜2	1〜2	1〜4	8〜34[a]	3〜12	2〜8
直径（mm）	12〜24	25〜70	5〜10	8〜12	8〜10	4〜6
開花期黄体						
形	球形〜卵形	洋梨形	球形〜卵形	球形〜卵形	球　形	球　形
直径（mm）	20〜25	10〜25	9	10〜15	7〜8	4〜5
最大になる（排卵後の）日数	7〜10	8〜9	7〜9	7〜8	5	5
退行し始める（排卵後の）日数	14〜15	14	12〜14	14	45	30
卵　管						
長さ（cm）	20〜25	20〜30	15〜19	15〜30	4〜7	3〜5
子　宮						
型	両分子宮	双角子宮	両分子宮	双角子宮	双角子宮	双角子宮
角の長さ（cm）	35〜40	15〜25	10〜12	40〜100	10〜14	6〜10
体の長さ（cm）	2〜4	15〜20	1〜2	5	1.4〜2	1.5〜2
内膜の表層	80〜120個の子宮小丘	深い縦の襞	80〜96個の子宮小丘	緩い縦の襞	縦の襞	縦の襞
子宮頸						
長さ（cm）	8〜10	7〜8	4〜10	10〜20	1.5〜2	1〜1.5
外径（cm）	3〜4	3.5〜4	2〜3	2〜3	0.5〜1.5	0.4〜0.6
頸管腔の形	2〜5個の輪状襞	深い縦の襞	輪状襞	コルク栓抜状	不規則	不規則
子宮口						
形	小，突出	明　瞭	小，突出	不明瞭	わずかに突出	−
腟						
長さ（cm）	25〜30	20〜35	10〜14	10〜20	5〜10	1.5〜2
腟弁	痕　跡	発　達	不明瞭	発　達	痕　跡	不明瞭
腟前庭						
長さ（cm）	10〜12	10〜12	2.5〜3	6〜8	2〜5	0.5

（小笠　晃ら 2014 を一部修正．[a]Da Silvia. 2017. *J Anim Sci* 95: 3160-3172 を参考）

付録

付録2　主な家畜の雄性生殖器の比較

器　官	牛	馬	羊	豚
精　巣				
長さ（cm）	10 ～ 14	10 ～ 12	10	13
径（cm）	6 ～ 7	5 ～ 6	5 ～ 6	6 ～ 7
重量（g）	250 ～ 300	200 ～ 300	200 ～ 250	250 ～ 300
精巣上体				
管の長さ（m）	40 ～ 50	70 ～ 80	45 ～ 55	18
重量（g）	36	40	—	85
精　管				
全体の長さ（cm）	102	70	—	—
膨大部の長さ×厚さ（cm）	14 × 1.2	24 × 2	7 × 0.6	—
精囊腺				
大きさ（cm）	14 × 4 × 3	13 × 5 × 5	4 × 2 × 1	13 × 7 × 4
重量（g）	75	—	5	200
前立腺				
体部大きさ（cm）	3 × 1 × 1	狭部 2 × 3 × 0.5	—	3 × 3 × 1（20 g）
伝播部（cm）	12 × 1.5 × 1	両側葉 7 × 4 × 1		17 × 1 × 1
尿道球腺				
大きさ（cm）	3 × 2 × 1.5	5 × 2.5 × 2.5	1.5 × 1 × 1	16 × 4 × 4
重量（g）	6	—	3	85
陰　茎				
全長（cm）	100	50	40	55
遊離端の長さ（cm）	15	20	4	18
尿道突起（cm）	0.2	3	4	なし
勃起時の直径（cm）	3	10	2	2
包皮腔の深さ（cm）	30	内 15 外 25	11	23 （包皮憩室の容積 約 100 mL）

（小笠　晃ら 2014 を一部修正）

付録3　主な家畜の生殖周期の比較

種　類	繁殖季節	発情周期 型	発情周期 長さ（日）	発情期	排　卵 性質	排　卵 数	排　卵 時　期	妊娠期間（日）	産子数	偽妊娠
牛	周　年	多発情	2C〜21	16〜21時間	自然	1	発情終了後10〜14時間	280[†]	1	−
馬[*]	春から夏	多発情	21	7日	自然	1〜2	発情終了前24時間	335	1	−
羊	秋から冬	多発情	17	36時間	自然	1〜2	発情開始後25〜30時間	150	1〜2	−
山　羊	秋から冬	多発情	20	1〜2日	自然	1〜3	発情開始後35〜40時間	150	1〜2	−
豚	周　年	多発情	21	2〜3日	自然	8〜34[a]	発情開始後24〜48時間	114	3〜26[b]	−
犬	年1〜2回の繁殖期	単発情	−	8〜14日	自然	3〜12	発情開始後48〜60時間	63	2〜8	＋（約60日）
猫	早春〜夏	多発情	15〜21	9〜10日（雄不在）7〜8日（雄存在）	交尾	2〜8	交尾後24〜30時間	66	2〜7	＋（約30〜45日）

[†]ホルスタイン種，[*]分娩後7〜9日に foal heat がある.

（小笠　晃ら 2014 を一部修正. [a]Da Silvia. 2017. *J Anim Sci* 95: 3160-3172 を参考. [b]Tani S. 2018. *Poricine Health Management* 4: 15 を参考）

付録

付録4 哺乳類の生殖周期

分類	繁殖期*	性成熟†	発情周期	排卵	発情期	妊娠期間‡	産子数	備考
カモノハシ	7〜10月 (南半球)	雌2〜4y				15〜21d (交尾〜産卵)	2 (卵)	
ダマヤブワラビー	1月2日 (南半球)	雄8m 雌24m	30.6d	発情後24〜48H LHサージ12h	12h	着床遅延 29.4d	1	分娩後発情
アカカンガルー	周年	雄14〜20m 雌24〜36m	34d	発情後1〜2d		着床遅延 33d	1	分娩後発情
アジアゾウ, アフリカゾウ	周年	雌雄10y (3.5y出産例有)	13〜18w CL:6〜12w FL:4〜6w	第2LHサージから 12〜24h後	4〜5d	22m	1	卵胞期に2回のLHサージ
ジュゴン	周年	雄9〜10y 雌5〜10y	53.6d			13〜14m	1	
アフリカマナティ	周年	雄8y 雌6〜7y	42〜48d			12〜14m	1	
ムツオビアルマジロ	春〜夏 (南半球)	雄6〜24m 雌9m	23.5d CL:15.6d FL:8.8d			60〜65d	1〜3	
フタユビナマケモノ	周年	雄4.5y 雌3y	15.1d			50w	1	
ミナミコアリクイ	周年 (秋多い)		44.3d		7〜12d	165d	1	外陰部出血3w後に発情
ワオキツネザル	4月	雄3y 雌3〜4y	39.3d	LHピークから1d以内	21.7h	130〜140d	1〜2	
コモンマーモセット	周年	雄1.5y 雌1.5y	28.3d CL:19.3d FL:8.8d	LHピークから1d後	2〜3d	143〜148d	3	分娩後発情
ニホンザル	10〜4月 地域差大	雄4y 雌3〜4y	26〜30d CL:12.8d FL:13.2d	E2ピークから48h以内	〜10d	173d	1	
チンパンジー	周年	雄6〜8y 雌8.5〜9.5y	33.3d CL:13.8d FL:18.6d	E2ピークから5d		217.3d		
ボルネオオランウータン	周年	雄15y 雌11〜15y	28.9d CL:16.0d FL:12.9d		2〜3d	235〜270d	1	発情以外の交尾有
ニホンリス	2〜6月	雄1y 雌1y			2〜3d	39〜40d	1〜6	年2回出産も有
アカネズミ	地域で季節違う	雄60d 雌60〜70d	4〜6d		1d	19〜26d	2〜12 地域差	
ユキウサギ	2〜7月	雄10m 雌8m		交尾排卵		48〜52d	3 (1〜8)	年1〜3回出産
ニホンノウサギ	周年 (北部2〜7月)	雌8〜10m	18d	交尾排卵		42〜48d	1〜4	
キクガシラコウモリ	6月 (出産期)	雄2〜3y	単発情			受精遅延	1	
アブラコウモリ	10月	雄110d 雌3〜4m		4月		受精遅延 70d	2〜4	
ユビナガコウモリ	10〜11月		単発情			着床遅延	1	

y：年, m：月, w：週, d：日, h：時間, CL：黄体期, FL：卵胞期.

* 地域や環境によって大きく変化する種もいるため繁殖の可能性のある期間を示す.

† 飼育下における初回受胎歴も含めるため, 野外では環境や社会性より繁殖歴が記載より遅い例が多い.

‡ 着床遅延を呈する種については数値は着床から分娩までの期間を示す.

哺乳類の生殖周期（つづき）

分　類	繁殖期*	性成熟†	発情周期	排　卵	発情期	妊娠期間	産子数	備　考
ライオン	周年	雄 3〜4 y 雌 1 y	17.5 d （52.6 d）	交尾排卵	4〜5 d	108 d	2〜3	
ト　ラ	周年	雄 4〜5 y 雌 4.5 y	18.0 d	交尾排卵		111 d	2〜4	
オオカミ	1〜4 月	22 m	短発情			62 d	1〜11	
アカギツネ	12〜2 月		単発情			52〜53 d	3〜5	
タヌキ	3〜4 月	雄 9〜11 m 雌 9〜12 m	単発情			60〜65 d	3〜12	
ヒグマ	5〜6 月	雄 2〜4 y 雌 1〜4 y	単発情	交尾排卵		2 m 着床遅延	2〜3	自然排卵も有
ツキノワグマ	5〜8 月	雄 3〜4 y 雌 3〜4 y	単発情	交尾排卵		2 m 着床遅延	2〜3	自然排卵も有
ホッキョクグマ	4〜5 月	雄 4〜7 y 雌 4〜6 y	単発情	交尾排卵		着床遅延 2 m	2〜4	自然排卵も有
キタオットセイ	6〜7	雄 4 y 雌 4 y	単発情			着床遅延 2 m	1	
ゼニガタアザラシ	4〜6	雄 5〜7 y 雌 3〜6 y	単発情			着床遅延 2.5 m	1	
ゴマフアザラシ	4〜5	雄 3〜6 y 雌 2〜5 y	単発情			着床遅延 2 m		
ニホンアナグマ	4〜8	雄 1 y 雌 2 y				着床遅延（2 月出産）	2〜4	
アライグマ	1〜3 月	雌雄 1 y				63 d	3〜4	初回出産失敗で年 2 回出産有
マレーバク	周年	雄 2〜3 y 雌 1.5〜3 y	34〜46 d		1.5〜2 d	390〜407 d	1	
シロサイ	周年	雄 3.8 y 雌 2.7 y	32.8 d 70.1 d	交尾後 24 h 以内	< 24 h	490〜525 d	1	長短 2 種の周期 （長期は異常な 可能性）
クロサイ	周年	雄 3.2 y 雌 3.8 y	24〜27 d	発情後 2〜3 d	< 24 h	440〜470 d	1	
イノシシ	12〜1 月	雄 1 y 雌 1 y	21〜23 d		1〜2 d	120 d	4〜5	春出産失敗による秋出産も
カ　バ	周年	雄 5 y 雌 3〜4 y	30〜35 d		2〜3 d	210〜240 d	1	
ヒトコブラクダ	12〜8 月 （12〜1 月多）	雄 5〜6 y 雌 3〜4 y	23〜28 d	交尾排卵 交尾後 1.5〜2 d	3〜6 d	12〜13 m	1	精漿中 βNGF で排卵
ニホンジカ	10〜11 月	雌雄 1 y	18.6 d	交尾後 24 時間 程度	1〜1.5 d	225 d	1	受胎後排卵による副黄体
キリン	周年	雄 3〜4 y 雌 3 y	15 d	P_4 基底値より 1〜2 d 後	1〜1.5 d	448〜457 d	1	
ニホンカモシカ	10〜11 月	雄 2.5〜3 y 雌 2.5 y	17〜19 d		2〜3 d	210〜220 d	1	
ミンククジラ	秋〜冬	雄 6 y 雌 7 y				10 m	1	
シロナガスクジラ	晩秋〜冬	雄 9 y 雌 9〜11 y				11〜12 m	1	
マッコウクジラ	3〜6 月	雄 7〜11 y 雌 9 y				14〜15 m	1	精巣は 20 歳程度まで成長
ハンドウイルカ	ほぼ周年 春〜夏多い	雄 11 y 雌 4 y	31〜36 d	E_2 ピーク 2 d 後		355〜395 d	1	

付録

付録5　主な家畜の初期胚の発育

排卵後の日数

発　育	牛	馬	羊	豚	犬	猫
2細胞期	1	1	1	1	5	2
4細胞期	2	2	2	2	6	3
桑実胚	4〜6	4〜5	3〜4	4	9〜10	4〜5
胚盤胞	6〜7	6〜7	5〜6	5〜6	10〜11	5〜6
子宮内への下降	3〜4	5〜6	3〜4	2	9〜10	4〜5
内胚葉の出現	8〜10	7	10	7〜8	12	10
透明帯の消失	9〜10	7〜8[*]	7〜8	6〜7	16〜18	11〜12
中胚葉の出現	14〜16	12〜14	12〜14	12〜14	15〜16	<13
胚盤胞の伸長	13〜21	NE[**]	11〜16	10〜12	NE[**]	NE[**]
着床の始まり	20〜22	36〜38	15〜17	11〜13	19〜21	12〜13

[*]透明帯が消失しても21〜22日までカプセルに包まれている.

[**]着床まで，ほぼ球形を保つ.

（高橋芳幸2006を一部改変）

付録6　牛の胚移植と体外受精に用いる培地

表1　胚移植と体外受精に用いる主な培地の組成

組　成	修正ダルベッコリン酸緩衝液[1]	修正タイロード培地[2]	BO 培地[3]	SOF 培地[4]	CR 培地[5]
NaCl	136.98 mM	114 mM	112.0 mM	107.7 mM	114.7 mM
KCl	2.68 mM	3.2 mM	4.02 mM	7.16 mM	3.1 mM
$NaHCO_3$	—	2.0 mM	37 mM	25.07 mM	26.2 mM
NaH_2PO_4	8.08 mM	0.4 mM	0.83 mM	—	—
KH_2PO_4	1.47 mM	—	—	1.19 mM	—
$CaCl_2$	1.8 mM	2.0 mM	2.25 mM	1.71 mM	—
$MgCl_2$	0.49 mM	0.5 mM	0.52 mM	0.49 mM	—
ピルビン酸ナトリウム	0.33 mM	0.1 mM	1.25 mM	0.33 mM	0.4 mM
乳酸ナトリウム	—	10.0 mM	—	3.3 mM	—
乳酸カルシウム	—	—	—	—	5 mM
ブドウ糖	5.56 mM	5 mM	13.9 mM	1.5 mM	—
ヘペス	—	10.0 mM	—	—	—
BSA	3 mg/mL	3 mg/mL	3 mg/mL	32 mg/mL *	3 mg/mL
ペニシリン**	100 IU/mL	100 IU/mL	30 µg/mL	100 IU/mL	—
ストレプトマイシン**	—	—	—	50 µg/mL	—
ゲンタマイシン**	—	—	—	—	50µg/mL

[1] 胚回収用灌流液および凍結保存液として用いる（Whittingham DG 1971）.
[2] 卵子回収液として用いる（Bavister BD et al. 1983）.
[3] Brackett と Oliphant の等張培養液（Brackett BG & Oliphant G 1975），媒精培地として用いる.
[4] 修正合成卵管液（Tervit HR et al. 1972），1 mM グルタミン，必須アミノ酸（BME 培地用），非必須アミノ酸（MEM 用），成長因子などを添加して発生培地として用いる.
[5] Charles Rosenkrans 培地（Rosenkrans CF & First NL 1991），SOF 培地と同様にアミノ酸などを添加して発生培地として用いる.
* 牛胚を培養する際は 3 〜 8 mg/mL で使用することが多い.
** ペニシリンやストレプトマイシンのかわりにゲンタマイシン 50 µg/mL を使用することができる.

表2　培地調整方法の例（Brackett と Oliphant の等張培養液：BO 培地）

保存液 I （100 mL）	NaCl	6.55 g
	KCl	0.3 g
	$CaCl_2 \cdot 2H_2O$	0.33 g
	$MgCl_2 \cdot 6H_2O$	0.106 g
	$NaH_2PO_4 \cdot H_2O$	0.113 g
保存液 II （100 mL）	$NaHCO_3$	1.3 g
BO 培地 （100 mL）	保存液 I 10 mL ＋ 保存液 II 23.87 mL	
	ブドウ糖	250 mg
	ピルビン酸ナトリウム	13.75 mg
	ゲンタマイシン	5 mg
媒精用 BO 培地：	BO 培地	10 mL
	BSA	6 mg/mL（最終濃度 3 mg/mL）
	テオフィリン	9 mg（最終濃度 2.5 mM）
	ヘパリン	（5 〜 10 µg/mL）

培地の調整には超純水を用いる. ヘパリン濃度は種雄牛によって調整する.

付録

付録7　代表的な動物の胎子の発育

1）牛

牛の胎子の発育

月齢	頭尾長（cm）	肉眼所見	経直腸超音波検査所見
1	1	頭と肢芽がわかる	心拍動がわかる
2	6	肢がわかる	性別の判定が可能
3	10	陰嚢（雄）や乳房（雌）の隆起が明瞭	性別の判定が可能
4	20	眼瞼周囲に最初の被毛が出現，角芽が出現	
5	30〜40	口の周囲に被毛が出現，精巣下降	
6	40〜60	尾端に被毛が出現	
7	50〜70	四肢の近位部に被毛が出現	
8	60〜80	短い被毛が全身にみられるが，腹部は疎ら	
9	70〜90	全身が十分な被毛に覆われ，切歯が萌出	中手骨や蹄冠部[*]の幅で体重の推定が可能

（Dyce KM et al. 1987，[*] Tani M et al. 2021）

2）馬

馬の胎子の発育

月齢	頭尾長（cm）	外部形態
1	—	胚は約1〜1.5 cm
2	約7	品種が見分けられ，外部生殖器から性を決定
3	約14	蹄の部分が明瞭
4	約25	いくらかの毛が口のまわりに出現
5	約36	毛が目の上に出現
6	約50	まつ毛が出現
7	約65	毛が尾端に出現
8	約80	毛が背中と四肢に出現
9	約95	細かい毛が体の大部分をおおう
10	約110	体は完全に毛でおおわれる

（Evans HE, Sack WO, 1973）

3）豚

豚の胎子の発育

週齢	頭尾長（cm）	肉眼所見
2.5〜3	〜1	胚はC型を呈す 肢芽形成中 臍帯内に腸のヘルニア
4	〜2	触毛毛包の出現 乳腺原基の出現 指（趾）形成中
5	〜3.5	口蓋融合 顔面裂閉鎖
6	〜6.5	包皮，陰嚢，陰唇および陰核の出現
7	〜9	眼瞼癒合 腸は腹腔内に戻る
13	〜24	眼瞼分離
16		平均114日で出生

（加藤嘉太郎, 山内昭二. 2005. 新編 家畜比較発生学およびSingh B. 2017.
Dyce Sack and Wensing's Text Book of Veterinary Anatomy 5th ed. を参考）

4）犬・猫

表1　犬の胎子の発育

週齢	頭尾長（cm）	肉眼所見	腹部超音波検査所見	X線検査所見
3	約1	C字型の胚子，前後肢芽形成中	胎嚢がわかる	
4	約2	手掌が形成され，指間に浅い溝ができる	心拍動が確認できる	子宮腫大
5	約3	眼瞼形成され，部分的に目をおおう．耳介が耳道をおおう．外部生殖器が分化し，指が付け根まで分かれる．5対の乳頭原基が存在する．口蓋が閉鎖する		
6	約7	眼瞼が癒合し閉鎖する．毛包が出現する．指が広がり，爪が形成される		
7	約11	毛は完全に全身をおおい（体毛形成），毛色（斑紋）が現れる		胎子の頭蓋骨などの骨化（石灰化）が開始される
8	約14	被毛が完成し，指肉球が存在する		

(Evans HE and Sack WO 1973, Dyce KM et al. 1987)

表2　猫の胎子の発育

週齢	頭尾長（cm）	肉眼所見	腹部超音波検査所見	X線検査所見
2	約0.5	体節形成開始．前後肢芽形成中	胎嚢がわかる	
3	約1	耳道が形成中，目が形成され色素が沈着する．前肢の指間に浅い溝ができる．乳房の隆起が出現する	心拍動が確認できる	
4	約2	全ての指が広がり，耳介はほとんどの耳道をおおう．舌が形成される．爪が形成される．眼瞼は部分的に目をおおう．体表に毛包が出現する		子宮腫大
5	約3〜4	眼瞼が融合し閉鎖する．触毛が顔面に現れる		
6	約7〜8	細毛（うぶ毛）が体表に現れ，爪先端が硬化し始める		胎子の頭蓋骨などの骨化（石灰化）が開始される
7	約10〜11	細毛（うぶ毛）が全身をおおい，毛色（斑紋）が現れる．爪は白く硬くなる		

(Evans HE and Sack WO 1973, Dyce KM et al. 1987)

付録

付録8　代表的な動物の妊娠期間

1）反芻動物

代表的な牛の妊娠期間

種　類	品　種	平均日数	（範囲）
牛	ホルスタイン	279	（262 ～ 309）
	ジャージー	279	（270 ～ 285）
	エアーシャー	278	
	ガンジー	284	
	ブラウンスイス	290	（270 ～ 306）
	アバディーンアンガス	279	
	ショートホーン	283	（272 ～ 294）
	ヘレフォード	285	（243 ～ 316）
	黒毛和種	285*	
	褐毛和種	287	
羊	メリノ	150	（144 ～ 156）
	コリデール	150	
	ハンプシャー	145	
	サウスダウン	144	
山　羊	ザーネン	154	
	トッケンブルグ	150	（136 ～ 157）

* 近年は妊娠期間が平均290日程度とする以下の報告がある.

1. Uematsu M. et al. 2013. *The Vet J* 198: 212-216.
2. 児玉 暁. 2005. 日獣会誌 58: 395-397.

2）馬

代表的な馬の妊娠期間

品　種	のべ調査頭数	妊娠期間（日）	
日本輓系種	209	335 ± 8.3	Aoki T et al. 2013
オランダ輓系種	2,002	343 ± 10.1	Bos H, Van der Mey JW 1980
サラブレッド	646	342	JRA 生産地疾病等調査研究報告書 2007
アラブ	521	337 ± 10.39	Bos H, Van der Mey JW 1941
ハフリンガー	4,462	335 ± 12.87	Pajonovic R 1965
シェットランドポニー	1,520	337 ± 12.4	Bos H, Van der Mey JW 1980

馬の妊娠期間は，品種よりも，個体による差や，個体内の変動が大きい.

3）豚

代表的な豚の妊娠期間

種　類	品　種	平均日数
豚	中ヨークシャー	115.4 ± 1.9 日
	大ヨークシャー	114.9 ± 1.4 日
	バークシャー	118.4 ± 2.5 日
	ランドレース	114.7 ± 1.6 日
	デュロック	114.6 ± 2.2 日
	ハンプシャー	115.1 ± 1.2 日

平均±標準偏差.

（Nowak B et al. 2020. *Animals* 10: 1164; doi. 10.3390/ani10071164）

4）犬・猫

犬・猫の妊娠期間

種　類	平均日数
犬	63（58 〜 65）日 （なお，排卵日〜分娩日までの日数は平均 64 日）
猫	66（64 〜 67）日（平均 66 日）

犬の妊娠期間

犬の妊娠期間は 63（58 〜 65）日と約 7 日間の幅があることが知られている．これは，①犬の卵子は排卵時にはまだ未成熟であり，成熟するために約 60 時間必要とし，卵子が成熟した後，約 48 時間受精能保有していること，②犬の精子は雌の卵管内で約 5 日間生存できる，という犬特有の現象から生じている．すなわち，これらの結果，受胎可能な期間が約 7 日と長くなるために，妊娠期間に幅が生じると考えられる．実際に受精が起こるのは卵子が成熟してからとなるが，卵子が成熟する前の早すぎる時期に交配を行ったものでは精子が受精可能になるまで卵管で滞在するため妊娠期間が長くなる．一方，卵子の成熟後の受精能を保有しているぎりぎりの時期で交配が行われた場合は，妊娠期間が短くなる．しかし，排卵日から分娩日までの日数は，平均 64 ± 1 日とほぼ一定になることが知られている[1]．なお，品種，環境，年齢，栄養状態および胎子数によっても妊娠期間に多少の差が生じることがあることが報告されている[2-4]．

猫の妊娠期間

妊娠期間は一般的に，交尾（実際は受精）から分娩までの日数として示されるが，猫は交尾排卵動物であり交尾刺激後 28 〜 36 時間に排卵が起こり，排卵された卵子はすでに受精可能であるため，犬の妊娠期間のような幅は生じにくく，猫の妊娠期間は 66（64 〜 67）日，平均 66 日とされている．しかし，品種，季節，地域などの環境的な要因，母体の年齢および栄養状態などによって多少の差が生じるため，研究者の報告によって妊娠期間に幅がみられる（63 〜 66 日，平均 64.2 日[5]，62 〜 71 日[6]，52 〜 74 日，平均 65.6 日[7]）．

参考文献

1. Tsutsui T. et al. 2006. *Theriogenology* 66: 1706-1708.

2. Okkens AC. et al. 2001. *J Reprod Fertil Suppl* 57: 193-197.

3. Mir F. et al. 2011. *Reprod Domest Anim* 46: 994-998.

4. Concannon PW. et al. 1989. *J Reprod Fertil Suppl* 39: 3-25.

5. Schmidt PM. et al. 1983. *Biol Reprod* 28: 657-671.

6. Root MV. et al. 1995. *J Am Anim Hosp Assoc* 31: 429-433.

7. Root Kustritz MV. 2006. Theriogenology 66: 145-150.

付録

付録9 代表的な動物の精子数

精液量, 精子濃度, 総精子数, 射精間隔, 授精可能な雌の頭数

	精液量（mL）	精子濃度（× 10^8/mL）	総精子数（× 10^8）	精液性状を良好に維持する射精間隔	1回の射出精液で授精可能な雌の頭数
牛（ホルスタイン種）[a]	1回目 0.6 ～ 16.0（4.0）[a] 2回目 0.2 ～ 12.7（3.3）	1回目 0.5 ～ 21.7（12.7） 2回目 0.9 ～ 18.9（9.6）	1回目 0.4 ～ 305.6（52.9） 2回目 1.3 ～ 143.0（31.0）	2回／日×2日／週	100 ～ 200 頭（0.5 mL 注入／頭）
馬[b]	20 ～ 150	0.5 ～ 8.0	40 ～ 200	1日数回～2回／週	10 ～ 20 頭
豚[c]	198 ～ 299（265）	3.8 ～ 4.9（4.2）	92 ～ 113 × 10^9（103）	2回／週	◆頸管内授精の場合 10 ～ 20 頭（20 ～ 40 ドース作成，25 ～ 30 × 10^8 精子／ドース，2 ドース注入／発情／頭） ◆子宮内授精の場合 20 ～ 30 頭（40 ～ 60 ドース作成，15 ～ 20 × 10^8 精子／ドース，2 ドース注入／発情／頭）
羊[b]	0.7 ～ 2.0	15 ～ 30	20 ～ 50	2回／週	20 ～ 30
山羊[b]	0.5 ～ 2.0	15 ～ 30	10 ～ 35	2回／週	10 ～ 20
犬（ラブラドールレトリーバー）第2分画	0.5 ～ 2.5	4.3 ～ 15.6	5.6 ～ 15.9		1 ～ 2 頭（新鮮精液による腟内人工授精） 1 ～ 2 頭（凍結精液による子宮内人工授精）
猫[d]	0.01 ～ 0.12	0.96 ～ 37.4	0.57	－	1～10 頭（新鮮精液による子宮内人工授精）

[a]1回目射出：85頭の921射出精液；2回目射出83頭の865射出精液, [b]日本家畜人工授精師協会：家畜人工授精講習会テキスト 家畜人工授精編より引用, [c]4頭の48射出精液（濃厚部）/Mellagi APG. et al. 2022. *Mol Reprod Dev* 90: 601-611 および Wolf J. 2009. *Reprod Dom Anim* 44: 338-344 を参考, [d]Neill JD. 2006. Knobil and Neill's Physiology of Reproduction 3rd ed. Volume 1 および津曲茂久 監修. 2011. 小動物の繁殖と新生子マニュアルより引用.

付録 10　臨床繁殖分野における薬剤投与指針

表 1　牛，馬，豚の卵巣疾患

疾患名，目的	対象動物	薬剤名	投与量	投与経路	投与間隔
卵胞発育障害	牛	hCG	1,500 ～ 10,000 IU	IM または SC	
			5,000 ～ 10,000 IU ＋ 酢酸トコフェロール 365 ～ 750 mg	IM	
		eCG	1,000 IU	IM または SC	
		FSH	10 ～ 50 アーマー単位	IV	
		GnRH	酢酸フェルチレリン：200 µg	IM	
			酢酸ブセレリン：20 µg	IM	
		腟内留置型プロジェステロン製剤	CIDR：プロジェステロン 1.9 g	腟内留置	7 ～ 12 日間
			PRID：プロジェステロン 1.55 g，エストラジオール 17β 10 mg	腟内留置	12 日間
			オバプロン V：プロジェステロン 1.0 g	腟内留置	12 日間
	馬	hCG	1,500 ～ 3,000 IU	IV	
		eCG	500 ～ 2,000 IU	IM または SC	
		GnRH	酢酸デスロレリン：0.1 mg	IM	＞ 35 mm 卵胞に達するまで 1 日 2 回投与
		ドンペリドン（ドパミンアンタゴニスト）	0.2 ～ 0.4 mg/kg	PO	
	豚	eCG	500 ～ 1,000 IU	IM または SC	
		eCG（＋ E₂）	500 ～ 1,000 IU ＋エストラジオール 17β 0.4 mg	IM	
		eCG ＋ hCG	eCG400 IU ＋ hCG200 IU	IM	
		eCG ＋（投与後 3 ～ 4 日）GnRH/hCG	eCG1000 IU ＋（投与後 3 ～ 4 日）酢酸フェルチレリン 200 µg/hCG500 IU	IM	
卵胞嚢腫，排卵障害	牛	hCG	1,500 ～ 10,000 IU	IM または SC	
		GnRH	酢酸フェルチレリン：200 µg	IM	
			酢酸ブセレリン：20 µg	IM	
	馬	hCG	1,500 ～ 3,000 IU	IV	
		GnRH	酢酸デスロレリン：1 ～ 1.5 mg	IM	
	豚	GnRH	酢酸フェルチレリン：200 µg	IM	7～10 日間隔で 2～3 回投与
鈍性発情	牛	腟内留置型プロジェステロン製剤を併用した定時授精プログラム			
		PGF₂ₐ 投与 56 時間後に GnRH 投与，その 16 ～ 20 時間後に定時授精			
	馬	E₂	エストラジオール 17β：2 ～ 5 mg	IM	

（次ページへ続く）

IM：筋肉内投与，SC：皮下投与，IV：静脈内投与，PO：経口投与.

付録

表1　牛，馬，豚の卵巣疾患（つづき）

疾患名，目的	対象動物	薬剤名	投与量	投与経路	投与間隔
黄体遺残，黄体嚢腫	牛	$PGF_{2\alpha}$	ジノプロスト：25 ～ 30 mg	IM	
			ジノプロスト：6 mg（疾患卵巣側子宮角深部）	子宮内	
			クロプロステノール：500 µg	IM	
黄体退行遅延	牛	$PGF_{2\alpha}$	ジノプロスト：25 mg	IM	
			クロプロステノール：500 µg	IM	
	馬	$PGF_{2\alpha}$	クロプロステノール：100 ～ 200 µg	IM	
			ジノプロスト：3 ～ 6 mg	IM	
発情周期の同調	牛	$PGF_{2\alpha}$	ジノプロスト：2 mg（黄体形成卵巣側子宮角深部）	子宮内	
			ジノプロスト：3 ～ 4 mg（黄体形成卵巣側子宮角中央部）	子宮内	

表2　牛，馬の子宮疾患

疾患名，目的	対象動物	薬剤名	投与量	投与経路
子宮内膜炎	牛	アンピシリン	500 mg	子宮内
		ペニシリン・ジヒドロストレプトマイシン合剤	ペニシリン 20 万単位，ジヒドロストレプトマイシン 200 mg	子宮内
		クロルテトラサイクリン	塩酸クロルテトラサイクリン 500 mg	子宮内
		ポビドンヨード	10％溶液として 30 ～ 50 mL	子宮内
		キトサン	200 mg	子宮内
	馬	$PGF_{2\alpha}$	ジノプロスト：5 ～ 10 mg	IM
子宮蓄膿症，子宮粘液症	牛	$PGF_{2\alpha}$	ジノプロスト：25 ～ 30 mg	IM
			クロプロステノール：500 µg	IM
子宮発育不全	牛	E_2	エストラジオール 17β：2 ～ 5 mg	IM
	馬	E_2	エストラジオール 17β：2 ～ 5 mg	IM
子宮頸管拡張不全	牛	エストリオール	10 ～ 20 mg	IM

表3　牛の腟疾患

疾患名，目的	対象動物	薬剤名	投与量	投与経路
腟　炎	牛	ベンザルコニウム塩化物 0.005 ～ 0.01％溶液	洗浄液が透明になるまで繰り返して洗浄	腟内洗浄

付録

表4 牛，馬，豚の妊娠期と周産期の異常

疾患名，目的	対象動物	薬剤名	投与量	投与経路	投与時期・間隔
習慣性流産の予防	牛	プロジェステロン	50〜600 mg	IM	交配後5日に1回
		腟内留置型プロジェステロン製剤	1〜2 g	腟内	交配後5日〜留置，2週間後に抜去
	馬	プロジェステロン	50〜600 mg	IM	
長期在胎，胎子ミイラ変性，胎子浸漬	牛	PGF$_{2\alpha}$	ジノプロスト：20〜30 mg	IM	
			クロプロステノール：500 μg	IM	
分娩誘起	豚	PGF$_{2\alpha}$	ジノプロスト：5〜10 mg	IM	妊娠末期（妊娠112〜113日）に1回
			クロプロステノール：175 μg	IM	
陣痛微弱	牛	オキシトシン	20〜150 IU	IV，IM，またはSC	
	馬	オキシトシン	10〜25 IU	IM	
	豚	オキシトシン	20〜50 IU	IV，IM，またはSC	
		カルベトシン	0.1〜0.2 mg	IM	
子宮脱	牛	オキシトシン	20〜150 IU	IV，IM，またはSC	
胎盤停滞の予防	牛	オキシトシン	20〜150 IU	IV，IM，またはSC	胎子娩出後4時間以内
胎盤停滞，悪露停滞	牛	PGF$_{2\alpha}$	ジノプロスト：30 mg	IM	
		オキシトシン	20〜150 IU	IV，IM，またはSC	
	馬	オキシトシン	10〜25 IU	IM	
難産，胎子失位，帝王切開時の胎子娩出前	牛	塩酸クレンブテロール	0.3 mg	IV	
帝王切開時の子宮縫合後	牛	オキシトシン	20〜150 IU	IV，IM，またはSC	
産褥熱	牛	NSAIDs	メロキシカム 0.5 mg/kg	SC	
			フルニキシン 2 mg/kg	IV	

表5 牛，馬，豚の泌乳障害

疾患名，目的	対象動物	薬剤名	投与量	投与経路
泌乳不全	牛	エストラジオール 17β	2〜5 mg	IM
	馬	エストラジオール 17β	2〜5 mg	IM
		スルピリド（ドパミンアンタゴニスト）	1 mg/kg	IM
射乳促進	牛	オキシトシン	20〜150 IU	IV，IM，またはSC
	豚	オキシトシン	20〜50 IU	IV，IM，またはSC

付録

表 6　牛，馬，豚の雄の繁殖障害

疾患名，目的	対象動物	薬剤名	投与量	投与経路	投与時期・間隔
交尾欲減退	牛	hCG	1,500 ～ 2,000 IU	IM または SC	3 日ごとに 1 回
	馬	hCG	1,500 ～ 2,000 IU	IM または SC	3 日ごとに 1 回
	豚	hCG	1,500 ～ 2,000 IU	IM または SC	3 日ごとに 1 回
精子減少症	牛	eCG	500 ～ 2,000 IU	IM または SC	必要に応じて反復投与
	馬	eCG	500 ～ 2,000 IU	IM または SC	必要に応じて反復投与
	豚	eCG	400 ～ 1,000 IU	IM または SC	必要に応じて反復投与

表 7　犬，猫の繁殖の人為的コントロール

目的	対象動物	薬剤名	投与量	投与部位	投与間隔
排卵誘起	犬	hCG	500 ～ 1,000 IU/ 頭	IM	
	猫	GnRH（酢酸フェルチレリン）	25 ～ 50 μg/ 頭	IM	人工授精を実施する前日
		hCG	50 ～ 200 IU/ 頭	IM または SC	人工授精を実施する前日
発情誘起	犬	eCG（PMSG）＋ hCG	250～500 IU/ 頭＋300～3,000 IU/ 頭	IM	
	猫	FSH	初日 2 mg/ 頭，2 日目から数日間 1 mg/ 頭	IM	
		eCG（PMSG）	50 ～ 300 IU/ 頭	IM または SC	
無発情期の短縮（発情誘起）	犬	抗プロラクチン剤（カベルゴリン）	5 μg/kg	PO	無発情期に投与，発情前期が開始する 3～8 日まで投与または 40 日間投与
流産誘起	犬	PGF$_{2\alpha}$-analogue（クロプロステノール）	5 μg/kg	SC	1 回投与
		アグレプリストン	10 mg/kg	SC	24 時間間隔で 2 回投与
		カベルゴリン	5 μg/kg	PO	1 日 1 回，流産が起こるまで投与
	猫	PGF$_{2\alpha}$-analogue（クロプロステノール）	5 μg/kg	SC	1 回投与
		アグレプリストン	10 ～ 15 mg/kg	SC	24 時間間隔で 2 回投与
着床阻止	犬	エストラジオール安息香酸エステル	0.1 ～ 0.2 mg/kg	SC	1 回投与
		アグレプリストン	10 mg/kg	SC	24 時間間隔で 2 回投与
	猫	アグレプリストン	10 ～ 15 mg/kg	SC	24 時間間隔で 2 回投与
雄性避妊	犬	徐放性 GnRH 製剤（酢酸リュープレリン）	1 mg/kg	SC	4 ～ 5 か月間有効
		LHRH/GnRHagonist（デスロレリン）	6 mg/ 頭	皮下移植	1 回の移植で 1 年間有効
		グルコン酸亜鉛 / アルギニン	0.8 ～ 1.0 mL	精巣内注入	
雌性避妊	犬	プロリゲストン	20 ～ 30 mg/kg（小型犬）	SC	
			10 ～ 13 mg/kg（大型犬）	SC	5～6 か月ごと，600 mg を上限とする
		クロルマジノン酢酸エステル	10 ～ 20 mg/kg	皮下移植	1 回の皮下投与で最大 2 年間有効
			5 ～ 10 mg/kg	皮下移植	1 回の皮下投与で最大 1 年間有効
			2 mg/kg	PO	1 週間に 1 回投与
	猫	プロリゲストン	1 ～ 1.5 mL/ 頭（20 ～ 30 mg/kg）	SC	5 ～ 6 か月ごと

表 8 犬，猫の卵巣疾患，子宮疾患

疾患名	対象動物	薬剤名	投与量	投与部位	投与間隔
卵胞発育障害	犬	eCG（PMSG）＋hCG	250〜500 IU/ 頭＋300〜3,000 IU/ 頭	IM または SC	
	猫	FSH	初日 2 mg/ 頭，2 日目から数日間 1 mg/ 頭	IM	
		eCG（PMSG）	50〜200 IU/ 頭	IM	
卵巣嚢腫（卵胞嚢腫）	犬	hCG	500〜1,000 IU/ 頭	IM	1 日 1 回
	猫	酢酸フェルチレリン	50 µg/ 頭	IM または SC	1 日 1 回
		hCG	200〜300 IU/ 頭	IM または SC	1 日 1 回
子宮蓄膿症	犬	天然型 PGF$_{2\alpha}$（ジノプロストトロメタミン）	0.1 mg/kg	SC	3〜5 日間，1 日 2 回
		天然型 PGF$_{2\alpha}$（ジノプロストトロメタミン）	0.25 mg/kg	SC	3〜5 日間，1 日 1 回
		PGF$_{2\alpha}$-analogue（クロプロステノール）	2.5〜5 µg/kg	SC	1 日 1 回
		PGF$_{2\alpha}$-analogue（クロプロステノール）	1〜2 µg/kg	SC	1 日 1 回を 3〜5 日間
		アグレプリストン	10 mg/kg	SC	24 時間間隔で 2 回投与，その後は症状が改善されるまで 1 週間投与
		抗プロラクチン剤（カベルゴリン）	5 µg/kg	PO	1 日 1 回，症状が改善されるまで毎日投与
	猫	天然型 PGF$_{2\alpha}$（ジノプロストトロメタミン）	0.1 mg/kg	SC	3〜5 日間，1 日 2 回
		天然型 PGF$_{2\alpha}$（ジノプロストトロメタミン）	0.25 mg/kg	SC	3〜5 日間，1 日 1 回
		PGF$_{2\alpha}$-analogue（クロプロステノール）	2.5〜5 µg/kg	SC	1 日 1 回
		PGF$_{2\alpha}$-analogue（クロプロステノール）	1〜2 µg/kg	SC	1 日 1 回を 3〜5 日間
		アグレプリストン	10〜15 mg/kg	SC	24 時間間隔で 2 回投与，その後は症状が改善されるまで 2 週間投与
腟炎	犬	エチニルエストラジオール	0.01〜0.03 mg/kg	PO	1 日 1 回を 1〜2 週間

付録

表9 犬の妊娠期と周産期の異常

疾患名	対象動物	薬剤名	投与量	投与部位	投与間隔
習慣性流産の防止（黄体機能不全）	犬	持続性プロジェステロン製剤（天然型プロジェステロン）	1～2 mg/kg	SC または IM	妊娠40日から5日間隔で，妊娠55日まで
分娩誘起	犬	アグレプリストン	10 mg/kg	SC	24時間間隔で2回投与
		PGF$_{2\alpha}$-analogue（クロプロステノール）	5 μg/kg	SC	
	猫	アグレプリストン	10 mg/kg	SC	24時間間隔で2回投与
		天然型 PGF$_{2\alpha}$（ジノプロストトロメタミン）	0.5～1.0 mg/kg	SC	24時間間隔で2回投与
陣痛微弱	犬	オキシトシン	5～10 IU/頭	SC または IM	
	猫	オキシトシン	1～10 IU/頭	SC または IM	
子宮無力症	犬	10%グルコン酸Ca投与後にオキシトシン	Ca：0.5～1.5 mL/kg	点滴（1 mL/分）	必ず緩徐に点滴する（できれば，心電図でモニタリングする）
			オキシトシン：1～5 IU/頭	IV	必要に応じて30～40分後に再投与，2回目の投与後30分以内に子宮収縮が生じなければ帝王切開
			オキシトシン 2.5～10 IU/頭	IM	
	猫	10%グルコン酸Ca投与後にオキシトシン	Ca：0.5～1.5 mL/kg	点滴（1 mL/分）	必ず緩徐に点滴する（できれば，心電図でモニタリングする）
			オキシトシン：0.5 IU/kg	IV	必要に応じて30～40分後に再投与，2回目の投与後30分以内に子宮収縮が生じなければ帝王切開
胎盤停滞	犬	オキシトシン	1～5 IU/頭	IM	状態に応じて抗菌剤を投与
	猫	オキシトシン	1～5 IU/頭	IM	状態に応じて抗菌剤を投与
産後急癇，産褥テタニー（低カルシウム血症）	犬	10%グルコン酸Ca液またはボログルコン酸Ca液	2～20 mL/頭（または0.5～1.5 mL/kg）	ゆっくりと点滴	必ず緩徐に点滴する（できれば，心電図でモニタリングする）
		炭酸Ca末またはグルコン酸Ca末	10～30 mg/kg	PO	8時間おきに投与（再発予防のため）
乳汁分泌不足（無乳症）	犬	オキシトシン	1～2 IU/頭	SC	1回，分娩後または帝王切開後のみ
		メトクロプラミド	0.2～0.5 mg/kg	PO	1日2回
		スルピリド	3.0～7.5 mg/kg	PO	1日1回
	猫	オキシトシン	1～2 IU/頭	SC	1回，分娩後または帝王切開後のみ
		メトクロプラミド	0.2～0.5 mg/kg	PO	1日2回
		スルピリド	3.0～7.5 mg/kg	PO	1日1回
うつ乳症（乳汁うっ滞），離乳時の乳腺の退縮	犬	抗プロラクチン剤（カベルゴリン）	5 μg/kg	PO	5～7日間
	猫	抗プロラクチン剤（カベルゴリン）	5 μg/kg	PO	5～7日間

（次ページへ続く）

付録

付録
10

表9 犬の妊娠期と周産期の異常（つづき）

疾患名	対象動物	薬剤名	投与量	投与部位	投与間隔
急性子宮炎（産褥性子宮炎）	犬	オキシトシン	5～10 IU/頭		ただし，子宮のオキシトシン受容体数が減少しているため，オキシトシンに対する臨床反応は限定的であるとの記載あり
		天然型 $PGF_{2\alpha}$（ジノプロストトロメタミン）	0.1～0.25 mg/kg	SC	3～8日間，1日1～2回
	猫	オキシトシン	5～10 IU/頭		ただし，子宮のオキシトシン受容体数が減少しているため，オキシトシンに対する臨床反応は限定的であるとの記載あり
		天然型 $PGF_{2\alpha}$（ジノプロストトロメタミン）	0.1～0.25 mg/kg	SC	3～8日間，1日1～2回

表10 雄犬の生殖器疾患

疾患名	対象動物	薬剤名	投与量	投与部位	投与間隔
良性前立腺肥大症	犬	酢酸オサテロン	0.25～0.5 mg/kg	PO	1日1回，7日間
		クロルマジノン酢酸エステル	2 mg/kg（大型犬は用量減）	PO	1日1回，7日間
前立腺嚢胞	犬	酢酸オサテロン	0.25～0.5 mg/kg	PO	1日1回，7日間
		クロルマジノン酢酸エステル	2 mg/kg（大型犬は用量減）	PO	1日1回，7日間
造精機能障害	犬	GnRH（酢酸フェルチレリン）	200～400 µg/頭	SC または IM	1回または1週間で2～3回
		GnRH（ブセレリン酢酸塩）	1 µg/頭（小～中型犬）	SC または IM	1回または1週間で2～4回
		eCG（PMSG）＋ hCG	500～1,000 IU/頭＋250～500 IU/頭	SC または IM	
		テストステロン	20～50 mg/頭	SC または IM	10日間隔で数回
可移植性性器腫瘍	犬	ビンクリスチン硫酸塩	0.025 mg/kg（0.5 mg/m^2）	IV	1週間に1回
		シクロフォスファミド	50 mg/m^2	IV	
		ドキソルビシン	25～30 mg/m^3	IV	

表11 犬・猫におけるその他の目的

疾患名または目的	対象動物	薬剤名	投与量	投与部位	投与間隔
不妊手術後の尿失禁（ホルモン反応性尿失禁）	犬	エストリオール	1～2 mg/頭	PO	投与後効果がみられたら，投与量を漸減していくか，投与間隔を空ける
		エチニルエストラジオール	0.01～0.03 mg/kg	PO	投与後効果がみられたら，投与量を漸減していくか，投与間隔を空ける
偽妊娠	犬	抗プロラクチン剤（カベルゴリン）	5 µg/kg	PO	1日1回，7日間前後
乳腺線維腺腫様過形成	猫	アグレプリストン	10～15 mg/kg	SC	24時間間隔で2回投与，その後は症状が消失するまで1～2週間ごとに投与する

299

付録

付録 11　家畜改良増殖法

「家畜改良増殖法」は，家畜の登録に関する制度，家畜人工授精および家畜胚（受精卵）移植に関する規制などについて定めた法律である．デジタル庁が運営するインターネットサイト「e-GOV」(https://elaws.e-gov.go.jp)において同法を検索すると最新の情報を得ることができる．

付録 12　動物愛護管理法抜粋

「動物の愛護及び管理に関する法律」は，動物の虐待及び遺棄の防止，動物の適正な取扱いその他動物の健康及び安全の保持等の動物の愛護に関する事項を定めた法律である．デジタル庁が運営するインターネットサイト「e-GOV」(https://elaws.e-gov.go.jp)において同法を検索すると最新の情報を得ることができる．

e-GOV インターネットサイト．

付録

付録13　獣医畜産六法抜粋

　獣医畜産六法（農林水産省生産局（監修），新日本法規出版発行）は，獣医畜産に関する主要な法令を収録した書籍である．関連する法律が項目ごとに収録されている（下表）．デジタル庁が運営するインターネットサイト「e-GOV」（https://elaws.e-gov.go.jp）において各法律を検索すると最新の情報を得ることができる．

各項目と構成されている法律

家畜生産対策	価格対策	流通対策	飼料	衛生	獣医事	薬事	競馬	環境	関係法令
家畜改良増殖法	畜産物の価格安定に関する法律	家畜商法	牧野法	家畜伝染病予防法	獣医師法	薬事法	競馬法	家畜排せつ物の管理の適正化及び利用の促進に関する法律	食料・農業・農村基本法
物品の無償貸付及び譲与等に関する法律	独立行政法人農畜産業振興機構法	家畜取引法	飼料受給安定法	牛海綿状脳症対策特別措置法	獣医療法		日本中央競馬会法	環境基本法	食品安全基本法
独立行政法人家畜改良センター法	加工原料乳生産者補給金等暫定措置法		飼料の安全性の確保及び品質の改善に関する法律	牛の個体識別のための情報の管理及び伝達に関する特別措置法				水質汚濁防止法	関税定率法
酪農及び肉用牛生産の振興に関する法律	肉用子牛生産安定等特別措置法		愛がん動物用飼料の安全性の確保に関する法律	家畜保健衛生所法				悪臭防止法	関税暫定措置法
養鶏振興法			独立行政法人農林水産消費安全技術センター法	感染症の予防及び感染症の患者に対する医療に関する法律				廃棄物の処理及び清掃に関する法律	動物の愛護及び管理に関する法律
養ほう振興法				狂犬病予防法				食品循環資源の再生利用等の促進に関する法律	麻薬及び向精神薬取締法
				と畜場法				地球温暖化対策の推進に関する法律	覚せい剤取締法
				化製場等に関する法律					農業災害補償法
				食鳥処理の事業の規制及び食鳥検査に関する法律					
				地域保健法					
				食品衛生法					

301

索 引

B
BCS　105，175，207
BCS 判定フローチャート　106

C
CDS　17
CTUP　183

E
E$_2$　294

eCG　294

F
FSH　294

G
GnRH　294

H
hCG　294

P
PAG 測定　84
PGF$_{2\alpha}$　295
PMN％　101
problem mare　172

S
SR　19

い
異常妊娠　166
一次卵胞　5
遺伝子検査　111，176
犬ブルセラ菌感染症　271
陰核　2，222，250
陰核亀頭　223
陰茎　7，52，116，156，179，
　197，224，225，231
　―の疾患　179，212
陰茎 S 状曲　7，52
陰茎後引筋　7，52
陰茎骨　225
陰唇　2，12，79，172，200，
　222
陰嚢　7，49，114，179，213，
　261
　―の下垂状態　50
陰嚢周囲長　114
陰門　12，123，223
陰門縫合　123
陰門埋没巾着縫合　122

う
牛用腟鏡　79
馬鼻肺炎ウイルス　180
馬用人工腟　157

え
液状精液　159，196
液状保存　238

液状保存精液　200
液状保存法　59，199
エストラジオール　41，177，294
エストロジェン　17，165，253
X 線画像診断法　243
塩酸クレンブテロール　296

お
黄体　3，5，6，28
黄体開花期　14，28，42，43
黄体機能不全　271
黄体初期　14，28
黄体退行期　14，28
黄体嚢腫　14
オキシトシン　296

か
ガートナー管開口部　2
外陰部　12 ～ 14，149，206
外陰部検査　11 ～ 13，44，149
開口期　87，126
外子宮口　2，12 ～ 14
外尿道口　2
外部生殖器検査　49，156
カウサイド　102
角間間膜　2
拡張胚盤胞　68
下降性卵管疎通検査　98
過剰排卵処置　65
画像解析　36
家畜改良増殖法　301
家畜人工授精簿　68

家畜体内受精卵証明書　68
活力　56
ガラス化法　72
顆粒膜細胞腫　177，253
カルテ　91，114，170
環境管理の失宜　211
感染性胎盤炎　164
緩慢冷却法　72

き
奇形率　56
擬雌台　54，197
亀頭　8，147，224
亀頭球　224，225，233
亀頭帽　8
ギムザ染色　18，56，100，109，
　228
胸頭位　137
供胚牛　65
曲精細管　8
棘突起　226
去勢手術　247

く
空胎期間　102，107
空胎日数　108
グラーフ卵胞　5
クロプロステノール　295

け
頸管鉗子　69
頸管鉗子法　64

頸管粘液検査　44, 79
経腟による超音波検査　32
経直腸アプローチ　163
経直腸電気刺激法　234
経直腸による超音波検査　31
経腹壁アプローチ　163
結晶形成　17
Kenney のグレード分類　173
ケメラー胎子捻転器　124
検案簿　91
牽引摘出法　129
肩甲屈折　137
原始卵胞　5
膁部切開　124, 138

こ

口蓋裂　272
後産期　87, 127, 144, 245
後肢吊り上げ法　185
交尾障害　116
股関節屈折　137
国際胚移植マニュアル　69
骨盤軸　132

さ

細菌培養　102
サイトブラシ　100, 173
臍ヘルニア　272
細胞検査　18
酢酸フェルチレリン　294, 297,
　298, 300
酢酸ブセレリン　294
鎖肛　272
産褥性子宮炎　188
産出期　87, 127
産褥性（急性）子宮炎　279
三次卵胞　5
産道粘滑剤　124
産歴構成　211

し

色調　55
子宮　2, 28, 147, 190, 222,
　223, 254
子宮角　2, 23, 24
　―の触診　77
子宮灌流　66
子宮頸　2, 23, 222, 223
子宮頸管　2, 150, 222

子宮頸管炎　102
子宮頸管拡張棒　66
子宮頸管鉗子　3, 16
子宮頸管粘液検査　15
子宮頸管粘液除去器　66
子宮頸腟部　2, 13, 14
子宮広間膜　2, 125, 188, 223
子宮広間膜血腫　188
子宮疾患　295, 298
子宮修復　101
子宮腫瘍　257
子宮小丘　2
子宮水症　254
子宮穿孔　188
子宮洗浄　103, 174
子宮体　2, 23, 24
子宮胎盤厚　183
子宮脱　144, 218, 280
子宮蓄膿症　36, 255
子宮動脈の触診　77
子宮動脈破裂　188
子宮内への薬液注入　206
子宮内膜炎　11, 15, 100, 102
子宮内膜細胞診　100, 173
子宮内膜バイオプシー　173
子宮内薬液注入　102
子宮内薬液投与　103
子宮粘液症　254
子宮捻転　11, 15, 123
子宮捻転整復棒　124
子宮壁の閉鎖法　139
子宮帆　2
子宮無力症　275
自然灌流法　69
自然分娩　126
自動灌流装置　69
ジノプロスト　295, 296, 298 ～
　300
手圧法　197
獣医畜産六法　302
臭気　55
周産期の異常　216, 296, 299
収縮桑実胚　68
修正リン酸緩衝液　66
重複外子宮口　11, 15
手根関節屈折　137
主席卵胞　28, 46, 152, 154
受胎率　20, 46, 76, 107 ～ 109
授乳期間　211

受胚牛　65
乗駕試験　54, 156
消毒　142
初期胚盤胞　68
初期胚の発育　287
植氷　73
初乳の給与　143
人工授精　59, 60, 66, 102,
　159, 199, 200, 238, 240
人工流産　89
新生子牛　118
新生子の処置　141, 218, 277
新生子不適応症候群　186
陣痛　87, 123
陣痛微弱　275
診療簿　91

す

水腫胎　272
水浸法　3, 8
スタンディング行動　9, 10
スタンディング発情　14, 44

せ

精液検査　55, 197, 235
精液採取　54, 157, 196, 233
精液量　55
精管　7, 53
精管膨大部　53
性行動　48, 156
　―の観察　196, 231
精索　51
精子活力　236
精子奇形率　236
精子受容性試験　19
精子数　57, 58, 114, 236, 293
精子数計測　56
精子生存率　56, 58, 235, 236
成熟培養　70
成熟卵子　70
成熟卵胞　5
正常胎位　137
正常頭位　137
正常な妊娠　269
正常尾位　137
生殖器　222
　―の観察　2, 3, 146, 190,
　222 ～ 225
生殖器疾患　300

303

索引

生殖結節　164
生殖周期　284，285
生殖不能症　58
精巣　7，50，114，146，179，224，225
　　―の疾患　179，213
精巣縦隔　225
精巣腫瘍　262
精巣上体　7，8，51，114，146，212，224，225
精巣上体管　8
精巣上体体部　7，8
精巣上体頭部　7，8
精巣上体尾部　7，8
精巣小葉　8
精管膨大部　7
精巣網　8
精巣輸出管　8
生存率　56
精嚢腺　7，53
精嚢腺炎　116
切胎術　140
潜在性子宮内膜炎　102
潜在精巣　114，261
染色体検査　109，176
前立腺　7，53
前立腺炎　265
前立腺癌　266
前立腺嚢胞　264
前立腺膿瘍　265
前立腺肥大症　264

そ

双角子宮　222
早期妊娠診断法　243
桑実胚　66
総精子数　236
双胎　82，169，182
側頭位　137
足胞　87
蘇生法　142

た

第1破水　87
体温低下　86
体温の維持　143
体外受精　69，70，161
体外培養　71
胎子

―の異常　215，272
―の失位　135
―の発育　289，290
胎子回転法　124
胎子側難産　128
胎子牽引摘出法　184
胎子死　272
胎子失位　137，185
胎子浸漬　119
胎子生存確認　129
胎子ミイラ変性　119
胎水　124
第二抗体固相競合測定法　39
第2破水　87
胎盤早期剥離　184
胎盤停滞　143，187，218
胎包　87
胎膜スリップ　77
多形核好中球　100
多胎　182
単発情　284

ち

腟　2，13，147，190，222，223
腟炎　11，15，258
腟鏡　3，11～13，124，149
腟検査　11～14，44，78，123，149
腟疾患　295
腟腫瘍　259
腟スメア検査　227
腟前庭　2，12，14
腟脱　121，122，259
腟内人工授精法　241
腟内留置型プロジェステロン製剤　294
腟弁遺残　13
着床阻止　297
超音波画像診断法　243
超音波検査　3，8，30，44，80，152，163，193，201，229
直精細管　8
直腸腟法　3
直腸検査　3，7，21，44，77，150，162，192，201
直腸脱　121
直腸腟法　62

つ

通気曲線　98

て

DNA配列　111
帝王切開術　124，138，217，276
定期繁殖検診　107
低酸素血症　218
定時授精プログラム　294
低体温症　218
ディフ・クイック　102
テイルペイント　44
テストステロン　177
電気刺激装置　234
電気伝導度　20

と

頭位分娩　131
同期化　65
凍結精液　60，61，159
凍結保存　72，239
凍結保存法　59
淘汰基準の設定　211
動物愛護管理法　301
透明粘液　28
兎唇　272
ドナー　65，66
鈍性発情　251，294

な

内子宮口　2，222
内部生殖器検査　53
難産　126，216，274

に

肉柱　15
二次卵胞　5
乳腺　2
尿腟　11，15
尿道カテーテル法　234
尿道球腺　7
尿道突起　8
妊娠期間　291，292
妊娠期の異常　118，214，269，296
妊娠牛　118
妊娠診断　11，77，162，201，

242

は

胚
　―の検査　67
　―の洗浄　69
　―の品質判定　69
　―の品質評価　68
胚移植　75
胚回収　67
胚回収用フィルター　66
敗血症性流産　121
培地　288
胚盤胞　68
胚盤胞期胚　66
排卵　28，29
排卵障害　294
排卵同期化　46
排卵同期化法　194
排卵誘起　155，297
白体　5
発情期　14，28，29
発情休止期　14，28
発情後期　14，28
発情行動　44，148，227
発情持続時間　11
発情周期　14，28
発情前期　14，28
発情徴候　44，148，192，227
発情同期化　45，65，194
発情粘液　14
発情誘起　43，154，297
バルーンカテーテル　66
半陰陽　250
繁殖管理の失宜　211
繁殖管理目標　107
繁殖障害　297
繁殖成績　102
繁殖成績モニタリング　107，210

ひ

ヒートマウントディテクター　44
尾位分娩　133
尾根部靱帯の弛緩　86
微弱発情　251
非生産日数　211
飛節屈折　137
尾椎硬膜外麻酔　66，122

ヒップロック　133
泌乳障害　296
泌乳状況　219
避妊　297
非妊娠牛　118

ふ

腹部触診法　242
浮腫グレード　155
婦人科用描記式卵管通気装置　95
不動反応　191
不妊手術　247
フレーメン　9
プローブ　30
プロジェスチン　165
プロジェステロン　37，153，177
プロジェステロン測定　84
プロブレムメア　172
分娩後の観察　144，219，278
分娩第一期　126
分娩第三期　127
分娩第二期　127
分娩の観察　86，167，204，245
分娩誘起　89，169，205

ほ

包皮　8，51，179
　―の疾患　212
包皮垢　51
包皮小帯　8
包皮縫線　8
母体回転法　124
母体側難産　128
母体の異常　181
ボタン縫合　123
ボディコンディションスコア
　105，175，207
ボディコンディションスコア（BCS）
　判定フローチャート　106
ポビドンヨード　295
ホルモン測定　37，81，112，
　153，165，176，230

ま

マイクロプレート　38
埋没巾着縫合　123
マウンティング行動　9

み

ミイラ胎子　273
未成熟卵子の採取　70

め

滅菌タンポン　16
メトリチェック　17
綿球　16

や

薬液投与　174

よ

用手破砕法　169
羊膜嚢の触診　78

ら

卵管　2，24，25，27，95，190，
　222，223
卵管峡部　2
卵管采　2，5
卵管疎通検査　95
卵管膨大部　2
卵子　5
卵巣　2，6，24，25，27，41，
　95，147，190，222，223，
　250
卵巣間膜　5
卵巣采　5
卵巣疾患　294，298
卵巣腫瘍　177，253
卵巣嚢　222
卵巣嚢腫　14，252
卵巣発育不全　251
卵胞　3，6，28
卵胞期　14，28
卵胞嚢腫　14，294
卵胞波　28
卵胞発育障害　251，294

り

流産　118，180，214，270
流産胎子　118
臨床性子宮内膜炎　102

れ

レシピエント　65

索引

305

獣医繁殖学マニュアル 第3版　　　　　　　　　定価（本体 6,000 円＋税）

| 2002 年 5 月　1 日　第 1 版第 1 刷　発行 |
| 2007 年 3 月 10 日　第 2 版第 1 刷　発行 |
| 2025 年 3 月 15 日　第 3 版第 1 刷　発行 |

＜検印省略＞

編　集	獣 医 繁 殖 学 教 育 協 議 会
発行者	福　　　　　　毅
印刷・製本	株 式 会 社 平 河 工 業 社
発　行	文 永 堂 出 版 株 式 会 社

〒113-0033　東京都文京区本郷 2 丁目 27 番 18 号
TEL　03-3814-3321　FAX　03-3814-9407

ⓒ 2025　獣医繁殖学教育協議会

ISBN　978-4-8300-3294-3